游戏架构设计与策划基础

（第3版）

刘　炎　编著

清華大學出版社

北京

内 容 简 介

本书集结游戏动漫行业众多专业人士的项目制作经验，结合市场需求，从游戏行业的各个层面系统性、多角度地介绍了游戏策划职业的定位、分类和工作范围，通过复杂的游戏系统展示了游戏策划工作的专业性，并结合具体项目案例介绍专业策划文档的撰写方法。作者具备相当丰富的游戏策划实践经验和教材编写经验。本书例题、习题丰富，结构新颖、紧凑，文字通俗易懂。

希望本书能给所有游戏从业人员及渴望进入游戏开发行业的读者提供一些借鉴，帮助读者更快地跨进游戏设计与开发的殿堂。

本书可供游戏行业从业人员和游戏开发爱好者阅读，也可作为各大专院校学生、教师和研究人员的参考书。

图书在版编目（CIP）数据

游戏架构设计与策划基础 / 刘炎编著 . —3 版 . —北京：清华大学出版社，2023.5

ISBN 978-7-302-63605-2

Ⅰ . ①游… Ⅱ . ①刘… Ⅲ . ①游戏－软件设计－高等学校－教材 Ⅳ . ① TP311.5

中国国家版本馆 CIP 数据核字 (2023) 第 087763 号

责任编辑：张彦青
封面设计：李 坤
责任校对：李玉茹
责任印制：宋 林
出版发行：清华大学出版社
　　网　　址：http://www.tup.com.cn，http://www.wqbook.com
　　地　　址：北京清华大学学研大厦 A 座　　**邮　　编**：100084
　　社 总 机：010-83470000　　**邮　　购**：010-62786544
　　投稿与读者服务：010-62776969，c-service@tup.tsinghua.edu.cn
　　质 量 反 馈：010-62772015，zhiliang@tup.tsinghua.edu.cn
印 装 者：三河市天利华印刷装订有限公司
经　　销：全国新华书店
开　　本：185mm×230mm　　**印　　张**：18.75　　**字　　数**：456 千字
版　　次：2010 年 1 月第 1 版　2023 年 6 月第 3 版　　**印　　次**：2023 年 6 月第 1 次印刷
定　　价：68.00 元

产品编号：096137-01

前　言

电子游戏本质是一种虚拟现实技术，是科技发展到相当高度后诞生的新娱乐形式，其核心在于通过一定的软／硬件技术手段实现人和计算机程序的互动，并在此过程中带给玩家精神上的愉悦。那么电子计算机虚拟的游戏世界是按照何种规则构建的？人机交互的进程如何发生？游戏的故事如何讲述？其实，怎样设计游戏才能使玩家获得更多的快乐和满足，从而在市场上取得骄人的业绩，这在很大程度上是由游戏设计师决定的。因此，可以说游戏设计师杰出的工作带来了今天电子游戏行业的繁荣。

游戏设计师在中国普遍被称为“游戏策划”，与企业策划的工作类似。游戏策划主要进行游戏产品的设计工作。那么什么是游戏设计工作？游戏设计工作包括哪些内容呢？

游戏设计工作是一个广泛而复杂的概念，涵盖了诸多学科、领域的知识和专业技术。在游戏发展的不同阶段，游戏设计工作的内容也在不断变化，但是唯一不变的基本原则就是：满足并吸引玩家参与游戏，使游戏玩家在打游戏的过程中产生快乐和激情。

随着游戏复杂度的不断提高和软件产业的逐渐规范化，游戏设计工作的主要内容也开始表现出相当程度的学科性，本书将通过对游戏系统架构及相关工作内容的讲解，引导读者走进游戏策划的殿堂。

通过本书的学习，读者将会了解并掌握游戏系统设计的基础知识，包括游戏策划的职业分析、游戏系统的分析讲解、游戏策划所涉及的工作内容以及策划文档的撰写等内容，结合相关的数据和案例，为以后进一步学习游戏策划设计、美术设计和程序开发提供一定的依据和参考。

作为一本讲述游戏策划设计与开发的基础教程，本书的编写得到了很多专业人士的帮助，在此一并表示感谢。同时，希望本书编者的绵薄之力可以给中国游戏产业的发展带来一定的帮助。

编　者

目　录

第3章 游戏概念及原型设计 / 048

第4章 游戏背景设计 / 064

第5章 游戏地图与场景设计 / 084

第6章 游戏元素设计 / 097

第 9 章 界面与用户控制 / 178

第 10 章 游戏编辑工具 / 195

第 11 章 游戏设计文档 / 219

第 12 章 帮会系统 / 230

游戏策划概述

“你在做游戏开发？不错啊，很酷！你的工作是整天都玩游戏吗？”

——大部分游戏业外人士都会这样问

许多人以为游戏设计是一个轻松的工作，游戏设计人员只需坐在办公室里愉快地玩游戏，同时只要有一台神奇的游戏设计机器就可以创造出各种新款的游戏。遗憾的是，至今还没有人发明出这种像圣诞老人一样的游戏制造机。实际情况是，每个游戏策划都需要付出艰辛的劳动，做好成百上千件的一系列工作，唯有如此，玩家们才可以坐在计算机前尽情地玩一款全新的游戏。

游戏设计人员通常被称为“游戏策划”。不可否认，游戏策划在设计游戏的同时，能够体会到很多的乐趣。虽然需要辛辛苦苦地工作两年，甚至更长时间，但是，当看到世界各地的人们沉浸在由自己所设计的虚拟世界里，并得到无尽的欢乐时，那种满足感是用任何奖励都不能替代的。虽然他们没有太多休闲的时光，但工作却给了他们许多激动人心的时刻：构思被驳回，和队友一起奋斗，看着自己的构思从纸上粗略的概括发展成为完全可以发布的虚拟世界……所有的这一切都会让他们异常激动。

教学目标

了解游戏策划的工作内容和特点。

教学重点

●游戏设计人员的资质和职责。

●游戏策划对于游戏的意义。

教学难点

游戏设计师的工作任务。

1.1 游戏策划的定义

游戏设计的历史很悠久，几千年以来，从最古老的非洲的Awari游戏，到现在最为优雅的游戏——围棋，人们设计和玩过的游戏不计其数，许多游戏已经随着时间遗失在历史的长河中了。除了经典游戏之外，人们总是对新游戏感兴趣，因此一直有对新游戏设计的需求。

很多人认为游戏设计是一门艺术，它需要神秘的创作源泉，而这种创造性只有少数的天才才具有，认为那些大名鼎鼎的游戏策划，如艾伦•爱德海姆（Allen Adham，《魔兽争霸》）、彼得•莫利纽克斯（Peter Molyneux，《上帝也疯狂》《黑与白》）、布鲁斯•雪莱（Bruce Shelley，《帝国时代》）是艺术家，崇拜他们的想象力和创造力；认为游戏策划把时间主要花在了构思上。其实，他们没有认识到游戏设计的实际工作也包括具体而辛勤的劳动。图1-1所示为因杰出成就而获得英国女王授予不列颠帝国勋章的彼德•莫利纽克斯。

图 1-1

有技术背景的人把游戏设计看作一门科学，他们主要关注如何实现最优的游戏程序和设计复杂的游戏算法。他们考虑的是计算过程、数据结构及数据流，他们认为游戏只是一些技术，或者是一个实现过程。

其实，这两种观点都不正确，至少是不全面的。游戏设计并不是一门纯粹的艺术，因为它并不仅仅是一种美的表达方式。游戏的艺术性表现在构思初始的总体设计和想法中，而总体设计一旦完成，接下来的工作就是定义和提炼游戏的工作原理。游戏娱乐是一种艺术形式，它与电影、电视和戏剧一样，也是一种需要协作的艺术形式，游戏设计人员不太可能被称为艺术家，事实上，大多数游戏设计人员并不认为自己是艺术家。

游戏设计也不纯粹是一门科学，它不需要提出假设或探究真理，也不被逻辑或正规方法的严格标准束缚。游戏的目的就是通过玩来获得娱乐，因此，设计游戏既需要艺术家一样的创造力，也需要工程师一样的精心规划。游戏设计是一门手艺，就像是好莱坞的电影摄像或服装设计一样。一个游戏既含有艺术要素，也含有功能要素：它必须能给人以美的享受，同时又必须能很好地运行，让游戏者享受到快乐。具备这两个特点的游戏才是好的游戏。

1.2　游戏策划的任务

对于游戏开发来说，仅有好的创意是远远不够的，还需将创意转变为规范、详细的策划方案，使开发人员更好地理解游戏的创意和理念。

游戏策划根据自己的创作理念，结合市场调研得来的数据，参考其他开发人员的建议，在开发条件允许的基础上，将游戏创意以及游戏内容和规则细化、完善，形成策划方案。

游戏设计的过程是描述游戏所有相关内容的过程，在整个开发过程中，游戏策划起着非常关键的作用，从设定游戏的大纲，到规划所有的细节重点，再到整个开发过程的全程协调和监控，都属于游戏策划的工作范畴。策划方案确定整个游戏开发的标准和要求，后续的所有开发环节和工作都是围绕策划方案来进行的。

游戏策划的主要工作内容可以通过表 1-1 来了解。

表 1-1

游戏策划	主要工作内容
立项阶段	游戏的市场调查
	项目开发可行性分析
	开发所需资源的预估
	游戏开发方案的确定
	开发资金预算
	市场回报预估

续表

游戏策划	主要工作内容
前期准备	确定游戏类型
	确定游戏的风格与特点
	确立游戏的世界观
	编写游戏背景
	制定整体的游戏规则
	制作游戏世界地图
	确定游戏元素并定义元素属性
	制定并统一开发规则
	人员分工安排
	规划开发进度表
制作中期	细化区域地图及各片区的细节
	按照属性定义设计游戏元素的内容
	确定游戏流程
	确定各元素初始属性数字
	构建数值模型
	按照大纲设计游戏各个系统所有细节的重点和难点
	设计所有相关界面
	设计游戏详细操作
制作后期	游戏测试
	游戏机制、属性数值的调整
	机制调优
	制定版本更新方案
	制订后续开发计划
	市场宣传资料的制作

在设计的过程中还需要考虑游戏内容的系统性和表达的清晰性。在游戏的策划和设计过程中，完整、全面地对游戏的构成要素进行设计，就是内容的系统性。而一个游戏策划，把自己对游戏的构思和设计清晰、明确地表达出来，使每个参与游戏开发的工作

人员都能清楚、准确地理解该游戏的规则内容和制作要求，就是表达的清晰性。

1.3　游戏策划需具备的特质

游戏策划是很多从事游戏开发的人都立志谋求的职位。一般情况下，游戏的成功也往往归功于游戏策划。但是，要想成为一名游戏策划者还需要具备一些特质，这些特质将有助于你成为一名称职的游戏策划。游戏策划须具备的特质主要有以下几个方面。

1.3.1　喜欢玩游戏

要想成为一名好的游戏策划者，不但要喜欢玩游戏、对游戏有兴趣，而且在玩游戏时要有深度和广度。

所谓深度，就是需要专心地玩好几个游戏，仔细地研究它们的游戏规则是如何制定的，游戏运行中采用的是哪种策略。所谓广度，就是要玩很多不同类型的游戏，可以玩角色扮演类游戏、实时战略类游戏、冒险类游戏、益智类游戏、模拟射击类游戏，甚至可以和孩子们一起在童话世界中探险。不论游戏好坏，通常都可以从中学到一些游戏设计方面的经验。

1.3.2　拥有丰富的想象力

游戏是人造的娱乐空间，是一个由虚拟规则统治的虚拟世界。要创建这样的世界，想象力尤为关键。想象力就像人的肌肉一样，通过正规训练，它可以变得更丰富、更灵活。

丰富的知识和生活经验是想象力的基石。在创建游戏世界的时候，天马行空的想象力不能脱离现实的生活。例如，我们给游戏中的一匹马加上双翅，玩家会自然而然地猜想到这匹马一定能够在天空翱翔。玩家的思维会随着他在不同的游戏中有所不同，但现实生活中的逻辑是玩家永远不会忘记的。因此，在创建游戏世界的过程中，必须立足于现实的逻辑，必须考虑玩家自身的感受，不能让游戏世界中的规则与现实生活中的情景背道而驰。

1.3.3　勇于创新

玩家总是期盼体验一些新的、与众不同的游戏，他们总是不满足于现有的游戏。如果玩家不表现出不满情绪，那么他们将不得不一次又一次地玩现有的游戏，也就不会有公司每年设计出成百上千个新游戏了。因此，作为游戏策划，必须有创新能力。

其实，有很多方法可以应用于游戏创新领域：可以创造一个全新的游戏运行模式，或是创造新的游戏环境，甚至把那些已经存在的概念结合在一起形成一个新的模型，比如，将一个游戏的样式和另一个游戏中的元素融合起来等。总之，最重要的就是要使玩家感觉到他所玩的游戏是以前从未玩过的。

1.3.4 涉猎广泛

所有的游戏策划应对多个不同的领域都有所了解。多了解中外历史可以使他们在游戏中设计的内容更让人信服，如攻城机、城堡、骑士、弩及捕兽器等。研究心理学和社会学能让设计师更好地理解人们在赌博时是怎么想的，还可以帮助他们想出更好的方法来解决玩家和游戏或是玩家和玩家之间的交互关系。如果设计师了解一些天文学、遗传学等知识，那他们所设计出来的游戏可能会更加精彩。

不管游戏策划将要设计的游戏主题是什么，看看书或者出去走走，做一些有利于在屏幕上将设计思想展现出来的事，对游戏策划来说肯定都有好处。游戏策划对周围的世界要充满好奇，可以尝试用学到的知识去影响和改变那些已经存在的规则。如果有机会，还可以去获得更高的学位，用更多的知识来充实自己。更高的受教育水平对游戏策划来说，在游戏设计以及事业目标方面都会有所帮助。

1.3.5 要有技术意识

技术意识就是对实际的计算机软件（尤其是游戏）开发工作的大致理解。作为游戏策划，可以不用像软件工程师那样去编写程序，但在策划游戏之前，如果有一些像Basic或C++这样简单的语言基础，对策划工作也是非常有益的。

游戏设计人员设计的游戏需要在游戏平台上运行，而游戏运行平台都是基于计算机技术而建立的，因此，设计师还需要了解计算机的工作特点。如果游戏设计人员不切实际地要求计算机去做它所不能做的，那么设计工作将寸步难行。例如，目前计算机还不能很好地理解英语语言，如果你设计的游戏要求计算机解释从键盘输入的复杂句子，那么程序将很难实现。

作为一名游戏设计人员，还必须了解游戏目标平台，至少需要了解自己所设计的游戏产品是用于家庭游戏机、个人桌面计算机（PC）、手持式游戏机还是其他的平台。游戏的每一个特性都必须可以在目标平台上运行。如果有疑问，可以询问技术人员。充分了解目标平台的局限性将有助于游戏的设计。

1.3.6 审美能力

尽管游戏策划不需要是一个出色的艺术家，但还是应该具备一定的审美能力及艺术判断力。

假设要在游戏中设计一个聪明且意志坚定的女刺客，很多游戏设计人员会将她设计为穿着紧身的黑色皮衣、佩带一支夸张的闪光自动手枪的形象。也就是说，他们更愿意选择一般的原型，这是一个简单的方法。一个稍微有点创造力的游戏策划可能会将她设计为穿着迷你裙、佩带着弯弓的形象，使她更具有男子汉的气概。这样的设计更容易引起玩家的兴趣。

真正优秀的游戏策划应该意识到，作为一个刺客需要融入周围的环境中去，不能让她的外貌与众不同，但还要易于辨别。设计人员还要考虑她的个性，让她能够具有独特的作风——与众不同。《古墓丽影》中的劳拉（Lara Croft）就是这样一个很好的例子。除了其夸张的身材比例外，她穿着得体，对于一个探险者的角色来说，可以很容易地被辨别——身穿运动短裤，脚踩登山靴，背着工具包以及冰镐，尤其重要的是，她的衬衫颜色特殊，在整个游戏中没有其他人穿这种颜色的衣服，这使她在屏幕上很抢眼。只要看到了这个颜色，就看到了劳拉，如图 1-2 所示。

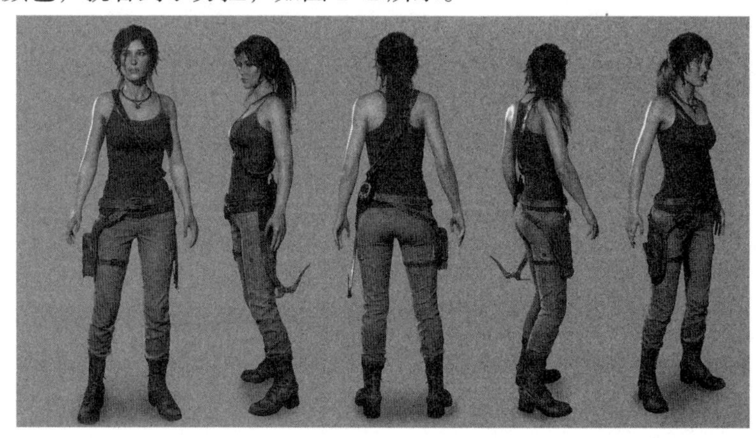

图 1-2

1.3.7 喜欢思考

思考很重要，游戏策划应该能够一眼看出游戏的规则，明白游戏中存在的逻辑错误，并找出有益于玩家的解决方法。客观思考对游戏策划来说是必需的，只有这样，游戏才会展现出各式各样的特性，游戏经过不断的修改后才会更加完美。

总之，如果想成为一名出色的游戏策划，那么，即使不能完全具备上面所列出的所有特质，也要具备其中的大部分。作为一名游戏制作人或是项目经理，你的决定和判断将直接影响产品的前景。因此，有些特质也许看起来不是很重要，但还是应该具备。

1.4 游戏策划职位

游戏策划有以下几个职位。

1.4.1 主策划

主策划负责游戏整体的规划、资源的整合、管理以及开发进程的把控等管理性的工作，属于整个策划团队的核心领导角色。

几乎所有的策划部门都是由主策划一人负责全部的工作，包括制定方案、划分内容、分配任务、汇总工作报告、审核工作进度等，当然很多时候会遇到难以同时兼顾的情况，所以主策划身边一般有 1~2 名策划助理，协助主策划完成一些琐碎的事情。

一个策划案定稿之后，主策划会将不同的游戏系统要求按工作量及关联情况进行分类，附上基本的策划要求后交给执行策划去处理，而每一名执行策划所负责的主要工作内容都各不相同。

主策划除了要把握好工作节奏外，还要对执行策划所做的工作进行整合和审查。适时地安排工作会议，协调各个策划人员的工作内容和工作进程。同时，对发现的问题及时加以纠正，并且能按照开发流程和计划及时地进行审查，备份各个时期的工作资料。

总之，一款网络游戏的主策划是核心的开发人员和技术人员，很多公司都由项目经理来兼任主策划。一般要求主策划具有多年的游戏开发经验，至少参加或组织过一款网络游戏的全部开发过程，同时要具备优秀的管理能力，对游戏市场有深入的了解，对玩家心理分析透彻，熟悉整个游戏开发流程等。

1.4.2 系统策划

系统策划负责游戏构架设计以及核心系统设计。系统策划要密切关注游戏的设计方向和核心思想，要能够对游戏有全面的理解。

对于网络游戏的设计和策划来说，最为核心，也最难的部分就是游戏机制的设计。这其中包括游戏框架的制定和所有系统规则的制定。

1.4.3 执行策划

执行策划将系统策划设计好的构架进行细化设计，完成开发部门所需要的策划书编写。

执行策划的划分在游戏公司中不太统一，有些是名称不同但实际工作内容相同。一批好的执行策划对于游戏的设计和开发来说也非常重要，很多游戏设计中的细节和亮点都是在执行策划的工作中完善的，而游戏的安全性、可玩性很大程度上也取决于执行策划的细节设计。可以毫不夸张地说，执行策划就是策划团队的地基，其重要性不言而喻。

1.4.4 文案策划

文案策划负责游戏故事背景制作、对话脚本设计（如非玩家控制角色、任务）等。主要以文本的形式来设计游戏的相关内容。文案策划工作内容大致包括以下 3 个方面。

（1）游戏背景的进一步细化和完善。

（2）游戏人物、道具的文字属性的确定和描述。

（3）任务体系及游戏内容的丰富等。

1.4.5 数值策划

数值策划负责游戏物品、技能、经验等数值设计和游戏平衡性调整。此项工作属于游戏较为核心的内容，通常由主策划或有多年经验的数值策划来完成。从业人员一般要求有与数值相关的知识和一定程度的程序算法基础。

1.4.6 场景策划

场景策划也称为地图策划，主要负责游戏中场景的设计。部分公司会将诸如任务系统等内容加入场景策划中，因此也称为关卡策划。在策划工作中，游戏场景设计的工作量较大，而且要求对游戏的流程和整体的规划有较为深刻的认识。

场景策划的主要工作是按照游戏的世界观和背景的设定，在场景原画的基础上搭建游戏的活动空间。大到世界地图的规划、角色的活动流程，小到某个场景中一件道具的摆放，都需要场景策划人员细致地完成。

1.5 游戏策划与团队

一个优秀的游戏开发团队，其中的每个成员都应当有清楚的工作描述和相应的关注点，而每个成员都需要有他所在职位所需要的特殊技能，使其能够确实有能力承担起开发项目中所负责的那部分工作。当然，这不是说开发团队之间可以缺乏交流，交流在任何时候都是最为重要的，尤其对设计师而言。

现在，就来具体描述团队中每个个体的工作。由于本节的主要目标是介绍游戏策划，并且团队分工已在《游戏专业概论》一书中讲述过，因此，本节将着重讲解游戏策划如何融入团队结构，以及如何与团队中其他成员进行交流与合作。

1.5.1 制作人

在游戏开发团队中，对于制作人的最简单定义就是项目领导者。他是一个游戏的总指挥，从游戏制作到发行所有流程都是由游戏制作人负责。游戏制作人可以说是一款游戏的导演，他必须掌控游戏发展的大方向。其工作范围包含监督开发工作、掌控游戏进度、重要事项决定、游戏预算控制等，同时，也是研发团队与公司之间的窗口，随时进行双方面的协调与管理，如何能够面对双方并且妥善地将双方的信息传达，也是游戏制作人最重要的工作内容之一。

制作人的主要职责可归纳为以下几点。

①开发团队的领导者。

②负责开发者与出版商之间的信息交流。

③负责开发者方面产品的进度计划和资金预算。

④负责管理和分配资源及预测。

⑤组织开发团队协同工作以保证按时交付产品。

⑥激励开发团队以及解决与产品相关的问题。

为了控制产品的提交进度，制作人往往需要在游戏产品的开发过程中做出一些强硬的决定，包括招聘和解聘员工，控制一些额外的资源和费用需求等。不管从哪方面来看，游戏制作人在团队中都是一个相当重要的角色，制作人是整个团队中与发行商、运营商接触最多的人，制作人也经常要代表团队在公共场合、会议以及新闻中亮相。制作人办公室经常需要担当开发团队中“联合国”的角色，提供一个供每个人诉说委屈、关注热点以及希望了解事情的场所，并负责解决这些问题。

图 1−3 所示为岩田聪，任天堂前任总裁，开发了任天堂 DS、Wii 等多款游戏，不仅对主机开发做出了巨大的贡献，更让任天堂变得越发辉煌。

图 1−3

图 1–4 所示为小岛秀夫，世界知名的游戏制作人，他主导开发了世界上第一款战术谍报动作游戏《合金装备》（又名《潜龙谍影》）系列，其中《合金装备 2：自由之子》是 PS2 平台销量最高的潜入类游戏，被收录到《吉尼斯世界纪录：游戏版 2008》一书中。

图 1–4

游戏策划必须与制作人紧密合作。在产品的初始阶段，游戏策划需要与制作人共同讨论开发文档的细节。通过交流，使制作人清楚地知道这个游戏的设计，以制订出可实现的进度计划和预算。如果游戏策划不能清楚地解释项目的整体情况和前景，会使制作人只能使用参考数字和粗略的估计来制订进度计划和预算，那么进度计划和预算就是不准确、不充分的，将导致开发过程的不可控和发行商很多不必要的疑虑。

一个合格的游戏策划，必须像制作人一样了解进度和预算方面的细节。虽然可以不必创建这些文档，也不必为其负责，但必须认真阅读这些文档并且明白其中的每一个条目，以保证它们符合项目情况并尽早清楚存在的所有问题。

在一个开发团队中，制作人和游戏策划必须团结合作，否则团队成员将可能因为收到混乱的信息而不知所措。没有比团队中这两个重要职位的人发生直接冲突更具有危害性了。对于各个角色重要性的互相理解，并且理解每个职位所受的压力和约束，有利于打造出一个具有创造性的战无不胜的团队，这是开发出最好游戏产品的基础。

1.5.2　游戏软件开发工程师

一般情况下，我们也用术语“程序员”（Programmer）来泛指游戏开发中涉及的所有从事技术开发的人员。这些人员包括游戏工具开发工程师、游戏引擎工程师、游戏图形工程师、网络开发工程师、数据库工程师等。

程序实现是游戏制作的核心部分。网络游戏的架构、表现基础和游戏功能的实现等几乎都是由程序来实现的。同时游戏程序的实现也是整个游戏开发的基础和难点，特别是对于国内的游戏开发更是一个“瓶颈”。图 1–5 所示为 FPS 游戏之父——约翰·卡马克，他是美国的电玩游戏程序员、id Software 的创始人之一。最初他虽然不是一个游戏开发者，但是作为一名程序员，对游戏的 3D 技术发展做出了巨大贡献，没有他，我们的游戏肯定要多停留在 2D 时代几年吧。

图 1–5

通常情况下，软件开发工程师的职责包括以下几个方面。

①进行游戏技术结构设计，起草技术说明书。

②游戏引擎的开发与维护。

③游戏中各个方面的技术实现。

④游戏工具的开发与维护。

⑤开发文档维护。

⑥与质量保证工程师合作，发现并解决程序中的错误。

如果游戏策划没有一定的技术背景，那么在工作中与软件工程师的沟通会非常困难。但是，这并不意味着每个游戏策划必须成为一个软件工程师。在设计游戏时，游戏策划需要了解程序设计的基本概念，这样，在与软件工程师交流时才能有共同语言。大多数软件工程师会不厌其烦地讲述该如何进行游戏的程序设计，因为每个人都喜欢谈论自己擅长的事情。

游戏策划在理解游戏的实现技术后，就可以用这些知识写出更好的设计说明书，并能够从技术角度更好地描述出游戏的设计概念，而且在游戏玩法的分歧和需求方面，也可以提出软件工程师更容易接受的建议。

不管团队是大是小，在内部都会有一个做事情时需要遵守的层次关系。例如，不管多么希望绕开技术主管，都不能直接去找数据库工程师做修改，因为这么做将损害技术主管的权威，容易与其产生隔阂。在软件工程师的团队中，有人专门负责与游戏策划进行交流，并把交流后得到的想法传达给团队中的其他人。这个人可能是程序员团队中的技术主管、主程序员，也可能是承担这一职责的另外一个角色。为了能够与他们建立良好的关系并让他们尊重自己的意见，就必须尊重他们的专业知识和所做的贡献。

一般情况下，一旦一个游戏即将开发完毕，就要尽量避免再对其玩法进行大的改动。大多数人，包括软件工程师在内，都不愿意因为设计师的一时兴致或过失而白白付出劳动。所以，应该尽量避免出现这样的问题，否则会导致与他们的交流变得更加困难。因此，需要游戏策划具有一定的交际技巧和程序设计知识。

1.5.3　游戏美术设计师

游戏美术设计师是指设计游戏中的所有美术部分的团队成员。

游戏美术包含许多方面，其中有几大部分，包括地图、人物、界面、动画，另外还有肖像、图标、道具等相关因素。所以配合、协作是做好游戏美术的首要因素。因为游戏是交互性非常强的项目，美术其实要体现策划、程序所要表达的各种要素，这就对美术做出了非常多的限制，也要求美术与策划、程序要有很好的配合，才能制作出一个好的游戏。另外，由于游戏的内容很多，所以美术的分工也非常复杂，各个分工之间的配合、协调是很重要的，应保证各司其职，并且能提高工作效率，合理的分组能够使每个人的能力得到最大限度的提升。

游戏工作组一般会分为地图组、人物组、平面组、动画组及特效组，每个组的人数不一样，一般来说地图组和人物组的人数会多些，毕竟一个游戏的制作里面地图和人物占了绝大部分。平面组也是重要的组成部分，而动画组、特效组等比较小的游戏工作组，通常是由其他几个组的人来兼任。

美术组的职位通常有原画设计师、2D 设计师、3D 场景设计师、3D 角色设计师、3D 角色动画设计师、游戏特效设计师及界面设计师等。美术开发团队的领导者一般称为美术总监或主美，保持公司全部产品的外观和风格的一致性是他们的部分职责。

1. 主美

主美和主程序员一样，不但是部门的主管，同时也是一款网络游戏在美术方面的直接掌控人员。大多数时候，主美并不需要具备非常高深的美术开发能力，而是要注重游戏的美术鉴赏及风格把握等方面。当然，要达到这一层次，必要的美术开发能力是不可或缺的，毕竟这是进行风格把握的基础。

2. 原画师

原画师是所有美术工作中专业性最强的工作人员。一方面，原画师要对整款游戏的几乎所有表现内容进行综合定位，如角色和人物体系、游戏色彩使用、场景风格等；另一方面，原画师还要有足够的创作能力，而这样的美学创作能力很难通过业余学习获得。因此，原画人员是最需要专业学习的。

游戏中的原画人员，通常都出身于美术院校，需要具有丰富的插画经验。必要的手绘能力是原画师不可欠缺的技能，不论是色彩设定稿还是人物设定稿，很多时候，手绘完成后再通过计算机进行修整和上色，是大多数原画师的基本工作方式，即使大量的原画人员在使用压感笔等外置设备，但也需要有基本的手绘能力。

3. 建模师

建模师的工作内容主要包括人物、NPC（Non-Player Control，非玩家控制角色）、怪物、道具等游戏元素数字模型的建立。

在实际的工作过程中，对游戏人物及怪物体系的构建，是人物建模师的工作要点，同时也是对负责这方面工作的美术人员能力的最基本和最重要的考验。相比原画人员来说，人物建模人员更侧重于实现过程而不是创作过程，如何将策划者的要求转换为具体的效果表现，才是人物建模人员的工作重点。绝大多数的人物建模工作者，都是通过计算机工具来进行创作的，因此软件的使用就是建模师很重要的一项基本能力。

4. 贴图人员

仅仅通过建模根本不能体现出游戏元素的最终效果，特别是在现阶段游戏开发技术的限制下，游戏的模型一般都要求以低精度模型来制作，这时贴图的效果就成为最终视觉效果的决定性因素，行业内甚至有“三分建模，七分贴图”的说法，由此可见贴图的重要性。

贴图人员的工作通常是和建模人员交叉进行的，很多情况下建模和贴图由同一人来完成。贴图人员同样要具备对色彩体系的理解能力、必备的计算机工具使用能力和对艺术风格的领悟能力。

要特别强调的是，不同类型的游戏开发对工作环节的要求差别较大。例如，做 2D 游戏，可能根本就没有 3D 建模的工作，因此贴图的制作方法和表现形式也发生了很大的改变。

5. 动作制作人员

动作制作人员主要是完成游戏角色的动作设计工作。

游戏动作是一款网络游戏最重要的表现形式之一，在现在的网络游戏中，人物和角色都是以一种动态的形式展现在玩家的眼前，与以前游戏固定、呆板的表现形式不同，这种表现形式有着更强的视觉表现能力，因此对玩家也有更强的吸引力。

随着新技术的不断涌现和硬件功能的不断完善，游戏中角色的动作变得更加细腻且自然。例如，现在某些高端的游戏制作中引入了“动态捕捉”技术，效果逐渐向以假乱真的方向发展，在提高开发效率的同时也减少了很多的工作量。

对于动作制作人员，要求其至少具备对动作美感的鉴赏能力、对设计工具的高级应用能力和对不同角色动作的创作能力。

6. 场景制作人员

对于任何一款网络游戏来说，场景的制作往往是工作量最大的工作内容之一，因为场景制作所包含的元素是最多的。场景制作包括游戏世界地图的制作、游戏世界中建筑物的建模以及游戏世界整体感觉的确立。

由于网络游戏的群体特性，因此在游戏场景的制作方面，制作人员往往会在系统允许的情况下，尽量将场景制作得更庞大，以便让大量玩家同时身处游戏中而不觉得拥挤。虽然在场景制作过程中，策划组会在游戏世界地形、建筑、风景、色调等方面为场景制作人员制定一个具体的规则，程序组也会为场景制作人员专门制作地图编辑器，但场景制作的工作量依然是超乎想象得大。

另外，场景制作的难点在于，制作者所构建的游戏世界场景就是玩家在游戏中的生活和战斗场所，如果场景变化过于单调或平常，玩家很容易对游戏本身产生厌倦，毕竟游戏带给玩家最重要的一个感觉就是对不同世界的全新体验。

因此，对于一个合格的游戏场景制作人员来说，他必须拥有能够承受由于工作量带来的工作压力、对游戏世界场景的创作能力、通过有限的设计元素达到更多场景风格变化的能力以及对设计工具的使用能力等。

7. 特效和界面制作人员

界面制作和特效制作本来是两个截然不同的工作，但由于其工作特性有些类似，故而在这里进行统一讲解。

在 2D 游戏时代，游戏界面是一款游戏与玩家的最基本的人机交互平台，游戏界面效果的好坏，直接影响游戏在玩家眼中的第一印象。随着 3D 网络游戏时代的到来，游戏界面的功能被逐渐削弱，因为这个时候的游戏画面通常可以做 360° 旋转，界面无法再定格在某一角度上，虽然如此，游戏界面仍然是游戏设计中不可或缺的非常重要的部分。

特效制作是一款游戏体现自己特色的最佳途径，不同的特效直接导致游戏玩家对游戏画面的认可程度。

不论是界面制作还是特效制作，都要求制作者对游戏表现效果有足够的把握能力和创作能力。在大多数情况下，特效的制作很多是由 2D 的效果生成。

因此，一款游戏的特效制作人员必须具备对游戏表现效果的把握能力和创造能力、基本的计算机工具的使用能力以及足够的效果评论鉴赏能力。

对于游戏策划来说，与游戏美术设计师进行交流虽然不存在像与软件工程师团队那样深的技术隔阂，但也经常会发生分歧。美术设计师的工作是使游戏的外观尽可能地吸引人，毕竟漂亮的屏幕界面是非常重要的。例如，作为游戏策划，很多情况下设计的界面能够表现出各个重要特征和各种设计细节，但看起来总是非常松散。这时，就需要美术设计师设计出一些“紧凑”特征来使界面布置更加好看。

如果界面设计显得松散，一种处理方法是继续坚持既定的设计方案，另一种处理方法是更加客观地评估美术设计师的方案，既然他们认为这个设计界面是难以理解的，游戏玩家可能也会这么认为。可以采取折中处理的办法采纳美术设计师的方案，经过具有专业艺术眼光的美术设计师的加工处理，使设计出的界面变得更加完美。当然，需要保证设计中的一些功能没有因为艺术设计而隐藏和丢失。需要记住的是，保证游戏玩家对界面感兴趣是游戏策划的工作。即使有漂亮的界面，但不能从界面中发现他们所需要的有趣功能，玩家们也不会继续玩下去。

在美术设计师和游戏策划之间可能产生分歧的另一个原因是游戏的整体风格。作为一个游戏策划，当与多个美术设计师一起工作后，会发现每个美术设计师都有自己的独特风格和技术。

在游戏的开发过程中，如果游戏策划能够与美术总监或者与美术设计团队合作得好，就能够取得最好的结果。充分利用美术设计师们的各种想法，会使初始创意变得更加成熟，这样的结果将远比单靠自己的力量实现效果要好得多。

一旦开始游戏的制作，美术设计师们将着手由概念创作出实际的美术作品。这时游戏策划需要做的是对创作的成果进行评价并提出意见，这样做的目的是使项目向前推动。尽管一个草案或设计不是你所需要的，但其中的一些内容可能是有用的，在开始批评之前先寻找这些有用的东西。尽量旁观美术设计师的工作，当你开始提意见时，最好先说一些肯定的话：“这非常漂亮；真的非常好；我非常喜欢这些；事实上，如果能够把这些内容再扩充一下的话……”

如果游戏策划与游戏开发中的艺术家们建立了良好的关系，最终产品的艺术质量将有较大的保障。

1.5.4 质量保证工程师

质量保证（Quality Assurance，QA）是游戏开发中的重要组成部分。许多游戏从业人员都是从 QA 开始他们的职业生涯，继而转到游戏业的其他职位，如设计师、程序员或者美术设计师等。质量保证工程师的主要职责如下。

①根据游戏设计说明书和游戏技术说明书编制项目的测试计划。

②执行测试计划。

③记录产品中非预期的地方。

④分类、优选和记录测试中发现的所有问题。

⑤对修改的问题重新进行测试，直至游戏发布。

作为一名游戏策划，必须提供给质量保证工程师用以编制完整测试计划所需要的各种数据支持。给他们编制计划所需要的各种文档，而不是假定他们对游戏已经有完整的了解，为他们能够编制出最好的测试计划而提供各种帮助。

质量工程师不只是一个游戏测试员，更应是游戏策划最亲密的朋友。他们是游戏产品大量上市出售前的最后一道防线。如果游戏策划所设计的游戏产品的某些功能被发现了错误而退回，不必伤心，因为这是质量工程师的责任，他们的职责就是保证你的设计能够正确运行。质量工程师的职责是从技术和美学两个方面保证游戏产品功能的。如果被测试出产品中所选择的字体在当前环境下辨认不出来这样的错误，不要恼火，应当为这个缺陷在被游戏玩家发现之前得到改正而感到庆幸。

与质量保证团队坐在一起并仔细观察他们的工作过程，在与其协商如何测试游戏各个细节的过程中可以学到很多东西。因为他们都是经验丰富的测试者，也许会提供其他人所不能提供的意见。

另外，需要考虑的是，应该让质量保证工程师尽早阅览游戏策划案，这样就可能在这些设计被实现之前发现一些问题。尽早开始质量保证过程和使质量保证团队成为整个设计过程的一部分，这意味着项目需要更多的投资，但可以保证在有限的时间里，使游戏变得更好，并有额外的时间来发现游戏中的缺陷。

1.5.5 运营团队

现在各大游戏公司，特别是网络游戏公司，为了获得市场竞争优势，越来越倾向于“原创开发＋自主运营”。因此，在很多情况下，策划人员和市场运营人员之间要进行很多工作上的交流与合作。

以网络游戏运营团队为例，一般包含下列部门。

1. 市场部

市场部主要负责游戏运营的宣传与推广。在整个游戏的运营环节中以市场部为主导。具体内容又大致分为宣传推广、产品销售和商务拓展。

（1）宣传推广：就是通常所说的推广部，职责是配合产品的运营做好宣传工作。主要负责以下事务。

①根据产品推广策略规划产品广告策略。

②撰写广告创意设计单。

③联络广告媒体、辅助广告采购。

④协调待宣传事项、制作广告排期表。

⑤按照排期表进行广告投放。

⑥对投放的广告进行监督修正。

⑦撰写每月广告总结。

（2）产品销售：又被称为销售部，它在职务上隶属于市场部。主要负责以下事务。

①调研游戏市场销售状况，与市场总监和总经销商共同制定总体销售策略。

②负责实体卡渠道体系、线上销售渠道体系以及各种虚拟点卡销售管理的监督管控。

③负责推进公司商品化进程，规划、开发公司年度商品。

④负责公司商品质量监控。

⑤定期报告产品销售状况。

⑥负责公司线下推广计划的执行监控。

（3）商务拓展：又被称为商务部，主要负责开拓与各地电信及其他合作伙伴的合作。具体负责以下事务。

①与总监共同制定各地合作策略及形式。

②协助推广人员和企划人员，对各地合作伙伴、厂商的市场推广进行配合。

③监控工作以及相关游戏产品形象的深度开发。

2. 技术部

技术部主要负责为运营工作提供技术保障，负责以下事务。

（1）服务器组的系统平台搭建。

（2）服务器组的日常运行维护工作。

（3）相关自动更新和手动升级包下载服务器维护工作。

（4）玩家数据处理相关工作，包括转服、监控人物装备流向等。

（5）协助其他部门，进行反对外挂客服部门的网站和论坛维护等相关工作。

（6）随时响应突发事件，如处理复制装备事件、发现重大漏洞紧急维护等。

3. 客服部

客服部是网络游戏公司运营中的一个重要部门，所担任的是一个承上启下的职责：上为公司解释说明服务宗旨和思想，下把玩家的意见、建议、游戏里发生的问题等及时反映到公司及其他相关部门。

4. 企划部

与游戏研发中的企划不同，在运营团队中，企划的职责就是配合产品的运营情况做出相应的活动方案。主要负责以下事务。

（1）根据产品推广策略规划产品线上线下活动。

（2）规划指导、承接线上活动执行。

（3）规划指导、监督销售部渠道活动执行。

（4）规划指导网络媒体伙伴线上活动计划。

（5）配合公关部执行活动公关工作。

（6）配合广告企划执行活动广告传播。

5. 国际业务部

涉及跨国合作的运营公司会有此部门，主要在语言沟通方面为双方的合作创造方便条件，另外与国外厂商的合作事项也需要国际业务部的参与。

本章小结

本章主要对游戏策划做了一个大概的介绍，描述了游戏策划的工作以及在团队中的位置、与团队其他开发人员的配合等问题。

本章习题

1-1 游戏设计的任务是什么？

1-2 仔细阅读游戏策划应该具有的几个特质，看看你具备几个。如果有些你不具备，问一下自己今后是否可以朝着这个方向努力。

1-3 进入你最喜欢的游戏，看一下开发者的名单。然后去找一些以前的比较老的游戏，看是否有些人，他们在以前的游戏中默默无闻，现在却家喻户晓，这是为什么？

1-4 游戏策划如何与整个团队协调工作？

第2章 玩家心理分析与游戏性

如果让一个 8 岁的孩子画出通过一个迷宫最快的通道，他可能会画一条相反的、从迷宫的终点至起点的线，而成年人几乎都忽略了这种思维方式。坦诚地说，这确实是解决问题最聪明的方法。当透彻地理解了“什么是我们的最终目标”后，就可以避免进入死胡同，避免那些不成功的开端，避免进入那些只能让你回到起点的死循环。如果想有所成就，你必须做的第一件事就是——预见到你的终点在哪里！

大部分初学者的最终目标就是开发出一款伟大的游戏，这似乎已经是共识了。几乎所有人都想创作出一些非常有趣且很容易让人喜爱的游戏，让玩家爱不释手；都想让玩家在游戏系统中做他们能想到的所有事情……但这些只是一款伟大的游戏所必需的标准吗？如何去满足每个有着不一致想法的玩家？本章就来分析玩家心理，讨论游戏性。

教学目标

- 了解玩家的类型。
- 了解玩家对游戏的需求和喜好。

教学重点

- 掌握玩家的分类方式。
- 了解游戏性的概念。

教学难点

不同游戏类型中游戏性的设计技巧。

2.1　游戏设计的目的

游戏创作不仅仅是出于游戏设计师自己的兴趣，就如同跑车不仅仅是为了好看的外观而制作一样，如图 2-1 所示，跑车是艺术品，但本质上还是商品。跑车和游戏两者都可以毫无疑问地被称为艺术品，但它们更是商品，设计师们奋斗的终点线并不在机器和画面效果本身，而在用户的情感反应。自始至终，一个游戏的设计目的就是“让玩家感到快乐、幸福！”这个目标看起来简单，却是一款畅销的游戏所需的最重要的因素。游戏设计师的职业生涯完全依赖于游戏购买人群的好恶感。让他们高兴，他们就买你的游戏；让他们获胜，他们就会为了结局而回来；让他们在适当的时机成为英雄，他们在很多年里甚至会把你当神来崇拜……永远不要忘记：不管你认为自己的游戏做得多伟大，在这桩买卖中，你会成功还是失败，最终将取决于那些在你构建的世界中艰难历险的人。

图 2-1

游戏设计师要学会判断何时该做何事以满足玩家，以及何时该进入自己的理想世界。大多数时候，把握这个平衡并不是特别难的事情。典型的游戏设计本能和直觉与大众的观点、情感在很多时候还是一致的，但是游戏设计者经常也可能进入误区，每当发现有这样的危险发生时，就要问自己一个问题：他们（玩家）会想在这里发生什么？

如何界定游戏是否优秀？是否被玩家喜爱是唯一的评定标准。对于那些“叫好不叫座”的游戏，只能很遗憾地说，它们偏离了目标用户群体，是为资深玩家创作出来的失败作品。

然而，并不是每个游戏设计师都这样想。曾经有过一些游戏设计师竟然为仅仅只有极少数玩家成功地通过了他们游戏的所有关卡而自豪。这些人已经全然抛弃了玩家，并为自己树立了一个通向他们自负心理的纪念碑，当然最终也会被玩家所抛弃。幸运的是，其他的游戏设计师们始终遵守“法律”而获得了成功。这部由“全球玩家理事会”颁布的“法律”是这样的：“游戏要迎合大多数人的幻想，否则，痛苦地活着吧！”

作为游戏设计师，在最开始确定设计意图时，就要时刻考虑到大多数玩家究竟喜欢什么。很多有经验的开发公司，会从很多渠道获得这些信息，以帮助设计师确定设计点是否适应广泛的用户需求。单纯依靠设计师凭借自己玩游戏的经验去确定是远远不够的，很多时候设计师都会错误地判断用户需求，以为让自己兴奋不已的就一定可以获得玩家的喜欢。市场和客户服务人员是直接与用户打交道的，而且是各种类型的用户，很多大公司在设计案的讨论会上会听取他们的建议。比如，《古墓丽影》中最初是设计了一个史泰龙那样的男性硬汉，而在市场人员的建议下，研发队伍最终创作出有史以来最出名的女英雄。

为谁设计游戏？答案是为玩家，并且是为大多数玩家，而不是设计师自己。只有为玩家思、为玩家想，才会成就设计师自己。

2.2 玩家的分类

游戏设计师在构思游戏时，要考虑目前玩家所喜欢或倾向的游戏类型和游戏玩点。游戏设计师需要去了解玩家群体的想法，并以此来优化自己的设计。所以，就主流游戏而言，游戏设计师是一直受玩家所影响的，但这类资讯过多或过杂时，连设计师都会感到彷徨，所谓众口难调，设计师常常会发出这样的感叹：玩家到底想要什么？

玩家们的意见常常是多样化的，即使针对同一款游戏，他们也会产生各种不同的看法和理解，这时就需要设计师去过滤和挑选，并理解玩家提出问题时的心理，这实际上是一个理解玩家需求的过程。玩家可以被划分为不同的群体，不同群体之间的差异很大，理解玩家需求首先要从玩家分类开始。

2.2.1 核心玩家

核心玩家通常也被称为“骨灰”级玩家，在国外被称为 Hardcore 玩家。这类玩家在吃饭、喝水和睡觉时都在想着游戏经历。他们会花费大量时间来玩游戏、谈论游戏或者阅读游戏的相关文档。

在其他人关心现实生活中什么时候去上班、什么时候去睡觉的时候，他们却在想如何才能打出更加厉害的装备。对核心玩家来说，游戏就是生命。从某种程度上来说，真正重视游戏精神与内涵的是核心玩家，如图 2-2 所示。

图 2-2

从游戏产生之日起，核心玩家就一直是业界生存的重要基础。用户现在能够享受各种高档声卡、显卡、高带宽的网络连接以及更高 CPU 频率的家用计算机与游戏机，这在很大程度上要感谢核心玩家愿意为游戏支付他们很大一部分收入，需求带动了技术发展。

核心玩家评价一款游戏的重点是这款游戏是否提供了艰巨的挑战，这项挑战可以是对细节的持久注意、认真准备所花费的时间或高难度的手眼配合。玩家愿意做任何事情来征服这些挑战。需要花费数百小时来得到的称号通常会受到核心玩家的高度赞赏，为了达到最好的结果，他们甚至有可能将游戏反复玩上几遍。核心玩家对数字很在意，如果游戏设计师没有严格遵守自然界的普遍规律，他们也会非常恼怒。比如说，游戏提供一个冰冻法术，那么核心玩家希望能够将一切东西都冰冻起来，否则他们会感觉自己被骗了。核心玩家认为自己应该有可以控制游戏发展的能力，甚至可以影响到整个游戏世界。

一直以来，核心玩家都是游戏业界可以长期依赖的一个客户群体，游戏杂志和网站的评论家们都是这类典型的客户。今天，核心玩家仍然担负着领导游戏新舞台的责任，他们使用先进的游戏设备，会为各种游戏投入大量的精力和时间，最高等级的玩家一般都是他们，如图 2-3 所示。

图 2-3

然而，游戏产业爆炸性的发展极大地增强了对日益宝贵的发展空间的竞争。随着数量空前的游戏公司的出现和发展，一些游戏设计师已经开始注意到将主要市场限制在核心玩家身上是远远不够的。事实上，核心玩家的不断需求在一定程度上推动了游戏技术的提高，但从市场来看，一款游戏的成功，普通玩家才是决定性的因素。

2.2.2 普通玩家

某些玩家可能只是偶尔玩一下游戏，一旦他们关闭了游戏就会立刻从游戏经历中走出来。对于这种玩家——普通玩家，游戏只是生活中有趣的一部分，而不是全部。

普通玩家与核心玩家最重要的区别在于，他们是否愿意在虚幻世界里花费更多的时间。与核心玩家经常花费 6 个小时来进行马拉松式的厮杀不同，典型的普通玩家通常只是会玩半个小时或 1 个小时，然后返回到现实生活中。因此，适合这类玩家的游戏必须提供非常快速的升级机会和经常的奖赏，以便吸引他们。普通玩家从来不会喜欢用 3 个月的时间来完成一个游戏。如果游戏持续的时间超过了 1 个月，他们会对它完全失去兴趣。他们要求快速的胜利、重大的胜利。有研究表明，《反恐精英》问世后，之所以能够广泛流行，得益于每局游戏的时间消耗非常少。

对普通玩家来说，简单性比其他方面都重要。如果要求这些普通玩家在开始游戏之前先阅读厚厚的用户手册，那么你已经失去他们了。从各个方面来讲，适合普通玩家的游戏必须易于安装、易于游戏以及在离开一段时间后可以很容易地返回到原来的状态。事实证明，允许玩家控制游戏难易程度的滚动条或按钮非常受普通玩家的欢迎。故事情节和游戏目标应该以最直接易懂的方式着重描述，并且要达到这样一个目标：如果玩家不小心错过了一些东西，他们仍然可以完成游戏并且得到乐趣。比如，《植物大战僵尸》《愤怒的小鸟》等休闲游戏就是以其简单性吸引了大量的普通玩家，如图 2-4 所示。

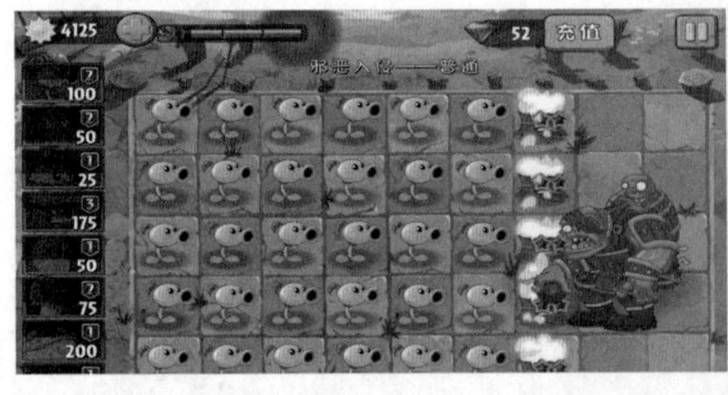

图 2-4

此外，普通玩家基本上都是游戏的门外汉。电视、电影等娱乐方式对他们的影响远大于游戏。游戏设计师永远不要认为他们知道《最终幻想》系列有多么经典，更不用说玩过了。因此，他们不喜欢源自长期游戏传统的、一些表面上看起来非常武断的强制规则。巫师为什么不能用铁链盔甲来装备自己并用大砍刀砍杀怪物？只有像核心玩家一样了解《龙与地下城》（D&D）规则的人才会清楚其中的原因。对一个从未或很少玩角色扮演类游戏的人来说，这的确有些难以理解和违反直觉。游戏设计师可以试着将这类事情在游戏中向他们解释，但是每提供一个必要的解释就增加了一层复杂度，这也许会将普通玩家吓跑。

作为一个游戏设计师，应该明白核心玩家和普通玩家之间的关系不是相互排斥的。很显然，可以找到喜欢用几分钟完成一个游戏的普通玩家，也可能遇到废寝忘食玩游戏的核心玩家。关键的一点是对这两个玩家阵营的讨论应当启发游戏设计师去思考不同玩家对同样游戏态度的巨大差异，从而了解什么样的玩家最有可能接受你的想法。

2.3 玩家的体验

是什么让玩家在一个游戏中感到快乐？又是什么提供了玩家一直玩下去的动力？为什么我们会喜欢一个游戏而厌烦另一个？下面从不同的角度来列举玩游戏的乐趣所在，这是游戏设计师在开始游戏设计之前必须了解的。

2.3.1 挑战与自我证明

不论什么游戏，设计师都会在其中安置一些谜题或者困难，玩家需要通过智力的提升，开动脑筋或者通过提升操作技巧来解答和克服它们。需要思考和运动以解决挑战，这是对所有游戏而言的普遍原理，并非仅仅限定在电子游戏中。非洲草原上的小狮子在相互嬉戏的过程中，锻炼长大后的捕猎能力，玩游戏也同样是在锻炼自己，在有些解谜类游戏中，玩家挑战设计师布下的难题以证明自己的能力。对于那些具有强烈吸引力的游戏，玩家会一遍一遍地玩，并期望达到最好的成绩，如图 2-5 所示。

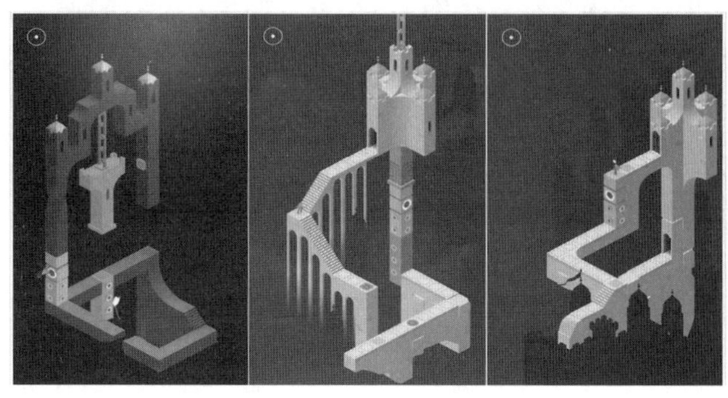

图 2-5

2.3.2　竞争与炫耀

在适者生存的自然法则下，人类从诞生那一刻起，就被迫去学习各种生存技能，以积累未来的竞争资本。随着社会不断进步，竞争的领域也越来越广泛，如社会地位、工作岗位、学习成绩、财富、外貌等因素，可能都会引发人们产生竞争意识。

游戏当然也不例外，甚至在《青涩宝贝》这样的恋爱养成游戏中，追求女生的速度都存在着竞争。在电子游戏中，竞争的规则越公平，玩家也就越愿意在其中进行比赛。

竞争就是为了去比较，有了比较就有了炫耀的机会。炫耀是人类的一种潜在追求，每个人都会有意或无意地炫耀自己擅长的事情，回避自己的不足。比如，一些玩家就会摆出华丽的阵势炫耀自己的实力，如图 2–6 所示。

图 2–6

2.3.3　合作与交流

身边有几个可以荣辱与共的知心伙伴，是每个人的梦想。从远古人类同心协力追逐猎物时开始，合作就已经固化在人类的 DNA 里。如今，社会高速发展，越来越多的事情已经不是一个人能完成的，团队合作才能顺利地完成任务。而在日常生活中，人们也同样需要合作，渴求伙伴。

通常，默契被认为是合作的标准。在电子游戏中，一个只要努力就可以作出贡献的简单环境，相对更容易培养出配合的行为并达到默契的程度。默契是指相互容忍、相互激励、相互配合的表现。

合作的基础是交流。这里的交流并非单指网络游戏中的玩家聊天，而是广义上就某一主题而进行的交谈或交换。交流玩游戏的心得，或者交换游戏中的道具，玩到一个好的游戏，不会让它烂到脑子里，而是会积极地向别人炫耀，并期待他们的回应。

在网络游戏中，交流的重要性更是被突出和强化。有不少玩家被标定为“社交者”，他们不仅交流游戏中的内容，还包含生活中的一切主题。网络游戏不仅为他们提供交流的主题，还提供交流的空间和渠道。在网络游戏中，许多战斗情节都需要玩家相互合作与交流，如图 2–7 所示。

图 2–7

人不是自甘寂寞的生物，在合作与交流中，人们感到乐趣无穷。

2.3.4 嬉戏

人天生就有玩耍（嬉戏）的需求，电子游戏在很大程度上就是高科技的玩具。在无聊的时候，人们单纯地通过玩游戏来打发时间，放松身体，或者是沉浸在角色扮演之中，幻想着自己是英俊的王子或者美丽的公主。有的时候玩游戏，并非有特殊的目的，这是人类或生物嬉戏行为的表现。

2.4 玩家的期望

一旦玩家决定玩某个游戏，就会对这个游戏本身有一些期望。如果这些期望没有得到满足，玩家很快就会失望，并寻找其他的游戏来玩。游戏设计师的任务就是使游戏可以满足这些期望，以便使玩家选择其游戏。那么，玩家有哪些期望呢？

2.4.1 对操作的期望

玩家在做出了操作之后，就需要在游戏中得到一个他认为会发生的结果。比如，对着墙壁开枪，墙面上会出现黑色的弹痕，并听到“砰”的一声枪响，这一点在当前的射击类游戏中已经很好地实现了，而且愈发逼真，如图 2–8 所示。如果在开枪的同时，能够让玩家感受到较为真实的后坐力，那就更棒了。与之相反，如果玩家没有得到他认为应该会出现的结果，那么他会怀疑自己的判断。一旦多次发生这样的问题，玩家就会开始对游戏产生厌烦情绪，他们会认定这个游戏不够真实，体验太糟糕了。再假设在游戏中遇到一个门，玩家靠近门并触动门上的某些开关或按钮，却什么都没有发生，那么玩家就会反复尝试，如果始终打不开这道门或没有提示相关触发信息，就会给玩家造成非常大的挫败感，甚至放弃游戏。

图 2-8

游戏动作结果的可预知性是非常重要的。玩家绝不希望一个动作有时可行、有时不可行，对于不同的结果都应有合乎情理的原因。比如，在格斗游戏《街霸》中，如果玩家一脚没有踢中对手，那是因为跳起来后距离对手太远了。让玩家了解动作失败的原因是很重要的，游戏内部逻辑（在这个例子中可能是碰撞系统做出的判断）会知道玩家为什么没踢中对手，但是，如果玩家不能找到动作失败的原因，就和没有原因一样糟糕。

此外，如果只有骨灰级的核心玩家才能理解动作失败的原因，那这个游戏对大多数普通玩家来说也是无趣的。如果因为不能理解的原因而被击败的话，许多新手就会感到沮丧。再者，在非常相似的情况下，玩家可以一脚踢中对手，而下一次却失败了，玩家也会感到气馁。

玩游戏的时候，玩家往往希望马上了解在游戏环境中可以进行哪些操作及其操作的结果。当玩家期望一个动作产生特定的结果，但是游戏却因为不可知的原因产生了不同的后果时，玩家会去找一个更可靠的游戏来玩。因为不可预知的游戏让人沮丧，所以，必须保证操作和结果的一致性。

2.4.2 对目标的期望

好的游戏应该告诉玩家可以做什么。玩家希望创作自己的成功故事，希望找到游戏中取胜的方法和自己独特的东西。但与此同时，玩家要知道自己的目标，并且希望得到如何实现目标的提示。当只有目标而不知道如何实现的时候，玩家就会到处乱撞，尝试自己能想象到的所有操作，当所有尝试都失败的时候，他们就会感到沮丧。当然，不知道目标是什么，玩家只能无目的地到处乱转，欣赏图片或感叹游戏世界的广阔。而在游戏世界里无所事事，游戏本身也就失去了意义。如果玩家不知道目标是什么或没有提示，目标也就如同不存在一样。因此，设计者会在游戏中设置一些特殊的标记来提醒或引导玩家进行游戏，如图 2-9 所示。

图 2-9

《模拟城市》（SimCity）是无目标游戏的经典例子，看起来它与本节的意思正好相反。确实，游戏的创造者 Will Wright 称它为“软件玩具”，而不是游戏，《模拟城市》像玩具一样，玩家可以对它做任何想做的事，不必清楚地知道成功或失败。但是由于游戏模仿了现实中如何建设和管理城市，从而使玩家知道什么是游戏中的成功：和现实中的一样，建设一个有着大型露天体育场、富丽堂皇的图书馆和幸福居民的城市。玩家可以依靠现实中的经验来指导游戏的目标。如果《模拟城市》的模拟系统是玩家毫不熟悉的，它也就不会那么流行了。

尽管有些游戏没有一个明确的目标，但游戏的本质和现实中的背景鼓励玩家去实现他们的目标，这也可驱使玩家继续玩下去。

2.4.3　对界面的期望

为了给玩家提供一个人性化的交互系统，设计师不仅需要设计快捷而一致的操作方式，还需要设计一个易于掌握的界面。游戏中发生了一些事情，而玩家却无从得知这种改变，那么他会自然地感到迷茫。比如，他的手枪里就剩两发子弹了，他还在和不断出现的恐怖分子搏斗，收不到任何子弹快要打光的提示，玩家在进行这样的游戏时会有什么样的感觉呢？

界面要有足够的信息，但同时要排列整齐以节约显示空间。界面设计是个非常难以制作的环节，在游戏开发过程中，通常不会一开始就把界面做好，而是要修改很多次，直到每个人都感觉良好且便于操作。在界面方面，功能性比美观性更重要，如果能同时做到两者兼顾就十分完美了，如图 2–10 所示。

图 2–10

有些游戏类型的界面信息，已经有了惯例，玩家已经非常适应这种摆放位置了，那么设计师就很难再去变更它。如果有些按钮或面板你不知道如何放置才能更方便玩家的操作，那么最直接的办法就是参考流行的游戏或 Windows 的做法。毕竟，这是每个计算机操作者都习以为常的。

2.4.4　对画面感觉的期望

一旦玩家进入游戏，在逐渐深入的游戏过程中，玩家了解了游戏的控制规则，因此变得兴奋，扮演起了幻想中的角色，此时玩家就不会轻易地走出这种体验。很多玩家都有这样的感受，如果玩得正兴奋时游戏发生崩溃，将会是最不愉快的经历。

这说明了沉浸感对玩家获得游戏乐趣的重要性，游戏设计师所要考虑的就是千方百计地防止对沉浸感破坏的行为发生。例如，如果 GUI（图形用户界面）设计得不够明晰，不符合游戏世界的艺术趣味，就会显得很不和谐，并破坏玩家的专注性。如果一个应该走在路上的人物开始走向天空，而没有任何原因可以解释，那么玩家会意识到这是一个“漏洞”（程序缺陷），他就会开始产生怀疑。所有这些缺点都会转移玩家对游戏的专注力。只要玩家突然从游戏世界的幻想中觉醒，就很难再次集中到游戏之中。要记得，许多玩家玩游戏的目的是想沉浸于幻想当中，当达不到目的的时候，他们就会离开。

另一个让玩家专注的重要方面是他在游戏中控制的人物。大多数游戏从某种程度上来说都是角色扮演类型的，如果玩家控制的角色——游戏世界中的主角不被玩家喜欢，玩家就不会那么专注。游戏中应避免让玩家不得不看着他控制的角色一再做出讨厌而白痴的举动，每当角色说了玩家不想说的话时，玩家便不得不提醒自己——这是在玩游戏，游戏中的人物不由他控制。这种现象会极大地降低玩家的融入感，从而导致玩家丧失游戏的兴趣。比如多数女性玩家对充满科幻元素和写实风格的血腥枪战游戏总是兴致不高，如图 2-11 所示。

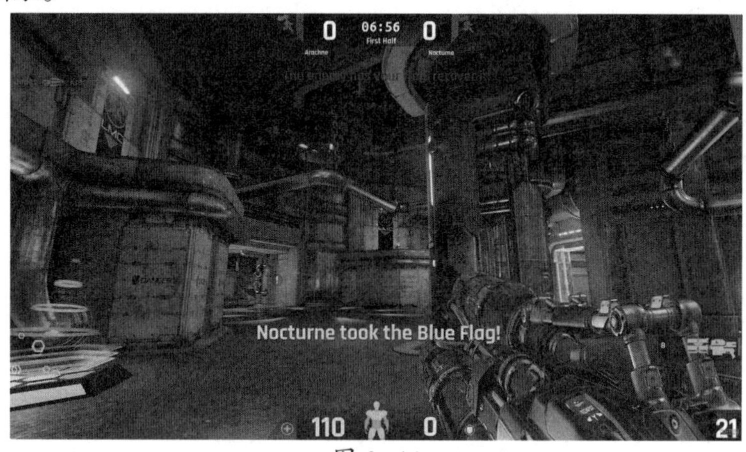

图 2-11

2.4.5　对规则的期望

玩游戏的时候，玩家肯定需要了解哪些动作是可行的，哪些是不可行的。他不需要立刻明白在特定的环境下需要做出什么样的动作，但是一定想先了解哪些动作是可行的，哪些动作超出了游戏空间范围之外。

例如，在游戏《毁灭战士》（Doom）中，玩家凭直觉断定他不会跟正在战斗的怪物说话，甚至不会在建议投降（看起来最有理由对话的情况）的时候和怪物谈话。因为根本没有投降，只有杀与被杀，所以玩家必定觉得说话是超出游戏范围的。假设游戏中设计有一个怪兽，只有玩家对它很友好的情况下才能击败它，要通过富于机智的谈话来取得胜利，这种情况肯定会让玩家感到不合逻辑。因为他们从一开始就意识到，在游戏中要想取得胜利，唯一需要做的就是消灭一切可以移动的东西，同时避免被击中。

一旦玩家花了很多时间来玩游戏，他便会熟悉游戏的环境和规则。在解决大量的难题之后，他就会知道哪种方案是可行的。在后面的游戏中，当不断地解决了各种难题后，玩家就会得到他所认为完美的解决方案。如果他努力尝试的方法并不可行，并且没有什么合理的原因可以解释，他就会感到沮丧，并产生上当受骗的感觉。

游戏设计师的任务是预测玩家在游戏世界中会做些什么，并保证玩家尝试这些动作的时候会发生合乎情理的事情，保证游戏世界中逻辑的统一性。

2.5　玩家需求调查

为了更准确地了解并掌握不同阶段、不同层次玩家对游戏的需求，游戏开发公司通常采用的方法就是使用调查问卷的形式来进行调查了解，以便更加准确地掌握相关信息。下面就是一份网络游戏调查问卷。

网络游戏调查问卷

1. 用户基本资料部分

（1）您的性别：□男　　□女

（2）您所在的省份：

□广东	□辽宁	□江西	□吉林
□上海	□河南	□天津	□澳门特区
□浙江	□河北	□山西	□湖南
□福建	□山东	□贵州	□宁夏
□江苏	□黑龙江	□新疆	□西藏
□北京	□云南	□内蒙古	□香港特区
□湖北	□陕西	□台湾	□其他地区
□四川	□重庆	□海南	
□安徽	□甘肃	□青海	

（3）您的年龄：

□ 16 岁以下	□ 16~18 岁	□ 19~22 岁	□ 23~25 岁
□ 26~30 岁	□ 31~35 岁	□ 35 岁以上	

（4）您的职业：

□学生	□技术人员	□生产人员	□国家机关工作人员
□ IT 业	□商业	□服务人员	□企事业管理人员
□无业	□信息产业	□教育 / 传媒	□公共服务人员
□金融	□军人	□卫生医疗	□文艺 / 娱乐人员
□保险人员	□农林牧副渔工作人员		□其他人员

（5）您在同时玩几款网络游戏：

□ 1 款　□ 2 款　□ 3 款　□ 4 款
□ 5 款　□ 5 款以上

（6）您在玩游戏时的上网方式为：

□ ADSL　□电信宽带　□拨号　□无线上网
□ ISDN　□网通宽带　□长城宽带　□铁通宽带

（7）您每天玩几小时的网络游戏：

□ 1 小时以内　□ 1~3 小时　□ 3~6 小时
□ 6~9 小时　□ 9~12 小时　□ 12 小时以上

（8）您每天在什么时间段玩网络游戏：

□ 1~3 点　□ 3~5 点　□ 5~7 点　□ 7~9 点
□ 9~11 点　□ 11~13 点　□ 13~15 点　□ 15~17 点
□ 17~19 点　□ 19~21 点　□ 21~23 点　□ 23~ 次日 1 点

（9）您能承受的每月玩网络游戏的支出为多少：

□ 30 元以内　□ 31~50 元　□ 51~70 元　□ 71~90 元
□ 91~120 元　□ 121~150 元　□ 151~200 元　□ 200 元以上

（10）您一般在什么地点购买网络游戏点 / 月卡和网络游戏软件包：

□网吧　□书报摊　□网上订购　□软件专卖店
□报亭　□找朋友购买　□其他方式购买

（11）您最喜欢的网络游戏收费方式为：

□点卡　□包月卡　□包周卡　□包日卡
□小时卡　□包季卡　□包年卡　□其他方式

（12）您是通过什么渠道了解网络游戏信息的：

□专业游戏网站　□官方网站　□综合门户网站
□朋友推荐　□网吧　□杂志介绍和广告
□户外广告　□论坛　□报纸介绍和广告
□地方性的公众媒体　□通过其他方式了解

（13）您最喜欢的网络游戏类型为：

□单机游戏　□网络游戏（如传奇）
□联机游戏（如 CS）　□以上都喜欢

（14）您在玩一款网络游戏时会持续多长时间：

□半个月以内　□半个月～1个月　□1～3个月
□3个月～半年　□半年～1年　□1～2年
□2年以上
（15）您上网玩游戏的主要地点为：
□家中　□网吧　□单位
□学校　□其他地点

2. 用户行为部分

（1）您对目前的网络游戏各项指标的满意程度：
宣传形象：□非常好　□好　□一般　□不太好　□差　□很差
游戏费用：□非常高　□高　□一般　□不太高　□低　□很低
背景内容：□非常好　□好　□一般　□不太好　□差　□很差
游戏设定：□非常好　□好　□一般　□不太好　□差　□很差
官方网站：□非常好　□好　□一般　□不太好　□差　□很差
文明程度：□非常好　□好　□一般　□不太好　□差　□很差
游戏活动：□非常好　□好　□一般　□不太好　□差　□很差
连接速度：□非常好　□好　□一般　□不太好　□差　□很差
客服质量：□非常好　□好　□一般　□不太好　□差　□很差
（2）您对代练的看法：□能接受　□不能接受
（3）您喜欢什么类型的网络游戏画面：
□二维画面　□三维画面　□二维与三维的混合画面
（4）您喜欢什么风格的网络游戏：
□国产风格　□欧美风格　□韩国风格　□日本风格
（5）您玩网络游戏的主要目的是：
□纯粹娱乐　□交朋友　□消遣时间　□锻炼智力
□在游戏中受人尊敬　□从游戏中获得现实利益　□其他目的
（6）您在选择一款网络游戏时关注哪些因素：
□游戏平衡性　□是否有外挂　□游戏故事性
□免费期间　□连接速度　□人气
□画面和音乐效果　□操作难易程度　□客户服务
□社会系统（交易、行会、战争等）
□交际系统（聊天、组队、结婚等）
□活动趣味性　□PK设定　□其他因素

（7）您选择离开一款网络游戏的原因：

□收费太高　□朋友离开　□客户服务不好

□新游戏吸引　□消耗时间过多　□游戏更新慢

□亲人朋友反对　□转站　□外挂破坏公平性

□游戏安全（账号被盗、欺骗等）　□更新破坏了游戏的平衡性

□其他因素

（8）您不玩网络游戏的原因（非网络游戏玩家填写）：

□没有上网设备　□费用高　□不感兴趣

□没时间　□不懂游戏　□亲人朋友反对

（9）您在网络游戏中最喜欢做什么事：

□认识新朋友　□做高手 / 侠客　□寻找 / 制造极品装备

□完成任务　□聊天　□尝试不同玩法

□ PK　□打探各种小道消息　□探索游戏中的未知领域

□建立帮派组织并进行帮派战争　□其他因素

（10）您最喜欢的网络游戏类型是什么：

□角色扮演类型　□即时战略类型　□第一人称射击

□休闲对战（棋牌等）　□体育竞技　□其他类型

（11）你最喜欢什么类型的角色扮演类网络游戏：

□武侠类　□卡通类　□奇幻类

□娱乐类　□其他类型

（12）您最喜欢什么类型的网络游戏背景音乐：

□流行音乐　□古典音乐　□爵士乐

□电子音乐　□民族音乐　□摇滚乐

□其他类型

（13）您在玩网络游戏时一般选择什么类型的服务器：

□地域上最近的　□人少速度快的　□朋友所在的服务器

□人气最旺的服务器　□名字最好听的服务器　□没有特别的选择

（14）您最喜欢什么样的网络游戏活动：

□寻宝活动　□大型战争　□ GM 送礼

□比武大赛　□节假日庆祝　□玩家聚会

□网上婚礼　□作品评选　□免费送光盘

□玩家设计任务　□打探小道消息　□投稿

□其他活动

（15）您希望在未来一段时间内玩到的网络游戏类型：

□角色扮演类　□战略类　□射击类

□模拟类　□格斗类　□对战类

□养成类　□竞速类　□体育类

□其他类型

（16）您希望未来产生的网络游戏方式：

□手机网络游戏　□手掌机网络游戏　□家用机网络游戏

□其他

（17）您在玩网络游戏时希望得到什么帮助：

□升级技巧　□任务秘笈　□老玩家帮忙

□游戏物价　□新手指引　□游戏地图

□收费情况　□下载更新地址　□其他

（18）您最可能消费的游戏周边产品是什么：

□玩偶　□电影　□漫画

□服装　□相关饰品　□其他

（19）您对游戏中物品及账号现金交易的态度是：

□同意　□不同意　□无所谓

（20）您在游戏过程中是否有过物品或现金交易的情况：

□有　□没有

在准备和制定了调查问卷后，通过各种媒体和网站配合活动宣传进行发布和汇总后形成调查报告。现在国内市场上比较正规和全面的网络游戏调查首推网络游戏门户网站17173每年一次的《中国网络游戏市场调查报告》，下面是2006年调查报告的节选内容。

（1）调研数据显示，网络游戏玩家玩游戏的主要目的是交朋友，其比例为59.6%，其次是锻炼智力和纯粹娱乐，其比例分别为9.7%和7.5%。和2005年的调研数据相比，以纯粹娱乐为目的的用户比例明显减少，而期望通过网络游戏去交朋友的用户比例有大幅上升，网络游戏渐渐成为一种人际交往模式。

（2）游戏操作难易度、游戏画面及音效是网络游戏玩家最看重的因素，其次是活动和客户服务，分别占9%和8%。

（3）有66%的网络游戏玩家玩游戏的主要场所是家中，其次是学校和单位，其比例分别为15%和9%。

（4）网络游戏玩家每天玩游戏所花费的平均时间为4.1小时，其中，每天花费1～3小时玩游戏的网络游戏玩家占45%。

（5）网络游戏玩家玩游戏的主要时间段是下班或下课后的18～24点，其中20～22点是网络游戏玩家玩游戏相对比较集中的时间段。

（6）网络游戏玩家对某款游戏的平均黏着度为7.9个月，和2005年的调研结果基本一致。

（7）软件专卖店是网络游戏玩家购买游戏点卡的主要场所，其使用比例为51%，其次是书报摊和报亭，分别为15%和12%。

（8）专业游戏网站是网络游戏玩家获取游戏信息的最主要途径，占43%，其次是论坛、杂志介绍和广告。从数据上可以看到，通过广告和一些产品活动相结合的推广方式已经被越来越多的游戏玩家认可，成为比较主流的玩家了解网络游戏信息的途径。近50%左右的网络游戏玩家认可网络游戏与其他产业产品的联合推广活动，并希望在今后这方面的合作能加强。

（9）促使中国网络游戏用户离开某款网络游戏的最主要因素是亲人朋友的反对，占29%，其次的原因是转站和游戏安全。

（10）网络游戏玩家周边朋友不玩网络游戏的主要原因是不感兴趣，其次是不懂网络游戏和亲人朋友的反对。

（11）网络游戏玩家玩游戏的主要上网方式是ADSL，占39.7%，其次是电信宽带和网通宽带，分别占25.4%和17.7%。

（12）网络游戏玩家最喜欢的游戏类型是格斗游戏/射击类，占33.1%，其次是战略类和角色扮演类，分别占27%和18.3%。

（13）网络游戏玩家最喜欢在游戏中做的事情是认识新朋友，其次是寻找极品/制造极品和完成任务，数据基本和2005年调研结果一致。

（14）网络游戏玩家最喜欢选择离所处地方最近的服务器，其次是选择人少速度快的服务器和新设立的服务器，选择朋友所在服务器的比例明显比2005年调研减少。

（15）网络游戏玩家最喜欢在游戏中进行网上婚礼，其次是喜欢免费赠送测试光盘和玩家设计任务。

（16）用户最常下载休闲类手机游戏，占51.9%，占绝对的优势，其次是体育类和动作类，分别占8.4%和8%。

（17）网络游戏玩家获取手机游戏信息的主要途径是移动百宝箱，其次是SP供应商。

（18）网络游戏玩家主要使用Nokia手机玩游戏，其次是多普达和三星。

（19）在本届调研中，网络游戏玩家不接受代练的比例高于上一届。大部分网络游戏用户接受10~300元的月均代练支出。

（20）目前，网络游戏玩家每月的平均游戏费用（含上网费）为205元，其中，每月平均花费81~120元的网络游戏玩家比例相对比较高。

（21）网络游戏玩家可以接受的每月游戏费用远低于目前每月实际消费的费用，网络游戏玩家可以接受的每月游戏费用平均为87元，其中，心理价位在20~50元的用户比例最高，占29.1%。

（22）网络游戏玩家最喜欢的收费方式是点卡，占37.7%，其次是道具收费和包月卡。

（23）有48.1%的网络游戏玩家玩游戏的费用主要来源于个人收入，有26.6%的玩家玩游戏的费用则来源于家长供给。

（24）网络游戏玩家中，在游戏中发生过物品或现金交易的玩家占83.7%，其中主要在500元以下。用户可接受的物品或现金交易金额高于目前客户发生过的费用。

（25）有47%的网络游戏玩家表示，有可能为游戏攻略消费，其次促使网络游戏玩家消费的网络游戏产品则是电影和服装。

（26）网络游戏市场中，市场占有率最高的3个网络游戏分别是《热血传奇》《魔兽世界》和《热血江湖》。

（27）国内最受欢迎的3D网络游戏是《魔兽世界》，其次是《热血江湖》和《完美世界》。

（28）最受欢迎的2D网络游戏是《热血传奇》和《QQ幻想》，其次是《梦幻西游》。

（29）在音乐、音效方面最受欢迎的网络游戏是《魔兽世界》，其次是《QQ幻想》和《武林外传》。

（30）国内客户服务最佳的网络游戏运营商为九城，其次是完美时空和盛大网络。

（31）国内反外挂前十强网络游戏中，最强的是《魔兽世界》，其次是《梦幻西游》和《QQ幻想》。

（32）国内画面质量最受网民欢迎的网络游戏是《魔兽世界》，其次是《QQ幻想》和《完美世界》。

（33）在2006年度最受期待的网络游戏调查中，《大航海时代OL》的比例高居榜首，其次是《天龙八部》和《奇迹世界》。

（34）国内网络游戏玩家中，在读学生占15.3%，无收入玩家占6%，其余78.7%的有收入玩家的平均个人月收入为1683.7元。

（35）国内网络游戏玩家男女比例接近5 ：5。

（36）网络游戏玩家在游戏中的男女比例是55.7 ：44.3，男性的比例高于网络游戏用户的实际男性比例，有很多女性网络游戏玩家在游戏中喜欢以男性身份玩游戏。

（37）就国内网络游戏玩家的地区分布而言，北京市的玩家比例最高，占 22.35%，其次是天津和浙江，分别占 10.6% 和 8.1%。

（38）国内网络游戏玩家的平均年龄为 23.6 岁，其中，19~25 岁的玩家占 50% 左右。

（39）在网络游戏玩家群体中，学历阶层的比例差别不大，大专及本科学历的玩家稍微居多。

（40）调研数据显示，网络游戏用户的网龄主要分布为 1~5 年，其中，3~5 年的比例稍高，而游戏用户的网龄最明显分布为 1~3 年。

2.6　游戏性

“游戏性”，英文译为 GamePlay，在游戏设计中它是一个十分重要的名词。设计师普遍认为游戏性是游戏的最重要属性，是决定游戏成功的关键。但它也是一个容易引起争议的名词。

在设计理论中，对于游戏性的定义及其包含的要素一直众说纷纭，没有定论。这就出现了一个尴尬的局面——虽然游戏性对于游戏的成败是如此重要，但大家却说不清楚游戏性是什么，也没有很好的方法来保证游戏性的成功实现。

当然，由于游戏性就和艺术家的知觉一样，在一定层面上只可意会而不能言传，才使游戏设计显得更有挑战性。这就如同你去问一个著名的画家怎么才能画出不朽的杰作，或者什么才能称得上是不朽的杰作，他肯定也说不清楚。

的确，游戏性和游戏设计在一定程度上取决于直觉和经验，但作为专业的游戏设计师，我们对于游戏和游戏性的探讨不能停留在直觉阶段而止步不前。本节所要探讨的就是如何定义游戏性，如何从多方面、多角度了解它，从而进一步采用更成熟和更正规的方法去改进游戏性。

2.6.1　游戏性的定义

电子游戏从诞生至今已有几十年的时间，在各种平台上的游戏数以万计，类型也逐渐趋向统一，相应地，游戏的评价标准也正变得更加明确。通常，游戏通过剧情、画面、音乐音效、游戏性等各种要素来展现游戏的优劣。剧情、画面、音乐音效等要素的评价标准可以借鉴已有的文艺形式，已经相当成熟，唯有“游戏性”没有确切的概念和明确的评价标准。但游戏性却在游戏中起着重要的作用。

关于“游戏性”概念的定义有以下表述。

游戏性是由互动性以及系统、操作、AI 等的总和而表现的游戏乐趣，但它绝不是游戏内容的简单堆砌。游戏性是使人沉迷其间的吸引力，是游戏的本质与灵魂，其他内容都围绕它而形成。

归根结底，游戏性就是指玩家在玩游戏时由人类最简单的心理层面而生成的原始快感。这种快感就是玩家玩游戏的主要动力，是从游戏中获得的快乐。可以把它分为 3 种，即爽快感、成就感、融入感。爽快感、成就感、融入感——这是一组明确的、能够大致量化的名词，也可以作为对于“游戏性”的定义。

下面将分别讲述这几种感觉在游戏中的表现和对玩家的影响。

2.6.2 爽快感

设想一个场景，某游戏店里，几个伙计和玩家正在玩一款赛车游戏。屏幕上的速度显示已经超过了 2000km/h，正在玩的人紧咬牙关，连身子都在左摇右摆，似乎想竭力避过扑面而来的车辆和墙壁；周围观看的人则不停赞叹：“哇——好快！太爽了！”该游戏界面如图 2-12 所示。

图 2-12

游戏中的“爽快感”就是要让玩家体会到这种紧张刺激、酣畅淋漓的感觉，比如在上述的赛车游戏中极高速度下风驰电掣的感受，或者 ACT（格斗游戏）里面用连招和必杀技干净利落地打倒一大群敌手的时候，那种感受都属于“爽快感”，爽快感往往是和“高速”“暴力”等行为相联系的。

早期游戏由于机能限制，爽快感很难发挥。到了 20 世纪 80 年代中期，世嘉凭借当时街机游戏主板的发展壮大，在 Out Runners、Space Harrier 等游戏中将爽快感发挥得淋漓尽致，世嘉游戏的风格也因此趋向定型。家用机方面，FC 游戏能够体现爽快感的不多；MD 由于继承了世嘉街机游戏的衣钵，将爽快感几乎原汁原味地再现在电视机上，成为与FC竞争的法宝，也标志着爽快感成为家用游戏吸引人的关键要素之一。

到了如今的PS4/5时代，在很多游戏中，特别是对暴力和高速情有独钟的美式游戏中，爽快感得到了淋漓尽致的发挥，如《GTA5》中用各种手段对付敌手以及《毁灭全明星》中那极具视觉冲击力的碰撞特效及音效，足以令玩家每个毛孔都兴奋得张开。

爽快感的设计风格还体现在大部分的格斗游戏中使用的连击技，某些游戏已经可以实现连续16次攻击。同时很多RPG(角色扮演类)游戏中也继承了此类设计，如著名的《鬼泣》系列等，达到了强化战斗乐趣的效果，如图2-13所示。

图 2-13

不过，仅有爽快感一种乐趣和让人“过把瘾就死”的游戏会让人感觉越玩越枯燥——事实上不少美版动作游戏正是如此。这样的游戏，其游戏性显然还不够。

2.6.3 成就感

玩过《神庙逃亡》《天天酷跑》等游戏的玩家都有这样的体会：游戏到了后期，最大的乐趣除了攻城战等双方对战之外，就是穿着一身显眼的极品装备，拿着一个服务器里都屈指可数的超级武器到处走动，以引来许多的目光和赞叹声。为什么游戏要进行这种设置呢？因为这样的“时装秀”能给人以极大的成就感，如图2-14所示。

图 2-14

成就可以通俗地解释为“胜人一筹”，成就感就是让玩家在游戏中体会到这种“胜人一筹”的感觉。大多数人都有超过他人、成就大事的愿望，但同样地，大多数人很难在现实中实现这一点。让人们在游戏中能够实现这一点——这就是游戏中成就感的意义。着重体现成就感的游戏可以分为以下3类。

第一类游戏的典型代表是《挖金块》《福尔摩斯探案》等益智、侦探推理类的游戏。它们并不强调操作，玩家必须通过观察和思考来破解游戏中的一个个谜题，以进入下一关，在这一过程中会成就感十足：“我真厉害，这都被我想出来了。”这类游戏登峰造极的作品当推PC和手机上广为流传的《推箱子》等，如图2–15所示。

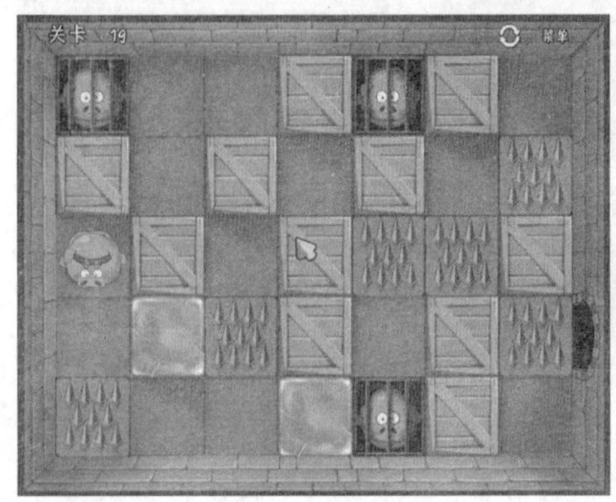

图 2–15

第二类游戏非常强调操作性，希望玩家能做出精妙的、人所不能的操作，从而体会到成就感，这种类型的典型代表是《雷电》《1945》《斑鸠》等子弹满天飞的射击游戏，如图2–16所示。在枪林弹雨中品尝左躲右闪，看着旁边观战的同学目瞪口呆的神情，自己则志得意满有种不可一世的感觉。此外，很多格斗游戏、赛车游戏也是以强调精妙的操作为主，那种借助娴熟技巧打败所有对手，取得第一名的成就感是非常强的。

图 2–16

第三类则主要体现在RPG和SLG等类型游戏中。在RPG游戏里，玩家经过长时间的锻炼，属性数值得以提高，甚至借助转职而在能力上获得了质的飞跃，原先不可一世的怪物甚至BOSS都成了可以随意击败的宵小；或者在像《模拟城市》一样的SLG类型游戏中，花了十几个甚至几十个小时建造起来的城市、游乐场、医院，看着里面人山人海、车辆川流不息的一派繁荣景象，自会有一种由衷的满足感，如图2-17所示。事实上，成就感正是当前角色扮演游戏和模拟经营游戏的灵魂所在。

图2-17

通过考察这3类游戏，就会发现游戏玩家在游戏进行过程中，心理上都经历了一个“压抑→释放”的过程。压抑得越深，释放的力量就越强，玩家获得的满足感和成就感也就越大。所以，很多MMORPG玩家愿意花费数十小时甚至上百小时苦苦练级，为的就是享受“轻松战胜终极怪物”的成就感；也有很多玩家愿意花费无数金钱在街机厅苦练《VR特警》《街霸》等，目的也是能够打败这个街机厅中的所有对手而获得一种胜利的成就感。

目前，在大量MMORPG游戏中，人们对成就感近乎变态的追求，很大程度上是和玩家们在现实生活中的不如意分不开的。灰心丧气之下，宁可一头扎入游戏世界中，至少在这个世界里，无论是街机厅的苦练还是网络RPG中的杀怪，都能做到“有多少付出就有多少回报”，而且可以从排名上或者数值上清清楚楚地看到自己的进步有多少。如此一来，难怪有人甘愿沉迷虚拟世界，做其中的霸者了。实质上，其中隐含了逃避现实的意思。这种生活态度不是游戏设计师所提倡的，因为游戏不能替代现实生活。

2.6.4 融入感

在20世纪70年代末到80年代初，计算机图形功能还很弱的时候，有些RPG或者AVG类型的游戏，比如最著名的探险游戏《巨穴》，是以纯文字的方式来运行的。屏幕上没有任何场景、角色、图形界面，有的只是一些不断滚动的文字。例如，“你来到一个地窖，地面上铺着石砖，非常潮湿，长着青苔。屋顶在滴水；墙角堆放着几个酒桶”。这样的游戏需要玩家发挥自己的想象力，在大脑中构思出游戏中所描述的世界。一旦玩家能够做到这一点，他往往会全身心地沉迷于游戏世界中，将自己融入游戏中的主角身上，认为自己就是游戏的主角，去探索那一个个未知的区域、斩妖除魔、建功立业——这就是融入感的来源。

换句话说，“融入感”就是对于游戏构建的虚拟世界的认同感和投入感。时至今日，随着游戏技术水平的飞跃，精美绝伦的3D画面、动听的音乐音效把开发人员想要表现的虚拟世界直观地展现了出来。玩家对当前游戏融入感的体现主要有以下两种。

（1）在单机RPG或者AVG中，玩家一般通过剧情、场景、CG动画来获得游戏的第一印象，再随着主角的经历，逐步把自己融入游戏环境中；包括自然环境以及和游戏中NPC角色之间交流的人文环境。不过，随着计算机硬件技术的快速发展，许多超级真实的环境效果已经在游戏中直接体现，这种情况就是“环境的融入”，如图2-18所示。

图 2-18

（2）在单机游戏中，游戏构建的虚拟世界有一定的范围，那就是游戏开发者规定的范围。角色只有这么多，说的话只有这么几句，动作也只有几个，还都是按照设定不断重复，这样很容易令玩家产生厌烦，融入感随之减少。但如果是一款MMORPG游戏，情况就截然不同。MMORPG中碰到的绝大多数角色都是真实的玩家，发生的交流多数是和真实玩家的交流：买卖、组队、聊天，不会有单机游戏中那种重复和厌烦产生。换句话说，玩家碰到的是一个“真实的社区”，玩家很容易认同这样的社会，从而潜意识中认为自己控制的那个角色也就是“自己”，继而把这个自己融入网络游戏的社会中，在那里生活。这种情况可以称为“社会融入感”。

现在网络游戏正逐步占有更大的游戏市场份额，分析其原因，融入感可说是关键因素之一：首先，游戏中展现的奇异世界如此吸引人，使玩家忍不住想去亲自看个究竟；其次，现代人社会交往的愿望日益强烈，然而多数人每天碰到的人仅限于周围的几个同学、同事、家人，社交范围随着年龄增长反倒越来越狭窄。网络游戏恰恰提供了一个无边际的社交场合，无须踏出家门，便可以和天南海北的朋友交往，正中人们下怀。再加上前面所述的在网络游戏中刻意强调的"成就感"，网络游戏短短两三年间能红遍世界，也就不足为怪了。

2.6.5 游戏性的融合

目前的游戏中，游戏类型的融合趋势越来越明显，在RPG游戏里融合养成或经营游戏的要素已经非常普遍，如《轩辕剑4：苍之涛》的天书世界系统。

类型的融合源于游戏性的融合。目前的玩家已经不太满足于单一的游戏乐趣，他们希望在畅快淋漓的同时体验到成就的乐趣，或者一面看着主角成长，一面在游戏的社会中相互交流，于是三大游戏性要素的融合也就应运而生了。

下面对几个典型游戏进行大致的量化分析（分值为1 ~ 5分，1分最低，5分最高），它们给玩家的感觉如表2–1所示。

表2–1

游戏名称	爽快感/分	成就感/分	融入感/分
《反恐精英》	5	4	2
《魔兽世界》	2	3	5
《极品飞车》	5	4	4
《最终幻想X》	2	5	4
《无尽的任务》（Ever Quest）	1	3	5

《反恐精英》就是以爽快感及成就感来吸引玩家的，其中充满了酣畅淋漓的战斗、获得胜利的喜悦。相比之下，这款游戏并没有着重营造融入感，它的画面除了达到基本的美观外，并无更加细致的修饰。因为在激烈的战斗中，几乎没有人会十分在意游戏内容及环境的细节。同样，《极品飞车》也是以爽快感为主，但它同时也十分注重对游戏画面的打造，强调融入感。在《极品飞车：地下狂飙》中，美轮美奂、流光溢彩的城市夜景更加衬托了地下飙车的氛围。而对于《魔兽世界》与《无尽的任务》这样的网络游戏，显然它们首先要营造的就是一个逼真的虚拟世界，让玩家在这个龙与魔法并存的世界里享受冒险的乐趣。

可见目前的游戏中，无论是单机游戏还是网络游戏，也无论是美式游戏还是日式游戏，仅具备单一游戏性的几乎绝迹，游戏性的融合已经成为主流。可以肯定这个趋势还将继续发展下去。《代号：诸神黄昏》就是融合了角色扮演与即时战斗类型的经典游戏，如图 2–19 所示。

图 2–19

2.7 外挂 VS 游戏性

不同地区的游戏产业都有其各自的特点，但是网络游戏的火爆无疑成为国内市场的最显著特点。而伴随着每一款网络游戏发展的同时，还有层出不穷的外挂。考虑外挂对游戏的影响，在设计的层面上就考虑了防止外挂的产生，这也是游戏设计师需要深思的。

外挂是指玩家在游戏中额外开启的一种游戏附加程序，该程序可以改变游戏的实际效果甚至画面，有的甚至可以影响到游戏的平衡性，使玩家在游戏中失去公平。

当前不少国内运营的韩式 MMORPG 外挂程序盛行，从比较简单的自动打怪、增加功能到几乎可以当作完整客户端程序的外挂都有。游戏运营公司当然也加大了打击力度，但是外挂仍屡禁不止，有不少玩家因为游戏中外挂盛行而离开了游戏。因此，基于三大游戏性我们来分析一下网络 RPG 中外挂程序的影响。

如前文所述，网络 RPG 的爽快感一般是次要的。大多数制作公司都把精力放在“成就感”和“融入感”的实现上，具体来说，前者的实现主要依靠漫长的升级和转职系统，可以成长的角色属性和技能、稀有装备、PK 制度；后者主要依靠场景和角色造型的精雕细琢，完善的聊天、社区、工会制度等，而外挂也正是在这些方面对游戏造成了破坏。仙境游戏的外挂界面如图 2–20 所示。

成就感的前提之一是公正。有多少付出就有多少回报，但外挂使用者不需付出太多精力，回报却非常丰厚。同样起步的两个玩家，用外挂者升级速度远远快于不用外挂者，稀有装备也早早地穿到了身上，对战起来更是占尽优势。这样只会让不用外挂的玩家感到恼火，于是成就感受到严重打击。

图 2-20

另外，人和人的互动，相互协助、聊天交流等是网络游戏融入感的源泉。但当某个玩家发现，周围所有人几乎都是外挂控制的“机器人”，非但不会在自己碰到困难时施以援手，反倒会跟自己抢道具，想跟他们聊天，发过去的消息一般是泥牛入海。那种网络游戏特有的相互关心、相互帮助的温情氛围和虚拟的网络社会的感觉就荡然无存，玩家早已火冒三丈，还谈什么“社区的融入”。

如此一来，网络游戏两大吸引人的亮点——成就感和融入感都遭到了破坏，网络游戏的乐趣自然一落千丈，玩家纷纷离开也就不足为怪了。玩家的离开必然造成产品的失败，很多设计师已经从设计角度开始思考反外挂问题。

本章小结

本章讨论了玩家的类别，并分析了玩家对游戏的期望及他们能获得的乐趣。在此基础上提出了游戏性的概念，游戏性是玩家乐趣与期望的统一，是吸引玩家获得游戏成功的关键。本章还讨论了网络游戏外挂对游戏性的破坏作用，希望引起新设计师们的重视。

本章习题

2-1　如何解释《泡泡堂》等休闲游戏的在线游戏人数往往超过了大型的 MMORPG？从中能得到什么启示？

2-2　Windows 中的两个小游戏《扫雷》和《纸牌》也有很多忠实玩家，这两个游戏中有什么样的乐趣？

2-3　玩家对游戏有什么样的期望？

2-4　游戏性是没有严格定义的，你所理解的游戏性是什么？

2-5　简述外挂程序对网络游戏的影响。你是怎么看待这个问题的？

第3章 游戏概念及原型设计

创意是每个游戏开始的地方。在编写代码之前，在制订软件开发计划之前，在编制最初的文档之前，甚至形成游戏概念之前，游戏就在设计师的想象中产生了生命的火花，而游戏概念是游戏开发周期中贯穿始终的内容。随着游戏开发过程的逐步推进，它可能会演变和发展，但是，它从一开始就存在了，它是游戏的种子，游戏从那里开始生长。

最初，游戏本身及其他所有的一切都来自一个念头。比如，当你开车时突然灵光一闪："我要设计一个关于牧羊犬的游戏！这将是有史以来最酷的牧羊犬游戏。"它的确可能是有史以来唯一的牧羊犬游戏，但对你来说这仅仅是个开始。这里即将介绍的过程，将帮助你清除不可行的想法，也帮助你精练并适当准备值得研究的概念。

游戏设计师应当有一种系统化的产生灵感的方法——获取创造性想法的火花并让它们成熟，然后将这些想法发展成为一个可行的结构。在任何时候，设计师都可能发现，某些想法是很棒的，但它们不一定能够成为好的游戏，而其他的想法开始看起来很乏味，但其中却蕴含着动人心魄的潜在游戏性。我们要做的就是让你将一个奇异的概念与游戏以某种很自然的方法结合起来，这将是一个大的飞跃。

因此，游戏设计师要让潜意识思维肆意驰骋，点燃创造性的火花。著名恐怖小说作家斯蒂芬·金（Stephen King）把这种潜意识思考过程称为"襁褓中的孩子"。学会让自己做白日梦吧，不过当完成白日梦时，要为一些重要的工作做好准备。爱迪生说过，天才等于百分之一的灵感加百分之九十九的汗水。好了，享受这百分之一吧，以后的一切都是纯粹的苦力活了。

本章讨论游戏设计的第一个步骤：如何获得和提炼游戏的创意，并编写游戏概念设计文档。要做到这些，不必规划出游戏的全部细节内容，但需要明确游戏将会是什么样的，且必须知道一些关键问题的答案。当能满意地回答这些问题并写下答案时，就已经将创意转变成了游戏概念设计。

我们将依次讨论概念设计的过程：产生创意、加工创意和创建游戏概念设计文档。

教学目标

- 了解游戏的创意来源。
- 了解游戏的设计理念。

教学重点

- 不同类型的设计思路。
- 创意的组合和加工。

教学难点

- 游戏概念设计文档的格式。
- 游戏概念设计文档的写作技巧。

3.1　创意的来源

总有人不厌其烦地问同一个问题："游戏的创作灵感是从哪里来的？"有很多游戏设计师对这种问题常常是采取回避的方式，他们或者不去回答；或者随便回答；或者扔给对方一个不是答案的答案让他们自己去处理。就像我们不能准确地回答"今天早上为什么穿这件绿色衣服"或"为什么今天突发奇想要去河边钓鱼"一样，无论怎样努力寻找答案，结果都很可能是那句话："灵感来自各处。"

Will Crowher（威利·克劳瑟）创作出 Adventure（《探险》又名《巨穴》）是因为他在探测和绘制岩洞地图方面有很深的研究。Deus Ex（《杀出重围》）的创作者 Warren Spector 曾这样说："看看报纸、聊聊天以及做一些生活的琐事对游戏策划者来说同样重要，因为从中也可以产生创作灵感，就如同从近几年的科幻小说中取材一样。"对于这一点，所有的游戏设计师都会认同。创意在哪里？结论是在各方面大量的经验里。

3.1.1　大胆设想

游戏的创意几乎可以来自任何地方，但它们不会自己出现在你面前。我们不能守株待兔，等待灵感出现，因为创意是主动的，而不是被动的过程。必须将自己置于渴求的状态，然后出去寻找游戏创意。不放过任何细节，一些最为平凡的事情中可能就蕴含了游戏创意。铁饼这一常见的体育运动就为游戏《愤怒的小鸟》提供了基本的灵感。开发人员修改了运动的弧线及节奏，让游戏者在玩游戏过程中带有一定的技巧性及偶然性，从而增加了游戏的乐趣，其游戏画面如图 3-1 所示。

图 3-1

计算机技术可以让设想变成现实，这是电子游戏与其他所有游戏形式区分开来的唯一特性。计算机游戏能将你带入到一个壮观的地方，在那里你可以做各种有趣的事情。而小说和电影却做不到这些，它们可以将你带入到一个壮观的地方，但不会让你做各种有趣的事情。书籍和电影可以创造一个梦幻的世界，并展示给你，但它们不能让你成为这种世界的一部分。电子游戏不但可以创建游戏世界，而且可以让你在其中活动。有计算机技术做强大的后盾，设想应该更积极并大胆一些，电子游戏的设计以“我将实现什么设想？”开始。

设想还应该发散一些。仅有一个创意是不够的，普遍的误解是以为一个闪耀的游戏创意将使人成功。事实上，这种现象发生的可能性微乎其微。你可能认为你有了一个特别好的创意，但如果只注重这个创意，而不去想其他的，要开发好游戏的可能性并不大，就好像将所有的希望都押在一张彩票上一样。与彩票不同，游戏创意是无限的，因此，要不断地去思考新的创意，记录下来以后再继续前进。

3.1.2 利用现有的娱乐资源

书籍、电影、电视和其他娱乐媒体都是游戏创意灵感的重要来源。电影，如 007 系列，经常成为启发游戏设计师的素材。任何含有令人兴奋的危险性动作的故事情节都可以成为游戏的核心，甚至休闲游戏也可以。《倩女幽魂》就是一款改编自电影的游戏，如图 3-2 所示。想想读过的书和看过的电影，问问自己其中的哪些场景可以作为游戏的基础，这对收集创意很有帮助。

在游戏策划阶段，引用已有的小说作为游戏的创作蓝本对于设计者来说也是最平常的。这样做有利有弊，要争取趋利避害。

一方面，从外部引入注册过的资源，可以节省三四个月的艰苦工作，否则游戏设计师们将不得不用这些时间去构想有关文化、地理、历史、宗教以及其他的作为一款完善的游戏所必需的背景资料。此外，现成作品已经拥有了相当数量的追随者，某些作家的名气和在文学领域的地位，可以成功地将他的读者吸引到这款游戏当中。

图 3–2

另一方面，从外部引入游戏题材也有其弊端。游戏设计师会发现，当站在游戏的立场上时，经常会为是否要保持借用的那个世界的完整性、真实性而烦恼。故事中的一些重要人物是不能被杀死的，而且也不应该有额外的经历，因为那可能和预定的一些冒险活动相抵触。如果在书中或是电视上，有两个人是从来没有碰面的，而且书中也给出了他们不应该碰面的原因，那么在游戏设计中就不得不想尽办法让他们在整个游戏中彼此孤立。在小说中可能会有一个拥有强大魔法的法师，他可以轻而易举地将一座城市化为灰烬，但在游戏中如果要让玩家去操作这样的角色，就必须确保小说中所说的那种威力强大的魔法不会破坏游戏中战斗的平衡性。在小说中有些角色一出场就拥有强大的法力，但按照游戏的需要，在游戏刚开始的时候，这个角色只可以是一个等级很低的普通角色，因为只有这样，随着游戏的进行他们才会有更多的发展空间来提高他们的技能和特性。

利用现有娱乐资源时不能去盗取他人的智力成果。即使认为迪士尼乐园的米老鼠可以成为一个好游戏的基础，也需要获得迪士尼的许可才能使用。

游戏创意可以从任何看似不可能的地方获得。就像伟大的科学家看到世上最常见的东西会探究它们的工作原理一样，好的游戏设计人员也是到处观察，看看是否可以把看到的场景或事件加入游戏中去。这可以是开发游戏设计人员的直觉，在看似根本不像游戏的事物中寻找游戏创意。

虽然存在不少问题，但从各种现成的素材中提取创意无疑是一种最快捷、最方便的路径。

3.1.3 利用现有的游戏体系

很多游戏设计师是从玩游戏开始走上设计游戏道路的。玩游戏的确可以激发人的创作欲望。当一个人玩了很多游戏以后，他就形成了一种感觉，知道游戏是如何运行的、它们的优缺点是什么。对游戏设计师来说，玩游戏是很有用的经验。它赋予了设计师洞察力，让他可以去比较不同游戏的特色。

很多人在玩游戏时会有这样的体会：觉得游戏的某些地方不是太好。可能是游戏的操作（用户接口）不好使用、游戏控制太难或者是物非所值。于是，他们就会想："如果是我设计这个游戏，我会……"此时，在他们的脑海中就有了一个由自己所构思的游戏。

一般来讲，在凭借创意进行游戏的初始设计时，创建游戏的故事情节可能会比较容易，但制定一套指导和约束游戏运行的基本规则体系却不是一件容易的事情。这时，就可能要考虑是否需要去参考一套已经存在的规则体系，如《暗黑破坏神 2》与《博德之门》就是规则相似度很高的游戏，如图 3–3 所示。

图 3–3

要从其他游戏中汲取营养，就需要在玩游戏时多加注意。不要只是为了娱乐而玩，认真地看看它们，想想它们是如何工作的。记录下喜欢或不喜欢的东西，以及那些工作很好或很差的特性；想想资源是如何流进流出游戏的？运气占了多大分量？技能占了多大分量？

对于一个有创造性的游戏设计师来说，其本性就是发明以前从没有见过的全新的游戏类型。但是，发行商和运营商需要的是他们确信销售形势会很好的游戏，通常是希望在已有类型的基础上做些改变，或是一种他们认为好销售的新类型。这就是为什么我们不断地看到游戏续集以及与早期游戏稍有区别的模仿版。作为一个游戏设计人员，必须学会在自己的创新欲与发行商所需要的大众熟悉的游戏之间做出平衡。

3.1.4　收集创意

创意随处可见，但又不容易找到。它可能在任何时间出现：当你开车、洗澡、跑马拉松、睡觉或刮胡子时。它们的出现无法预料，如果不注意，它就从身边溜走，获取和保留灵感的关键是随身携带纸和笔。随身携带它们可以随时记下新的想法，不管这些想法是出现在洗澡时还是在午夜时分。大部分的想法是短暂的，它将在没有完全成型之前消失，除非抓住它们，并将它们以适当的形式保存下来。

确实，灵感是不可捉摸的，但也可以在我们的头脑中发动一场思维风暴，来加快灵感的产生速度。试着将自己变成一个灵感的源泉，在接下来的5天中，写下每个进入大脑中的想法——不管它看起来多么不完整。看它们是如何发展的，了解每个想法每天出现的概率。当用持续不断的思维存储来训练自己的时候，灵感的出现也在以出乎意料的速度增长。

一个月的训练后，可以发现自己的想法比第一天要多很多。记住，产生真正有创新的想法是一项艰巨的工作，而且需要全身心地投入，但是其回报也是可观的。如果坚持持续的大脑训练，将很快发现虽然拥有了很多的想法，但不知道要做什么。这是每个人都可能遇到的问题，解决起来并不容易。

一个好的解决方案是为这些点子创建一个系统来存储、分类和处理这些点子。可以根据你喜欢的任何类型限定来建立一个体系去分类这些想法。通常，系统的完善要经过多次反复。强迫自己转录这些想法可以完成两件事：一是它强化了记忆中的想法，以便今后的使用；二是它给了你一个放弃那些不好想法的机会。这是编辑工作的第一步，但不要太严格。如果某些想法具有一些潜能，那就要保留它。这个系统的魅力就在于所创建的是一个强有力的创造性工具，你将在后半生中受益无限。现在看起来毫无价值的想法，也许10年后将价值无限，在想法库中加入更多的想法，它将变得更有用。

3.2　加工创意

仅仅拥有创意还不够——即使拥有大量的创意也不够，必须让它们发挥作用。否则，游戏可能就像从糟糕的修理库中飞出来的飞机一样，只能在跑道上滑行，却永远飞不到天空中。

到目前为止，我们一直主动忽略自己的判断和分析本能，这是因为，在前期我们主要是要求大量地收集创意，如果对新的创意是否适宜而瞻前顾后，根本就无法产生新创意。不过，现在我们将离开艺术阶段，进入游戏设计的工艺阶段。工艺技能需要判断力，只有能够判断自己的思想是否能协调起来才会产生一款优秀的游戏。良好的判断能力来自经验，考察一下与你的新观念有点相像的每款游戏，那些游戏口碑如何？如果不好，原因是什么？

显而易见，能够预见到大部分的缺陷并且现在就纠正它们会比在以后才发现这些问题好得多。一旦开始整个游戏的正式开发，设计中的变更将会变得十分昂贵，甚至是毁灭性的。准确的判断力可以为以后节省大量的时间与精力。

3.2.1 合成

假设现在要设计一款关于吸血鬼的游戏，并且由于其他原因（或许是商业上的原因），需要把它设计在一个宇宙空间环境中，如一艘宇宙探险飞船上。对于这样一款游戏，一种最常见的方案是让宇宙探险飞船访问一颗未知的、神秘的星体，并在它上面发现了一堆木箱。在将木箱运回基地的途中，一只木箱打开了，一个戴着斗篷的人物出现了。但是，现在的玩家恐怕不会喜欢这个想法，因为它很沉闷乏味！有些人都看过几十部这样题材的好莱坞电影了。如果只是打算老调重弹，为何要自找麻烦地将吸血鬼主题移植到太空呢？“合成”并不是不同内容的简单堆砌，相反，需要考虑如何将两个概念融合在一款游戏中，带给玩家新的游戏体验。

吸血鬼确实是睡在棺材里，但是不一定就意味着一定得有一个棺材或木箱，在飞船上可能还有其他一些像箱子一样的东西。在长时间的宇宙航行中，飞船的机组人员在漫长的旅途中大部分时候处于“冬眠”状态，那幽暗的冬眠箱是不是也可以利用一下呢？这样，吸血鬼就成为机组中的一名成员，此时他能够从同船的船员身上吸食冻结的血液。可以看出，这样一款冒险游戏借鉴了电影《异形》（Alien）的想法，但它们也不完全一致，如图3-4所示。

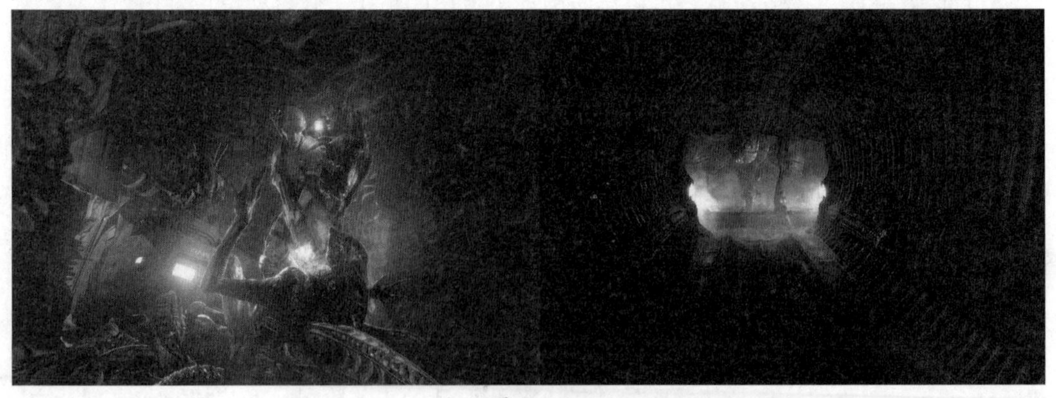

图 3-4

面对大量的创意，游戏设计师应当不断考察合成起来的想法。自问每种想法能给其他的想法做出什么贡献，这样，在最后形成的游戏中设计师才能够充分利用这些想法。

3.2.2　共鸣

共鸣是一种有效的加工创意的方法，使总体比部分的总和还大。共鸣含有协作的意思，它使故事和主题内容对游戏玩家能够产生更加深刻的影响。这适用于游戏设计以及其他的创造性工作。

例如，在《魔兽争霸》（Warcraft）中，兽人族的英雄是在人类和精灵族的联盟取得对兽人部落的胜利之后成长起来的年轻一代兽人。由于在战争中的失败，那些兽人是被迫背井离乡，限制在保留地上的一个备受欺凌的种族。英雄的追求是重获尊严，赢回战败中失去的荣誉。在兽人的环境甚至部落服饰方面，游戏设计师似乎都在重现与美国印第安人的比照。尽管可以质疑盗用真实人类文化来描绘非人类物种的做法是否恰当，但是不可否认《魔兽争霸》中的共鸣是有效的。

随着游戏的进行，游戏设计师还会发现，如果游戏有足够的影响力，人们还会创建他们自己的共鸣。在网上搜索，包括《魔兽争霸》《反恐精英》在内的许多著名游戏都有关于它们的小说、漫画……而这些都是由那些喜爱它们的玩家自发创作的，如图 3–5 所示。

图 3–5

3.3　游戏概念设计文档

在这个阶段，游戏设计师记载自己所能想到的游戏灵感，并写出 1~10 页的游戏概念设计文档。注意，这还不是完整的游戏设计文档，只是游戏的一个简要说明。当然，很多时候游戏概念设计文档最后会加以修改作为游戏设计文档的第一部分。

要将游戏创意变成完整的游戏概念设计，游戏设计师需要认真考虑，并回答以下问题。这些也将是在游戏概念设计文档中需要描述的，它们可能不必特别精确或详细，但游戏设计师必须对它们有一个大致的想法。

①游戏博弈的性质是什么？也就是说，游戏者将面对一些什么挑战？他们将采取一些什么行动去克服挑战？

②游戏的获胜条件是什么（如果有的话）？游戏者要争取获得什么？

③游戏者的角色是什么？游戏者要扮演什么人物？如果有，具体是什么？游戏者的角色如何促进游戏博弈的定义？

④游戏的场景如何？在什么地方进行？

⑤游戏者的交互模式是什么？无处不在、通过替身还是其他？或是这些的组合？

⑥游戏的主要视图是什么？游戏者如何在屏幕上查看游戏场景？视图是否不止一个？

⑦游戏的一般结构是什么？每种模式中会发生什么？每种模式中将加入什么功能？

⑧游戏是竞赛性的、协作性的、基于团队的还是单人的？如果允许多人，他们是使用同一台机器的不同控制器还是网络上的不同机器？

⑨游戏进行时，有叙述说明吗？用一两句话总结一下游戏的故事情节。

⑩游戏是否属于已有的某种类型？如果是，属于哪一种？

⑪为什么人人都想玩这个游戏？这个游戏能吸引哪种类型的人？

当对上面的大部分问题都有了确定的答案时，就可以动手写下游戏的概念文档了。不同游戏的概念文档是不同的，但它一般包括以下要素的部分或全部。

①标题：游戏的名称。

②平台：游戏适合的平台（如 PC 或家用游戏机）。

③种类：游戏的分类（如 RTS、RPG、Racing、FPS 等）。

④基本进程：游戏是如何进行的？游戏是什么样子的？玩家可以在游戏中做什么？如何控制？如何获胜？是否有多种游戏模式（PlayMode）？这是文档中最长的部分，经常用图表来说明。前面所讲的需要思考的那些问题大部分需要写进本部分。

⑤基本背景：与游戏相关的背景故事。

⑥主要角色：介绍游戏的角色，主要角色可能还要附以草图。

⑦开发费用：列出游戏开发的估计费用。

⑧开发时间：列出游戏开发的估计时间。

⑨开发团队：列出游戏开发团队的主要角色和他们应该拥有的素质和相关经验。

3.4　游戏原型设计

游戏概念设计完成之后，游戏的基本效果和功能也就确定了，但这个阶段的游戏设计还只是以文档的形式存在，对于其他的开发人员和管理人员的理解来说还很不直观，这时为了可以展现游戏的实际效果，或检验游戏的设计是否得当，通常会进行游戏的原型设计。

游戏原型设计是游戏开发过程中的一个步骤。如何在一个游戏概念和创意被具体实施之前充分验证游戏设计师的想法？面对市场的压力，在进行实际的游戏开发之前，游戏开发商们需要可靠的证据证明游戏想法是有趣的、有吸引力的、具有相当可玩性的，并能为企业创造商业利润。这是在游戏设计中会采用“原型设计”方法的原因。

原型设计是实现一个优秀设计的开始。原型设计指的是在正式创作之前创建一个游戏系统的模拟工作版本。通过它即可进行游戏操作，设计师把它想象成将要开发的游戏，目的是让设计师自己有一个直观而形式化的方法来考查未来的游戏结构及其功能。

1956 年，心理学家乔治米勒在他的经典论文“神奇的数字 7，加或减 2：我们处理信息的能力极限”中指出，心理学的研究表明，人类平均可以同时跟踪和处理 7 个想法。米勒认为 7 ± 2 是人类可以在短期记忆中能够把握的项目数量。它极大地影响了美国的电话号码系统——电话号码一般都是 7 位数左右。《俄罗斯方块》游戏只有 7 种形状元素，如图 3–6 所示。

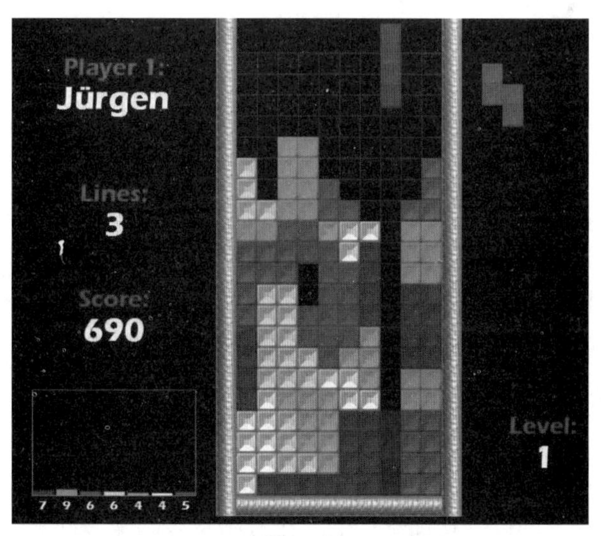

图 3–6

举这个例子是想说明游戏也是人设计的，游戏设计也需要排除干扰。原型设计的主要优点是游戏设计师只使用纯粹的形式元素定义游戏的结构，抛开华丽外表的干扰从而能更好地把握游戏的核心。很多伟大的游戏抛开华丽的外表后，其核心的部分并不复杂。如果仔细研究《超级马里奥》（Super Mario Bros.）、《命令与征服》（Command & Conquer）和《光晕》（Halo）这些不同类型的经典游戏，将会发现在漂亮的图片和丰富的游戏世界后面，游戏性的体现实际上非常直接，如图 3-7 所示。这些游戏深受广大玩家喜爱，因为它们易于上手而且容易被理解。实际上，试着将那些令人上瘾的游戏中生动的图像、声音效果和可选的特征去掉，会发现几乎所有的游戏都是可以用很少的规则建模的系统。游戏原型帮助游戏设计师将重点放在构建提供给玩家最核心的乐趣的机制上，进行重点特征、规则的描述，并在这些限制条件下创作游戏运行的可行模型。

图 3-7

原型分为实体原型和软件原型两种，区别在于它们的实现方式不同，一个用实物构建原型，另一个用软件来构建。

3.4.1 实体原型

实体原型使用实际的物体来实现，一般是纸、笔、实体模型、卡片等。用这些来构建和验证游戏的概念。实体原型最适合于 RPG 游戏、策略游戏或某些休闲游戏。

实际上，电子游戏中的 RPG 游戏类型就是由纸上移至计算机而产生的，因此广义的 RPG 游戏还包括纸上 RPG 游戏。纸上 RPG 游戏的起源可以追溯到 19 世纪，因此，RPG 的发展历史也应当从纸上 RPG 游戏的出现开始说起。

早在 1824 年，普鲁士军官 Von Reisswitz 就发明了一款名为 Kriegspiel 的战棋游戏，这种战棋游戏中出现了用掷骰子决定的回合制战斗、战场地图、抽象化的士兵等最初的游戏概念。在其后，这种供士兵训练用的军棋逐渐在民间流传开来，并在其后逐渐形成了其他现代战棋游戏和 RPG 游戏，如图 3-8 所示。

图 3-8

在 RPG 游戏中发展最完善的是著名的《龙与地下城》（D&D）体系。它在游戏界的影响巨大，几乎所有西方的 RPG 电子游戏和部分其他类型游戏，如《无尽的任务》《魔兽争霸》等，都或多或少地受到过 D&D 体系的影响。对很多 RPG 电子游戏来说，纸上的《龙与地下城》就是最好的实体原型。

除了 RPG 游戏之外，策略游戏也非常适合采用实体原型方法。想想纸上的军棋游戏可以被实现为《四国军棋》这样的网络游戏，那么，如果要制作一个名为《太平洋海战》的回合制策略游戏是否也可以先在纸上实现一个原型？

实体原型还可以应用于某些休闲游戏，类似于《大富翁》的休闲游戏非常适合用实体原型来验证其游戏性，如图 3-9 所示。

图 3-9

3.4.2　软件原型

软件原型与实体原型类似，只是它们是用软件工具完成的。与实体原型一样，它只包括完成系统功能的元素；它没有装饰和声音，而且只作为最终游戏的概念性蓝图。

如果你有编程技巧，就可以用你最熟悉的计算机编程语言来构造游戏的软件原型。今天PC游戏的标准程序语言是C++。C++的优点是，它是面向对象的语言，就是说，它的代码是可重用的。这能够在开发过程中提高效率，而且非常适合于开发大型程序。

如果你没有编程技术，也不要灰心。很多世界级的游戏设计师并不是程序员，你可以把自己的聪明才智放在游戏设计上，有很多现成的软件工具可以帮助你在项目的原型化阶段进行设计。这其中包括用于绘制流程图的Visio、绘制电子表格的Excel、创建数据库的Access等，还有3D或2D的图形工具，多媒体集成工具（如Macromedia Director）等。这些工具非常值得学习，它可以为你准备游戏概念并节省大量的创作时间。

有一种制作游戏软件原型的可用而且有趣的方法是使用现成的游戏编辑工具——关卡编辑器（或地图编辑器）。关卡编辑器通常是同特定游戏引擎相联系的，它们是典型的可视化开发工具，仅仅使用"拖动"各种游戏元素来构建游戏内容，还可以使用简单的可视化界面来编辑简单情节，实现一定的游戏流程。《孤岛惊魂》（Far Cry）就是使用这样的方式开发的，如图3-10所示。

图3-10

如果仔细观察《孤岛惊魂》关卡编辑器的界面，就会注意到它包含了在第一人称射击游戏中需要的几乎所有形式元素，包括地图网格、房间、游戏单元、对象等。实际上，使用类似游戏的关卡编辑器是获得对特定类型游戏感受的最好方法。

正是因为关卡编辑器本身就是被开发出来方便游戏设计师来创作游戏内容的，所以不是程序员的人也可以使用它们。也有很多游戏向玩家公开发放其游戏自带的关卡编辑器，如RTS有《魔兽争霸 Ⅲ》、FPS有《虚幻》等。通过使用同类游戏的关卡或任务编辑器创建任务，可帮助游戏设计师研究新游戏的可行性。《魔兽争霸 Ⅲ》及《虚幻4》的编辑器如图3-11所示。

图 3-11

另一种制作游戏软件原型的方法是使用3DGameStudio、Torque、Unity3d等低成本游戏引擎，Unity3d的编辑界面如图3-12所示。商业化游戏引擎不管费用的高低，其成熟度都是很高的，工具也比较齐全。通过引擎工具和引擎提供的脚本语言可以在很短时间内创作出游戏原型，在原型被评估之后，可以采用原引擎继续开发或者直接购买更高级的引擎进行深度开发。采用这种做法既节约成本又可达到建立游戏软件原型的全部目的。

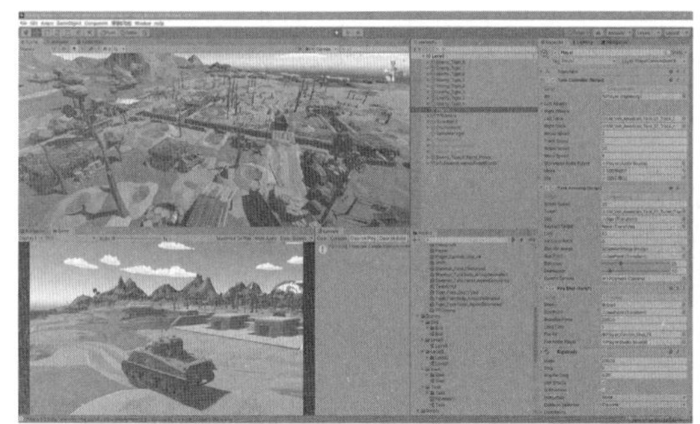

图 3-12

也有很多公司会把原型设计作为全团队的工作。不但游戏设计师，而且软件开发工程师和美术设计师都参与原型设计，这种做法风险比较大，如果发现原型无法满足市场需求，损失也很大。但这种做法一旦成功，由原型转化为实际产品的过程会比较容易，全团队对项目的理解也最好。

创建游戏原型可以提高游戏在可玩性上的品质，减少项目风险，当原型被证明是可行的时候，后期的大量游戏设计、软件编程和美术设计工作才有意义。

3.4.3　初学者与游戏原型

游戏原型不仅对游戏设计师有价值，它还能帮助初学者更好地理解游戏设计。游戏制作是复杂的系统工程，初学者由于经验不够丰富，往往难以理解游戏中的很多概念，而通过创建已有游戏的关卡或任务把游戏的系统内部结构展示出来，可帮助初学者理解游戏的组成要素及其工作机制。

在玩家的世界里，通过游戏编辑工具修改游戏叫作MOD，MOD是英文Modification（修改）的缩写，简单地说，就是对现有游戏进行修改、改造的意思。制作MOD在当今游戏业非常流行，但在中国似乎还没有形成气候。初期的MOD制作实质上就是制作现有游戏的关卡或任务，通过这些工作来了解游戏要素和引擎，并建立自己游戏的原型。到了后期，就可以在原型的基础上开始丰富的内容创作，并形成新的游戏。有些好的MOD设计及设计者被大的游戏发行商或开发商发现，并成为顶级的游戏和设计师。最著名的MOD制作者是Minh Le，他选用最流行的FPS游戏《半条命》（Half-Life）加以修改，创作了一个风靡全球的游戏版本——《反恐精英》（Counter-Strik）。

在完成了上述各项工作的汇报之后，如果你的预算和公司的计划相符，那么恭喜你，你可以开始下一步的安排了。否则，就只有等机会或者重写概念设计。游戏概念文档并没有一个固定的格式，写概念文档的目的就是通过它来说服公司立项。游戏概念文档分析得越透彻，这个项目可能获得的支持就越多，最终成功的机会也就越大。

本章小结

本章探讨了建立游戏原型的意义，并给出了两种游戏原型的设计方法。实体原型比较适合对实时性要求不高的游戏，如回合制游戏等；而软件原型适应面广，但对技术和引擎的依赖度比较高。

本章习题

3-1　列出你曾有过的两个游戏创意，分别分析它们的可行性。

3-2　在你喜欢的文学、影视作品中哪一个是你最想实现为游戏的？为什么？

3-3　上题那个设想中的游戏如果完成后会最像哪一个现有游戏？它们的区别是什么？

3-4　找一款游戏并修改背景设计，使其更能引起中国玩家的共鸣。

3-5　将你的创意写成 5 ~ 10 页的概念设计文档。

3-6　列出 10 个你最爱玩的游戏，在每个游戏后面用一句话写出你喜欢它的原因。

3-7　在游戏设计中创建原型有什么意义？

3-8　尝试设计一个回合制海战游戏或大富翁类型游戏的实体原型。

3-9　软件原型的创建方法有哪些？各有什么特点？

3-10　查询 MOD 相关的技术资料，并尝试做个新的关卡或任务。

第4章 游戏背景设计

从在线词典上搜索“背景”一词，得到的结果是：①舞台上或电影、电视剧里的布景。放在后面，衬托前景。②图画、摄影里衬托主体事物的景物。③对人物、事件起作用的历史情况或现实环境，如历史、政治。④指背后倚仗的力量，如听他说话的气势，恐怕是有的。

显然，游戏中的背景更适合用第三种解释来描述。无论什么样的游戏，总是会让玩家控制主角去经历一些事件，但为什么一定要去经历这个事件呢？经历后会发生什么样的结果？游戏中都会做一定的铺垫和限制，否则将使玩家面对莫名其妙的游戏反馈而迷茫。游戏背景给玩家提供合理的游戏世界描述，使玩家在游戏过程中的行为受到限制并具有合理性。游戏背景分为游戏世界观和故事背景两部分。

教学目标

- 了解游戏世界观的定义。
- 了解世界观对于游戏的影响。

教学重点

世界观的架构设计。

教学难点

世界观架构的理念和思路。

4.1　游戏世界观

世界观最初是一个哲学上的概念，它的描述为："世界观是人们对生活于其中的整个世界以及人和外在世界之间关系的根本观点、根本看法。"从这个定义就可以看出，世界观是人对世界的描述，人对整个世界运行体系的理解。而游戏世界观也正是指游戏设计师对所创作的游戏世界的整体的、系统的描述。

在一个游戏中，几乎所有元素都是世界观的组成部分。比如游戏时代设定，是古代、近代还是现代；游戏画面风格，是写实、日式唯美还是哥特式；游戏中的背景资料设定，包括游戏世界的政治、经济、文化、宗教，还有人物造型设计甚至游戏中的色彩音乐等一切都构成了游戏世界观的要素。像一些游戏大作，如暴雪公司的著名游戏《魔兽争霸》系列等，世界观搭建得相当完整，几乎现实生活中的任何要素在其中都有反映，如历史、政治、宗教、军事等，而这一切的组合构成了一个有机的、逼真的游戏世界。我们进入游戏就能明白《魔兽争霸》的世界是什么样子。我们可以直观地了解泰坦及宇宙的形成，艾泽拉斯世界的古神不希望泰坦用金属手改造这个世界而引发的战争，卡利姆多大陆的形成；我们还能知道人类与兽族的相遇，以及两者间仇恨的来源，人类7个国家在政治军事上钩心斗角，各个种族的不同信仰；我们还能知道各个种族之间军事力量、生活习惯的区别，每个种族特有的外貌、武器、战斗方式和着装的不同；如果对世界神话有些了解，我们可以了解《魔兽争霸》是各民族神话的大杂烩，特别是受古希腊神话、基督教神话和北欧神话的影响最为显著；我们还可以知道游戏设计者在创作《魔兽争霸》的世界时利用了"平行宇宙"的观念，在建筑和服装设计上有哥特和巴洛克风格的影子。所有这些元素不论是显性的还是隐性的，都融入游戏中共同构成了一个完整的《魔兽争霸》世界观。

世界观在游戏设计中的主要作用有以下几点。

（1）突出情节背景。通过情节的设计和说明来体现游戏的主要内容、势力关系、整体格局、区域特点、地理划分等内容。在整体情节确定的基础上，后期通过任务系统来设计具体情节。

（2）约束时空关系。背景确定之后，时间特征、空间特征就已基本确定，后期的所有细节都以此为设计准绳。例如，背景确定在战国时期，世界地图就是战国时期的版图划分，势力关系就以短期的合作与整体的对抗为主要形式。在场景的具体设计中，就要以战国时各个国家的风格和特点为基本依据。武器设定也以战国特色的冷兵器和外观来设计，包括属性设计、道具设计、NPC形象、对白等很多方面都有一个整体的约束。

（3）明确表现风格。背景和主题确定之后，风格就以背景和主题的要求来设定。

例如，如果是以现代为题材的恋爱游戏，视觉风格、音乐风格等就要以浪漫、现代、温馨为主要风格。

从游戏设计师的角度来讲，游戏世界观的设计指的就是“创造世界”，用文字、图形或者其他方式创造一个世界。游戏设计师通过对游戏世界观的构建，建立了设计师自身对游戏虚拟世界的看法，同时也是游戏中的某个玩家对这个游戏世界的认识。因此，游戏设计师设计世界观的最终目的就是让玩家在玩这个游戏时，能够产生和设计者相似的认识，以至于多数人都有相似的认识来达成对游戏的共鸣。

游戏世界观定义的世界可以是基于现实世界的，也可以是人为创造出来的与众不同的幻想世界。不管是什么样的世界，总是具有一定的复杂性，在进行游戏世界观定义时可以分为世界架构、人文地理、宗教信仰、政治结构、贸易文化等各个部分分别描述，现实世界中存在或设计师能想到的各个元素，只要需要，都可以考虑进来。

4.1.1 世界观架构

世界观架构就是指要创造和表达的世界的大概构架，包括世界的起源、存在的年代、世界大概的骨架等。这些内容可以来自历史故事、文学小说、魔幻神话，甚至游戏设计师自己的幻想。

目前主要的及常见的游戏架构类型有以下几种。

（1）从时间上划分。

①古典类型，发生年代距离现代比较长的时间，如《封神榜》。

②近代类型，发生年代距离现代不是很远，如《地雷战》。

③现代类型，发生在和我们同一个时代的故事，如《模拟人生》（Online）。

④近未来类型，发生年代距离现在不是很远的将来。

⑤未来类型，发生在遥远的将来，如《EVE》。

（2）从内容上划分。

①战争类型，很大一部分网游都或多或少地有战争的题材在里面。

②爱情类型，和战争一样，是人类永恒的主题。

③幻想类型，超越常识范围的世界。

④科学幻想类型，一定要注意是“科学”幻想。

⑤现实类型，基于现实的社会生活的模拟。

⑥恐怖类型，如《寂静岭》，还没有纯粹的恐怖类架构的网络游戏。

这些类型的确定直接关系到游戏有一个什么样的时代观、世界观和善恶标准，也直接关系到游戏的表现形式和中心设计思想。比如，在一款以古典战争题材为世界观的游戏中，时代一般是在19世纪以前，武器以冷兵器为主，对于游戏策划来讲，他所设计的兵器中就不能出现超越当时那个时代的东西。那么在美术的设计上同样也要体现出这一点。如果是在幻想题材为背景的游戏中，题材对策划的限制就要少得多，甚至任何东西和任何事情都可能出现。

下面列举市场上最为流行的几种世界观来源，基于这样一些题材，诞生了很多优秀的游戏作品。

1. D&D规则

《龙与地下城》（Dungeons and Dragons，也称为D&D或DnD），是一种流行于西方的魔幻题材的规则体系。30多年来，D&D作为定义游戏流派的规则，制定了奇幻类角色扮演游戏的统一标准。D&D是一个充满奇幻经历的世界，这里有富有传奇色彩的英雄、致命的怪物以及复杂多变的设定，让玩家有身临其境的真实体验。玩家们创造了无数的英雄角色：或是彪悍勇猛的战士，或是神出鬼没的盗贼，又或是强大的法师……他们领着人们不断探索冒险，合力击败怪物并挑战更加强劲的敌人，继而在力量、荣誉与成就中逐渐成长起来。

《龙与地下城》始发于1974年，最初的《龙与地下城》是3本装在一个盒子里的小册子。1978年，采用较大开本的精装版《高级龙与地下城》（AD&D）第一版正式发行（包括最初的玩家手册、地下城主指南以及怪物手册），第二版AD&D于1989年出版。D&D的三部规则——《玩家手册》《地下城主指南》和《怪物图鉴》如图4-1所示。

图4-1

2000年，《高级龙与地下城》游戏名中的“高级”二字被去掉，游戏名被恢复到最初游戏诞生时的《龙与地下城》。第三版《龙与地下城》（有时被称为“3E”）在规

图 4-2

则上做了较大改动，为规则系统带来了新生。

D&D 从规则设定到数值模型、怪物设定等都非常完善。基于这样一套规则，诞生了很多电影、小说和游戏作品。如《博德之门》系列、《异域镇魂曲》《冰风谷》系列和《无冬之夜》系列、《EQ》等。《无尽的任务》的世界观借用了D&D体系，其画面如图 4-2 所示。

暴雪出品的《WOW》延续了《魔兽争霸》构造的世界，继续完善成了一部“史实”，创造了一个完整的世界，并在游戏的具体设计中充分地体现了这样一个宏大的世界。《WOW》中的每一个任务、每一件道具、每一个怪物、每一副本无不贯穿在游戏的背景中，使玩家有着强烈的融入感，仿佛真的在一个世界中进行战斗、活动，极大地提高了游戏的黏性。《WOW》的世界观如图 4-3 所示。

图 4-3

2. 魔幻类世界观架构

主要来源和依据是西方某些魔法和幻想内容，通常和宗教内容有较多的联系，如吸血鬼、女巫等的传说。而游戏中借鉴比较多的是西方魔幻文化题材的文学作品，典型代表有《龙枪编年史》系列和《黑暗精灵》系列等。其中《龙枪编年史》可称为经典之作，如图 4-4 所示。《龙枪编年史三部曲》（Dragonlance Chronicle Trilogy）是一部由崔西·西克曼（美）和玛格莉特·魏丝（美）所撰写的小说。这套小说本来只是为了烘托利用当时 TSR 的专家级“龙与地下城”系统（Advanced Dungeons & Dragons）所设计的游戏，岂料在整套小说推出之后，造成极大的轰动，本书不停地再版，连续登上《纽约时报》畅销书排行榜达数十周。从一个不被看好的小卒，变成了奇幻文学的经典之作。而整套系列的衍生之作、外传、前传更是不停地推出，成为 TSR 生产线中唯一历久不衰的经典作品。

图 4-4

3. 历史题材

依据史实和历史事件来改编和制作的游戏，通常是依据部分真实历史改编而来的，也是很多国内外开发商热衷的一种题材，中国历史题材游戏一直大作不断，这是针对中国庞大的消费市场作出的正确选择。日本就制作了近百款三国题材游戏，著名的有《三国志：霸王的大陆》《三国孔明传》《三国志》《三国群英传》《三国豪侠传》《铁血三国志》《幻想三国志》等。此外，韩国开发的《苍天》也是三国题材游戏。历史题材游戏一般是按时代划分，从上古时代到近现代史，每个时期都有大量历史人物、事件可供发掘利用，像育碧 2017 年发行的多人对战动作游戏《荣耀战魂》中后来就加入了关羽的形象，如图 4-5 所示。

图 4-5

4. 神话题材

“天上一朝日月，人间几度春秋。浩浩神州，关山雄踞，大河纵横，山河之间，荡然沃野千里，气象万千。亿万年间，天降凝露，地气升腾，阴阳交汇之下，遂有云行风动、电闪雷鸣。物华凝聚，始现生灵。自盘古开天地以来，神州得天独厚，多有风调雨顺之年，故此渐渐走向盛世。”

自古以来，国人就有对神仙的崇拜与追求。无论是自古以来的文学创作还是现在的影视艺术创作，神话传说成为最具民族气息的核心题材，相对西方的神话体系的系统性来说，中国的神话体系较为庞大和混杂，甚至可以说没有形成真正的体系。

由于人类社会是从母系社会发展而来，所以首先出现在神话传说中的往往是女神。在古希腊神话中大地女神盖亚就是其突出的代表。同样地，中国古代的女神中，也以远古传说中的女娲为核心支柱，后来又有《山海经》中的西王母。随着社会的发展，人类社会进入了父系社会，随之而来的强大父神也出现在中西方不同的神话传说中。西方创世神话最明显的特点是创世神有很强的系统性。在希腊神话里，在主神宙斯的领导下，海神、冥王、战神、太阳神等各司其职，共同参与创世大业，形成了建立在血缘关系上的秩序井然、分工各异的创世神体系。北欧创世神体系与希腊的很相似，在奥丁的带领下也由众多神明来掌管各界，如图 4-6 所示。希伯来神话虽只有唯一神“上帝”，但除了他之外还有众多的天使，他们是上帝意志的执行者，因此从某种意义上说，希伯来神话仍构成了以上帝为核心的完整体系。

图 4-6

相比之下，中国的创世神是零落分散，不成体系的。不但几十个民族的创世神构不成系统，就是单个民族的创世神也难以寻出个完整系统来。从中国的神话与史诗中，如果要找汉族的创世神，那么只有盘古、帝俊、巨灵、烛龙及黄帝了。

正是因为西方神话的系统性和中国神话的分散性有着这样的差距，所以在网游的创作开发上，中国神话题材更加具有难度。正是其零乱与分散，使中国神话欠缺一种适合现代人欣赏角度的神话传说叙述方式。第一，没有一套著名的范例型小说为其塑造一个标准；第二，也没有更多的艺术手法在中国神话传说上进行发挥，游戏改编难度较大，因此也产生了一些中西结合的魔法与仙术、骑士与武侠的作品。这类网游一般都缺少内涵，虽然它融合了很多，但却少了文化上的铺垫。国外的游戏，尤其是欧美能将他们的艺术方式结合起来做成一个有底蕴的游戏，而我们却只是借助神话和武侠来炒火游戏，并不能让人在玩游戏的时候去了解神话和武侠背景。这些也可以成为制作游戏的一个探讨和研究的内容。

尽管如此，基于这种题材的网络游戏也不乏优秀之作，完美世界出品的《诛仙》就是其中的杰出代表，其画面如图 4-7 所示。

图 4-7

5. 科幻题材

基于科学幻想的题材，通常设计的时间和故事背景等都在未来的某个时间段。在幻想和构思的过程中，通常是在现代的科技知识和发展水平的基础上加以适当的引申和发展而来。此类题材在日韩欧美等国的游戏制作题材中占有很大的比例，如制作规模异常庞大的科幻大作《EVE》，如图 4-8 所示。

图 4-8

6. 武侠题材

武侠文化在中国发展已久，可以毫不夸张地说，国人或多或少都有一些武侠情结，甚至有华人的地方就有武侠文化的流传。对于这样一种题材的游戏来说，首先从用户的心理上就比较容易接受。

随着民族网游的发展，本土文化厚重的武侠网游走入了这个庞大的市场，优秀的武侠网游层出不穷，如金山公司的成名作《剑侠情缘》三部曲、搜狐经金庸授权制作的《天龙八部》和完美世界自主研发的《笑傲江湖》等国产武侠网游，都受到了广大玩家的喜爱，如图 4–9 所示。

图 4–9

民族的即世界的。在民族游戏向全球市场拓展的过程中，武侠作为一种特色的题材，以全新的世界的角度加以诠释，同样会获得全球的广泛认同。武侠类电影的成功就是一个很好的例证。

7. 名著改编

将名著进行艺术再创作改编成网络游戏，在网络游戏横行的今天已经十分常见。以名著中的时代和人物为背景，赋予其新的生命力成为这类游戏的主题。名著改编游戏对游戏制作方来说是需要更多的勇气与文化内涵的，因为其中涵盖了很深的文化性的内容。名著的游戏改编首先要控制好改编过程中的度。名著既然要改编，就要从名著的原风格上入手，所以风格的改编是游戏设计时需要把握的第一个度。而第二个度则是改编故事及人物形象的程度。不能扭曲人物，也不能颠倒是非黑白，否则这样一款游戏即使能获得成功也要背上骂名。第三个度则是新元素介入要恰当，不能将不属于同一时代的东西一股脑地搬进去，而使游戏成为不伦不类的垃圾。也就是说，要将文化与娱乐有机地结合，不要因为结合不成功而造成游戏世界的混乱。

正因为其难度高，所以市场上成功的民族网游并不多见，最为成功的就要数网易公司的《大话西游》和《梦幻西游》。而且《梦幻西游》创造了同时在线人数过百万的奇迹，也充分说明了这种题材巨大的市场潜力，如图 4-10 所示。

图 4-10

4.1.2　人文地理

游戏世界观中的人文地理就是在世界观设定的基础上，进行种族、世界地图以及大概分布之类的基础设定。之所以说是基础设定，因为这方面只是对世界基础进行再完善。没有完善而稳固的根基，一个世界是无法站住脚的。

比如，将世界观设定为中国历史的某一时代，那么在设计人文地理形式时就要以史实内容为主要依据，在地图的分布、城市的规划、场景的布局上以当时的历史地图为准，在此基础上，按照游戏主题的需要，以及现代人对历史的认识和了解进行适当的游戏化，突出游戏的主题需要。

例如，《大唐豪侠》这款游戏，世界观的设定为：“公元 626 年，玄武门之变，秦王李世民剿杀太子李建成和齐王李元吉，之后唐高祖李渊将帝位传于秦王，李世民登基为皇，改元贞观，从此开创了中华历史上最辉煌的一个时代。

“可世道并不太平，突厥蠢蠢欲动，积兵边境，太子李建成残存势力尚未完全清除，南疆民族分化成两道势力——白部和乌部，争斗不断，江湖大事小事不停爆发，异动纷纷。从天下到武林，强存弱亡，分化合并的时间已经到来。

“当是时，武林门派林立，经历了前朝末年兵凶马乱，烽火连天，武林逐渐形成五大势力。先是少林蜀山，武林泰山北斗，一执中原，一执蜀地，均是名门正派，义薄云天。然后是南疆百花宫，神秘莫测，实力惊人。更有长白寒冰门，西域天煞盟，正邪难辨。此外，还有南宫世家、绯衣楼、扬威镖局等众多不可小觑的武林势力。

“而各大门派之间表面来看相安无事，私下却是波涛暗涌。前任武林盟主退隐已久，各大门派互不相让，使得新任武林盟主无人继任，一时间形成了江湖门派群雄逐鹿的盛况。”

时代设定在唐朝初年，那么在地理设定上就要以唐朝初年的疆域为主。主题要突出“侠”，在人文内容的设定上就要以“侠”为主要内容，体现在世界地图规划上就是突出主要的场景设计和武林门派的设定，如图 4–11 所示。

图 4–11

4.1.3 宗教信仰

有了生命的存在，就会产生信仰——文明的历史一定程度上包括了宗教的历史。有了信仰，可以在一定程度上推进文明的发展（当然，在游戏里这种推动作用往往是最大的）。而运用魔法的能力，或者是神秘的力量，这些都与宗教信仰密切相关，所以，它在世界观设定中的地位是无法被取代的。

例如，西方的游戏文化系统中很大一部分来源于中世纪的骑士文化，要了解的一个基本点就是基督教义和骑士精神。而基督教义和骑士精神指的是一个信仰基督的骑士应具有的八大美德，这八大美德是谦卑、正直、怜悯、英勇、公正、牺牲、荣誉、灵魂。

①谦卑：人们在生活中要有谦虚谨慎的精神，互相尊重、互相帮助。

②正直：善良，不欺负弱小。

③怜悯：要同情弱者，帮助那些需要帮助的人。

④英勇：要在关键时刻挺身而出，奋不顾身地与邪恶势力斗争。

⑤公正：在纠纷中，应该以公正的态度把事情弄清楚再进行处理。

⑥牺牲：也就是牺牲自己的一切利益为了他人。

⑦荣誉：荣誉是来自大多数人的称赞和感谢，要想获得荣誉就要做好事，帮助别人，

甚至帮助别人获得荣誉，经过积累在别人心中的“善值”，人们会给予骑士真正的荣誉。

⑧灵魂：用中文来表达它的意思，很简单，就是要对得起自己的良心。

这八大美德概括了西方对一个具有骑士精神的人的基本要求，《魔兽世界》中的圣骑士形象如图4-12所示。这些美德可以在很多西方的游戏中见到或者感受到，可以说它贯穿着整个西方的游戏文化。在很多的游戏设定中都可以看到宗教教义对游戏世界观设定的影响。

图4-12

4.1.4 政治结构

在确定了人文地理、宗教信仰基础上，一个个国家也随之而生。国家之间的冲突，往往是游戏中主要矛盾的来源，而同样的道理，为了信仰，为了大义而与外来生命抗争也巧妙地把“政治”包括在内。这是对一个世界观的精雕细琢，经过这一步，一个大致完善的世界已经摆在你的面前了。

例如：“天堂Ⅱ的世界是以建立在两块陆地上的3个王国为中心。年轻的国王拉乌尔平定内乱后建立了新兴王国——亚丁，自称为古代艾尔摩瑞丁王国嫡系。另外，位于陆地北部的军事大国——艾尔摩，还有大洋彼岸的西方国家——格勒西亚，这3个王国互相牵制，同时，他们对领土的强烈自治意识，使这3个王国陷入了争夺王位、承权的混战当中……显露出其内部纷争的危险。各位就是置身于这样混沌的历史之中。”

4.1.5 经济及文化

在世界观的设定过程中，在架构了整体的人文地理、政治结构等内容后，泛泛的世界观已经通过一些场景的设定、区域的划分而逐步具体、形象化了。这也就达到了世界观设定的第一个设计层次——表象化。而世界观需要确定的另一核心就是确定世界的内核——经济、生活、文化等内容，这些内容确定之后，在后期游戏的具体设计中就将体现为游戏设计的核心内容——游戏系统，也称为游戏规则或游戏机制。

世界观和系统有相互交融的地方，有些涉及游戏世界规则的地方，世界观就要靠系统的解读来传达。所谓游戏系统，是指通过游戏者的控制，对一个游戏价值观进行阐释，并保证价值观在游戏中发挥作用的综合手段。世界观和系统的区别在于前者偏重描述性，而后者偏重操作性。前者在游戏中的作用，是告诉我们这是一个什么样的世界，而后者的作用则是保障我们在游戏中做什么、不能做什么、做了能得到什么的手段。世界观和系统通过游戏的价值观连接，游戏的价值观是在游戏世界观的基础之上抽绎出来的对游戏世界根本规则的评价。

因此，在世界观的设定中，要对整个世界的经济、文化内容进行必要的阐述，这些内容将构成游戏规则的设计依据。

4.1.6 游戏世界观案例

以下是某游戏策划案的游戏世界观定义部分，具有参考意义。

自华夏一分为三以来已有百年，三国相互争夺领土，却又相互牵制，一时间，天下英雄辈出，争相投入这群雄逐鹿的乱世。然天下合久必分，分久必合，天定人为，是势在必行。

“华”国自居正统，割地中原。北至黄河，南到姬水。处于平原地带，多平地，少山地。水草丰茂，气候温和。边缘地带林木繁多，以高大乔木林为主。河道纵横交叉，水运业十分发达。战争时期常用河道运兵运粮。华国重视农业，平原地带放眼千里农田相连，国力强大，国人均礼贤下士。剑宗武学在这里广为流传。传说黄帝轩辕的成名刀法就取自剑宗心法。而剑宗心法的最高境界“御剑术”则传自原君子国，其精妙之处更是让修行者推崇备至。

“昊”国地处姬水以南的蛮荒，山林众多，气候炎热，以樟木之林为主，云遮雾绕，险象环生。河流多为死水，昊国边境有一大山，名叫“仙山”，传说当年盘古氏开天以来，自有一派独成体系，不受神氏部落的号令，名叫广成仙派。创始之人广成子也曾习得太虚心诀，但是该派从不过问凡尘之事，只是一心潜修心法，所以与三国之间的战事毫不相干。昊国相对落后，百姓多以狩猎为生，力大无比。好勇斗狠，又生性多疑，力排异己，所以，昊国内很难找到由其他国家迁居到此的人。矛宗武学是昊国的立国之本。修行者对巨型兵器的使用相当熟练，并神往于矛宗的最高境界“劈天术”。昊国有一镇国之宝：开天巨斧——天罪，传说为盘古开天地所使用的神兵利刃。凡是能拿起“天罪”的人都能够得到无上的荣耀。

“邢”国地处黄河以北，土地荒芜，高山众多，气候寒冷。多为针叶林木，不宜农业的发展，所以邢国百姓多以经商为生。邢国人生性奸诈，骗术高明，无论朝中百官还是寻常百姓时时都是为利驱使，钩心斗角。邢国尚武，上自将士下至百姓均对逸电宗心法绝学有一定的研习，并且侵略之心最为明显，时常越过华国和昊国的边界肆意挑衅。在邢国修行逸电宗的人虽然很多，但真正达到了最高境界“撤地术”与“逸天术”的人却很少，原因是逸电宗心法本是神氏的心法，需心正品端的人才能修炼至完美，但邢国的人多为鬼方旧部或后裔，品行多有不端，所以难以修成正果。

……

4.2 故事背景

在确定了游戏的世界观以后，游戏设计师就开始考虑关于游戏、游戏主角的故事背景的设计了。在一个大的世界观构架下，故事背景就是游戏开始的地方，用于引出游戏任务的结构。对大多数游戏来说，这是一个理想的方法。故事背景的观察面比世界观小，它只注重描述游戏主角及其与周围的关系。

4.2.1 故事背景的设计方法

由于戏剧和电影艺术的不断进步，对于在艺术表现形式中的故事讲述手法，人们进行了很多研究。其中最著名的就是传统的“三幕剧结构”，由引入人物、介绍背景、预示危机开始，到遭遇危机、产生戏剧冲突、主角进行抗争，最后解除在背景中呈现的危机、达到结局。

不同的游戏有不同的题材，很少有游戏的故事背景是相同的，即便那些都参照AD&D（《高级龙与地下城》）设置世界观的游戏在故事背景上也会有差别。但内容上的差别并不影响游戏故事背景在设计上具有类似的过程和模式。“三幕剧结构”的伟大之处就在于几乎所有的戏剧和游戏都能按它的模式进行创作。

“三幕剧结构”是个完整的过程，如果将这个过程应用到游戏中，它将囊括游戏过程和结局。这里所讨论的游戏故事背景如果放到“三幕剧结构”中去，其正好对应第一幕的全部和第二幕的部分。

第一幕作为起点来说低调一些比较好，因为起点越高要达到游戏中晚期的高潮就越困难。几乎所有的游戏都开始于一个平凡的时间，如宁静的村落生活、按部就班地上下班等。在第一幕中应该平静地引出游戏主角及其周围环境，用潜移默化的方式让人们开始接受他们。

第二幕的开始会让主角原本平静的生活开始发生变化，而且这个变化可能会比较剧烈，直接将剧情由平静的开端引导到故事的冲突中心，如图 4-13 所示。比如：

①平静的村庄，突然遭受盗匪袭击，英雄主角的家人或爱人被掠或被杀害；

②家里来了不速之客，带来一些主角并不了解的信息；

③平静的世界，突然受到怪物的袭击；

④平静的假期，因为遇到暴风雨，将船吹到一个陌生的小岛；

⑤主角捡到神秘的物品，并且感受到神秘的力量；

⑥主角被吸进计算机里；

⑦外星人入侵了；

⑧……

图 4-13

故事背景的设计应该适可而止，因为背景就是背景，它的作用就是铺垫，就是引起好奇，让人们有继续深入的兴趣和基础。游戏设计师的设计其实有两类用户：第一类是游戏公司的员工，他们需要接受设计师的想法，并为该想法变成游戏而努力；第二类是玩家，他们将在设计师构建的世界里历险。故事背景被游戏设计师设计出来后，首先将体现为游戏策划案的一部分，它的作用就是引起其他开发人员继续阅读的兴趣，并能够在已了解的内容基础上理解后面的各种设计。而当游戏完成的时候，故事背景往往会被制作成片头动画，目的还是吸引玩家继续深入。

普通人遇到苦难时，通常会沮丧、无助、不知所措。在 RPG 游戏设计时，为了让故事继续合理地发展，为了让英雄不至于“出师未捷身先死”，可以适当地安排一个指引英雄的引导者出现。冒险类故事里，引导者是让英雄由凡人成长为英雄的重要推动者，也是各种冒险故事里不可或缺的固有角色，如《魔戒》里的甘道夫和《功夫》里的老乞丐。

“三幕剧结构”中第二幕的大部分和第三幕的全部应该在游戏情节设计中去完成，它们将出现在相关游戏性设计部分。

4.2.2 故事背景与游戏情节的关系

故事背景和游戏情节将“三幕剧结构”分为了两部分。故事背景可以看作非交互部分，在这部分中，游戏设计师告诉玩家某些东西，但并不要求玩家做什么事情来回应。游戏情节是交互部分，它被分解并实现为各种任务和关卡，这部分内容除了几个起串联作用的过场动画外，几乎全部都交给了玩家来控制。

玩家从描述故事背景的开场动画开始，而后跟随着游戏任务与关卡的展开，一步步走入游戏世界中。可以看到，对于一个完整的游戏，背景描述与情节互动之间互成反比：其中一个越长，另一个就越短。可以看到小说和电影没有情节互动，整个故事都是描述性的。诸如《三角洲部队》这样的游戏几乎没有描述部分，它从头到尾都是一个个任务的互动。大多数优秀RPG游戏都介于两者之间，达到故事背景和情节互动之间的平衡。游戏设计师必须决定这个平衡点的位置。

为了做出决定，就必须弄清楚背景描述在你的游戏中到底发挥什么作用。对核心玩家而言，游戏是参与性娱乐的一种形式，他们会说所有非互动元素都是无关紧要的。一旦他们看到一段需要阅读的文字或看到一段电影，他们就会单击跳过这些内容，并进入游戏的交互性部分。核心玩家被游戏中的挑战和击败这些挑战的渴望激励。对于他们来说，击败游戏就是自己得到的报偿。相当一部分动作游戏、体育游戏、驾驶模拟游戏几乎不包含描述性叙述。这些游戏强调瞬间的动作性和交互性，对于核心玩家来说，动作性本身就是报偿。

然而，并非所有的玩家都会一头钻进动作中。对于玩游戏是为了从虚幻世界中得到快乐的普通玩家来说，他们需要游戏提供各种乐趣。对于他们来说，知道击败了游戏中的“恶魔”还远远不够，他们还要知道击败“恶魔”的原因以及由此带来的正面结果。这些原因和结果都通过描述、解释性的材料提供给这部分玩家，如“外星人正在入侵地球，不久我们将灭绝”或是“家族被诬陷了，需要你为我们所有人沉冤昭雪”。

显然，如果能在保持互动情节的前提下，提供合适的故事背景，就会吸引更多的玩家群体。因为仅有动作本身并不适合偶尔一玩的普通玩家，他们希望有故事情节。比如，两个第一人称射击游戏《三角洲部队》和《孤岛惊魂》，如图4-14所示。在《三角洲部队》中，游戏提供了难度逐步提高的不同关卡，这些关卡的内容并不相关，玩家的任务一般都是杀死所有敌人、摧毁目标、搜集情报等。在游戏《孤岛惊魂》中，每一个关卡都是大故事情节中的一幕，它使用描述性材料解释玩家为什么会再次来到这个小岛上。第二个游戏无疑适合更大的人群。根本不关心描述性材料的玩家可以忽略这些提示，但对需要描述性材料的玩家来说，他们也将得到自己所需要的东西。

图 4-14

《孤岛惊魂》的故事背景：在热带一个美丽如天堂的小岛上正酝酿着一场黑暗的阴谋。这对于主人公 Jack Carver 来说也许将会是一场永远都无法忘记的噩梦。一周前，一个叫 Valerie 的女记者给了他一笔巨额现金，条件就是送她来这个未曾开发过的小岛。然而就在登陆后不久，小船就被来自小岛内的不明火力击沉，Jack 也发现他此时面临的是一群雇佣兵，而能帮助他生存下去的只有一把手枪和他的智慧。随着慢慢进入密林深处，越来越多的怪事发生了……

当然，如果提供过多的故事背景和过少的游戏互动情节，这样的游戏就会让人感到浪费钱财。玩家花钱的目的是为了得到放松或疯狂的机会，如果绝大多数游戏内容都是非交互性的，他们就会感觉上当受骗，因为他们没有为自己的付出而得到体验。太多背景描述会使人觉得游戏中的条条框框太多，甚至让人在玩游戏之前就已经预见了游戏过程和结果。

一个优秀游戏的目标应该是让玩家觉得他就在故事中。因此，也要控制好背景描述在游戏中所占的比例。要明白，所有电子游戏乐趣存在的基础是交互性：为游戏玩家提供他在现实世界中不能做的某些事情。然后，运用技巧提供足够的描述营造一个游戏世界，并激励玩家，但不能过多地限制玩家的自由，让他以自己的方式应对游戏中的挑战。就像电影《指环王》（The Lord of the Rings）中大法师甘道夫（Gandalf）的一句话："我们不能选择我们所生活的时代，我们所能决定的是在这个时代我们能够做些什么。"玩家不能决定他所玩的游戏世界，这个世界是游戏设计师所决定的，但必须允许玩家决定他在游戏世界中要做什么，否则，玩游戏就毫无意义了。

4.3 统一的游戏背景

值得一提的是，并非所有的游戏设计师都喜欢将世界观与故事背景完全分开，因为故事也确实是发生在虚拟世界中的，它们本来就关系密切。

有些游戏将世界观与故事背景结合得很紧密，两部分内容互相融合。以下就是网络游戏 RF online 的世界观和故事背景描述，可参考并学习其中的要点。

1. RF 世界观概念

RF online 世界观结合了最前沿的幻想主义和机械文明。

最前沿的幻想主义：如果说中世纪魔幻 RPG 游戏是以“剑和魔法”为素材的话，RF online 则是把“火焰和爆炸”作为现代素材造就的游戏。游戏中充分体现了 19 世纪复古文化、魔幻幻想主义的宗教文化和最前沿的机械文化（Machine Civilization）。

空间：在银河系边界的 Nobace Sector。

Nobace Sector 是指以 RooMen 行星为中心的 RooMen 太阳系和与它连接着的以 Nayiger 行星为中心的 Nayiger 太阳系。

时代：公元 9000 年以上久远的未来。

在公元 4000 年左右人类已拥有了可移动到银河系整个领域的手段并具备了侵占许多太阳系的科学力量。因受居住在 Hana Rira 星团 Bega 行星系的 HeroDian 的侵袭，人类一天之内进入了灭亡的地步。人类发明的尖端科学技术在 HeroDian 的武器下也成了无用之物，在 HeroDian 的侵袭中唯一的生存者是 Nobace Sector 的居民，因为他们的生理结构上含有致命的物质。

文化：为了让 HeroDian 的武器 -akein Virus 能保护自己，Nobace Sector 的人类试图中断与外部的联系。与外部的断绝包括输送和通信。

为了在被孤立的状态下生存，Nobace Sector 的人类自身开始进化，从而适应于各行星的环境。Kora 人追求高度的精神文明，Akreacia 人追求机械文明，而 Bellato 人追求的是协调精神和机械文明的中间文明。

经济：各国有独立的货币单位，并且 Nobace Sector 的货币是可以通用的，包括叫 Carreben 的小规模贸易商等具有一定实力的商人集团的存在实现了 Gold 币的通用。他们根据各国的兑换率和市场形势交易必要资源，从而获得利润，并在战地的各处设置叫租界的自由贸易区。且由变形的贸易——War trading 来追求利益。商人集团与对国家或民族的归属感相比，更注重集团的利益。

Holimantal 的经济学：Holimantal 的地位如同今天的石油一样，但是，它的效能和绝对价值要比石油重要得多，如果谁拥有更多的资源谁就占有主动地位。

2. 故事背景

HeroDian 用无比强大的生物武器虐杀人类，在同人类的战争中发现了对自己有致命威胁的物质，这种叫作 Holimantal 的物质是与宇宙诞生的神秘力量相关的物质。

人类恰好就在被屠杀之前，发现了这种资源并且对这种资源进行开发和研究。HeroDian 族为了利用此物质来对抗与它身体结构相同的敌人，也开始研究 Holimantal。

但是在本身的物质结构上，它们对于 Holimantal 不能直接接触，最后它们选定了借助人类做 Holimantal 的研究。银河系中的人类大部分已经被灭亡，太阳系上的 Nobace Sector 星球上的人类由于星球上蕴藏着丰富的 Holimantal 资源，侥幸活了下来。

Nobace Sector 星球上的人类与外界断绝了一切联系，为了生存人们适应环境的进化开始了，凭借着原有发达的人类文明进化的过程十分顺利并且有着惊人的结果。

随着进化，人类分成了 Kora、Bellato、Akreacia 这 3 个种族，他们几乎是在同一时间发现了 Holimantal 资源，对于资源利用的无限可能性都产生了兴趣，随着时间的发展，holimantal 在 3 个种族中的价值变得尤为重要，根据拥有资源的多少决定了力量的强弱。3 个种族为了最大限度地占有资源，也分别企图开发其他星球和行星的殖民地。

这时候，在异次元空间游荡的 HeroDian 也策划着利用人类做 Holimantal 研究的阴谋：他们一方面假借自己的圣殿中有发达的科学技术为诱饵，将 Akreacia 的首领们诓骗到自己的领域并给他们洗脑，又暗中支持 Bellato 的政府叛军；另一面又用诡计分裂神圣同盟 Kora，通过建立傀儡控制着 Kora。

作为新人类代表的 3 个种族的首领们大都被洗脑和收买，这之后 HeroDian 为了研究 Holimantal 又策划了阴谋，这就是挑起人类间的战争。表面上战争的起因是由于种族间争夺资源，实际上隐藏着 HeroDian 最终控制 Holimantal 的险恶用心。但是，它们轻视了人类内心中的自由意识，在战争中人类产生了自发的自由意识，但是，已经被洗脑的种族首领们将其放逐，他们分别是 Neo 阿克莱斯安的觉悟的机械人类、Antio 的 Bellaton 联盟的反政府武装以及神圣同盟 Kora 的纯种族主义者。他们崇尚自由，同各自种族的首领抗争。

在斗争中，他们意识到首领们已经被异星人 HeroDian 所控制，并且最终了解了人类先祖被 HeroDian 虐杀的事实，3 个种族最后联合在一起利用最有效的武器 Holimantal 来抗击 HeroDian，击溃了侵入 Nobace Sector 的 HeroDian，并且向着 HeroDian 的最后基地——太阳系罗拉圣殿发动进攻，最后，战争在人类为再次获得自由意识中，不可避免地爆发了……

本章小结

本章讨论了如何构思游戏背景。通过分别对游戏世界观和故事背景的讨论，提出了如何完成游戏背景设计的方案，并给出了合理的建议。

本章习题

4-1　试着自己简单描述当前流行游戏的世界观，如《魔兽世界》，包括世界起源、人文地理、宗教信仰、政治结构、贸易文化等。然后对比游戏本身的资料，体会游戏世界观。

4-2　为 4.1.6 小节中的世界观设计一个你认为最好的游戏故事背景。

4-3　如何把握故事背景和游戏情节的关系？

4-4　为什么《反恐精英》几乎没有交代故事背景也能够获得成功？

游戏场景的设计在游戏的开发中是非常重要的一项工作，它是所有游戏元素的载体，是玩家游戏的平台。

如果说制作一款游戏是在创造一个世界的话，那么场景的设计就是世界的构成基础。在此基础上设计元素，结合游戏规则、任务设计等关卡的设计理念，构造完整的游戏活动和玩法。

在这部分的设计中，场景策划人员一定要和美术人员多做交流，通常情况下会得到很多很好的建议，使世界场景与背景完美地融合在一起，给所有的玩家营造一个完美的虚拟世界。

教学目标

了解地图与场景设计的定义。

教学重点

- 地图的设计思路。
- 地图的设计工作流程。

教学难点

世界观和区域划分的联系。

5.1 游戏地图与场景设计中的常用名词

制作之初，首先需要了解一些场景设计中常用的名词。需要说明的是，各个公司的称谓可能略有不同，在具体工作中统一即可。

①世界：在游戏场景制作过程中，一款游戏所有地图的总和统称为世界，如场景中的草原、冰雪、沼泽、森林、海心片区中所有的地图总和。

②片区：在游戏场景制作过程中，由一张或多张地图构成的划分性区域，代表一个冒险阶段的冒险空间（分场景），或一种风格环境下的生物环境与自然环境的冒险空间称为片区。

③地图：游戏者进行冒险生活或与怪物战斗等活动的单个空间场景图，称为地图。

④关卡：游戏地图中使游戏者产生行为障碍的事物，称为关卡；也有别的说法就是“一个阶段挑战”；但这里所指的关卡是与地图相关的，如刷新点（怪物出现点）、宝箱、门、地形、计时器、路点、范围、地图上的伤害元素、高度、视野限制等，所以将产生行为障碍的事物称为关卡还是较为贴切的，或者可以理解为网络游戏场景设计中特指的一种设计元素。

⑤迷宫：以地形障碍为主，由多种关卡元素构成的地图称为迷宫。

⑥战场：专门提供与敌人战斗所用的地图，称为战场，一般为练级、竞技地图。

⑦综合地图：同时由场景、迷宫、战场中两类以上的地图要素合成的地图称为综合地图。

⑧场景地图：被赋予某种特定作用的一整块指定地图，称为场景地图，场景地图就是一张地图。

⑨场景：被赋予某种特定作用的一整块指定地点称为场景，场景与场景地图的区别就是，场景是处于地图中的。

⑩地图层：在交互层中，精灵（角色等）所处的进行主要活动的地图层面称为地图层。

⑪实体对象：在交互层中，仅用于点缀装饰地图场景，以使画面更为丰富多彩的静态图像，称为实体对象，如地图上的树木、石块等。

⑫遮罩：在地图交互层中，处于精灵（角色、NPC等）与前景层之间，用于掩盖精灵的覆盖物件，称之为遮罩。通常表现为当精灵处于遮罩后方时，会出现被遮挡或半透明效果，如物件后、房屋后、墙后等。

⑬前景层：游戏画面中地图层前方的覆盖修饰层面称为前景层，如《信仰》中的飘雪渲染等。

⑭背景层：游戏画面中地图层后方的远景修饰层称为背景层，背景层可以由多层背景构成。

⑮双重背景：地图背景层常常安排为一层或多层移动速度不同的背景，使地图场景有更强的层次感与动感。这样的背景层称为双重背景，也称为“卷轴”。

⑯图素：用来拼凑地图的图像数据，组成地图的基本元素，由这些小图组成基本的游戏地图。

⑰主图素：用于确立地图风格及特点，构成一张地图主体的最基本图素称为主图素。

⑱变化图素：在主图素的基础上完成，通过对主图素的修改产生各种变化，使地图显得更为丰富的图素，称为变化图素。

⑲参照物：在场景中，要利用一些固定的物件、图素、光影、动画等作为参照物。参照物会起到标识与对比作用，以减少游戏者在该类场景中的不适与迷失感。例如，平常游戏地图上的道路就起到一个标识作用，给游戏者一种潜意识的方向指引。地图中任何独特而显眼的内容都可起到参照物的作用。

⑳地图规格：游戏地图或场景的大小定义称为规格。2D技术与3D技术有很大的差异，2D平面技术通常以“屏”（游戏整体画面长像素量×宽像素量，如800像素×600像素为一屏）来进行地图或场景的定义。3D立体技术则以“米”这类现实单位（设计时定义的8的倍数的像素，如128像素为一米）来进行立体地图场景的定义。具体屏的大小定义需要按照公司内容统一来确定，确定之后在为地图指定大小时，只需标明屏数即可。屏数计算一般为长的屏总和数×宽的屏总和数。

㉑场景动画、场景光效：仅用于点缀装饰地图场景，以使画面更为丰富多彩的动态图物或光影，称为场景动画或场景光效。

㉒主题渲染：地图场景上的气氛渲染，一般为一张地图常用的光效、动画或色调；地图当中色调一块是不可缺少的，所以放到了场景设计中，如整片山谷地图弥漫着的雾气，或者是沙漠地图上呼啸的风沙等。

㉓地图编辑器：拼接图素的工具就是地图编辑器，每个公司使用的地图编辑器各不相同，功能和操作也不同，但基本原理都是一样的。从美工处拿来的图素是放在一张图中的，需要先用图片切割工具进行切割，一般为256×256或者128×128，再或者64×64大小进行切割，切割的大小与游戏引擎有关。美工在制作的时候会把坐标等都调整好，而且美工也会把图素示意图交给你，一般来说，图素示意图都是用不同的图素。策划再根据地图的设计图纸进行拼接、制作。

5.2 设计准备工作

整个场景设计过程中，主要的工作内容包括前期的准备工作、整理和收集资料、勾画世界及设计工作步骤总结、制作过程与各部门交流、工作计划与工作量化表、工作时间与人力的预算、命名与编号的定义、原图资料的保存等。

1. 了解需求

在设计一个场景之初，首先需要了解游戏的性质，很多时候需要其他策划所提供的故事背景、角色和相关的设计要求，然后规划。在了解到足够多的信息之后，即可在脑海中隐约浮现一些感觉，在这些感觉还未成形前，需要了解其他策划的要求，不光需要阅读《创意说明书》和《游戏大纲》等相关的文档，还要当面询问主策划的意图。

2. 了解故事背景

游戏的世界背景是指游戏世界中的历史、时代、物种、宗教、文化、地理等因素。这同样需要通过与主策划交流或阅读项目策划文案才能了解确定。这是地图设计制作时所要做的重要一步，因为只有在了解世界背景的情况下，设计者才能形成一个世界观念，才能知道构筑这个世界需要什么，在设计中的限制是什么。

3. 确定画面类型

这个游戏画面是2D的还是3D的？是写实的还是Q版的？人物在屏幕上会有多大？在开始考虑世界地图是什么模样之前，地图设计者首先要去了解这个游戏的画面是什么类型的，游戏地图是用什么方式去实现的。而这些信息理所当然地是来自项目负责人那里。当然，在交流过程中或许可以提出自己的见解。

4. 确定风格

风格在很多情况下是由策划决定、美术发挥的。而场景设计师在设计场景风格时，必须先参考两者的要求，在场景上予以配合。一个优秀的场景设计师，对于场景氛围、建筑风格、场景结构的理解力是高超的。例如，美术的唯美风格、写实风格、卡通风格等，在场景上的支持则各有不同，这都需要场景设计师对场景风格的把握和经验积累。当然各个游戏的背景需求也是不能忽略的。

5. 场景的大小

场景设计的大小还有一个非常重要的决定性因素，就是程序方面的影响。通常情况下，引擎的性能会直接影响到场景的大小。由于是制作前期，不可能将所有的地图大小都定义好，所以这时该弄明白的是在这个游戏中，最大的一张地图能有多大。要弄清楚这点，就要先去与程序人员交流，知道程序方面的限制。之后再去找项目负责人商议，让他知道我们现在能做什么规格的地图，最终与项目负责人定下地图的基本规格。千万不要等设计完了之后才发现自己做的地图太大了，程序根本不支持。

在此基础上决定场景的大小规格后，具体每个场景的大小根据情节需要依次来决定，而在给地图制定详细规格时，就要认真地考虑地图的容人量与角色移动速度的关联问题了。

6. 地理特征

地理特征需要确定的是游戏世界需要哪些基本的地理表现，往后将以此为依据来制定地图风格及地图主图素，如《EVE》中需求的场景就是星球、太空、卫星等，如图 5-1 所示。而一款武侠类游戏的场景就需要城池、草原、沙漠、河流等，而且要按照故事背景确定地理上有什么文化、历史、生物等特征。

图 5-1

7. 区域划分

这需要地图设计者与项目负责人共同商议而得，因为地图片区的划分将会影响到游戏中其他的设定，如国战系统、种族划分、升级系统与怪物安排等，最重要的是地图图素等图量的重复利用效果。如何决定要制定多少个片区呢？首先是游戏本身的需要。例如，根据游戏的升级系统，整个游戏过程中升级分为哪几个阶段，需要划分为多少个练功区域。其次就是根据游戏系统或规则中的需要进行添加，如《WOW》中的副本区域等，依据这些确定片区数量。

8. 特殊需求

特殊需求指的是项目负责人或项目策划提出的特别地图要求。在接到特殊需求后，设计者要先弄清楚该需求能否实现、如何实现、实现的困难与代价等问题。在与程序人员或美术人员证实可行后，便可与项目策划商讨具体的设计与制作了。

在经过多方交流，对项目地图的需求了解之后，就该进行设计准备与需求整合了。设计准备就是去大量收集与项目地图有关的地理参考资料，统计总结地图的地理位置、地形、地貌表现、物件、地理现象、气候现象、地理上的文化、地理生物特征等所有地理要素。这样的总结过程能让你自然而然地去更多地了解这方面知识，而这些知识是你能把地图设计好的基本前提。在设计准备完成之后，就开始着手把世界片区划分好，预估将有多少张地图，接着给各片区安排合理的地图风格，最后考虑如何在地图上实现特殊的地图需求。

5.3 世界地图的制作

在沟通协调并详细了解地图的设计需求之后，接下来的工作就是具体设计了。地图的设计和游戏整体制作的思路是一样的，都是“由整体到局部”。因此，首先制作的当然是世界地图。

1. 世界地图主题制定

首先要为将要设计的世界地图制定一个主题。在时间允许的情况下，不论是整个世界还是一个小场景，最好都能为其设定一个主题。而在为游戏各部分制定主题时，通常都应该与游戏的大主题相呼应。这样会使你的游戏更为紧凑，更具联想，游戏内容更丰富。

在制定主题时，首先要了解世界背景与游戏内容，然后统计查询或思考出与世界背景、游戏内容对应或有关联的事物，最后选出你觉得最适合的事物，为对应的“世界内容”（世界、片区、地图、场景、建筑、物件、动画光效等）或“游戏内容”（系统、界面、道具等）制定一个概念规范。例如，背景中有半兽人的种族，设计关联的东西有巢穴、兽骨、属性等，那么在地图制作过程中，就可以考虑以巢穴为主题设计一座城市或建筑。当然，这也要考虑到时间与资源问题。

2. 世界观及地图风格确定

紧扣制定好的世界地图主题，结合游戏的世界背景，去为你所要创造的这个世界编写一份世界观吧。世界观的编写虽然不是必需的，但如果你能好好地制定一份世界观的话，你将再一次重新整合自己的思想，使你在整个设计及制作过程中思路更为清晰且有迹可循。当然，世界观如果是策划提供的，就认真阅读。有了世界地图主题、世界观或世界背景之后，就该确定世界地图的画面风格了。分析从项目负责人处得到的游戏画面风格信息，同样地紧扣世界地图主题、世界观或世界背景，大量地阅览别的游戏、影片、图画等，从中找出最接近你想象的画面，以此作为参考进行改进，制定出你的地图风格。在这个阶段，如果有可能，最好去找制作部门替你进行一次微型试验。试试看制作效果，如果有问题，也好及时找到解决的办法。

3. 世界地图区域分布规划

在完成上述所说的工作后，就要把世界进行一个详细的系统划分。在前边已经与项目策划商议好了游戏中基本的地图区域需求量，也就是片区。现在需要认真地与项目负责人或项目策划交流，仔细阅读游戏策划案，再次确认游戏所需要的世界地图构架，如

图 5-2 所示。在一切确定之后，开始进行世界片区与地图的划分。世界有多少个片区，每个片区中就有多少张地图。在决定了世界要划分为多少个区域后，就该将游戏中的地理合理地安排到各区域中去。之后，做一份连接整个世界的交通图。考虑好每个片区每张地图是怎么串联在一起的，从哪张地图可以到什么地方。这样，世界地图分布就完成了。区域场景连接示意如图 5-3 所示，最后再与项目策划进行最终审核。

图 5-2

图 5-3

世界的构造除了地图以外，还牵涉人物、怪物的分布。在西方魔幻世界的设定中，树精待的地方是森林、矮人待的地方是山脉。在设计这些时，往往要考虑到实际情况来进行分布设计。而在中国古代历史题材的游戏设定中，山区必然不盛产骑兵，中原地区也不会出现海盗，服饰、武器、饮食方面也都应该有所差别。根据文化和地理的特异性不仅在地图设计之初就该考虑到，在人物和任务、物品、怪物等的分布上也需要充分考虑。

4. 世界地图区域规格预定

接下来就要为划分好的每一张地图预设一个大概的尺寸，这样可以方便以后统计工作量，其他的制作人员，包括美术人员和程序人员心里都有个概念。而在给地图制定预定规格时，就要认真地考虑地图容纳的玩家与怪物数量、角色移动速度、场景、建筑、物件大小与数量布局等关联问题了。服务器能容纳多少游戏者？在游戏中这张地图将提供给多少个游戏者使用？那么每位游戏者有多少空间，玩家在地图上移动时多久会碰上别的玩家？玩家走多久能打到怪物？怎样分配才是合理的？根据移动速度计算出游戏者最快需要多少时间能通过这张地图，是太久了还是太快了？这些都需要场景策划人员的计算与思考。而这中间的很多数据是与制作部门沟通后得知的，如角色的移动速度、服务器的载人量等，由此就可以基本定出一张地图的大小了。

5. 参考资料的收集和整理

这是前期工作的最后一步。不论是史实题材的还是魔幻、科幻等题材的游戏场景设计，详尽的资料都是必要的设计参考，需要制作人员海量地收集整理图形与文字资料。将有用的资料整理好，让自己随时能够拿出来，以便可以以较为直观的方式来体现你的设计内容和要求。详细的描述或清楚的参考图能帮助你很好地进行说明，而且参考资料还起到提高设计效率的作用。

5.4 区域地图设计

在前期工作中，已经把游戏的世界地图分布为许多个片区，并划分了所有片区中的地图。这时就该对这些片区地图进行详细设计了。首先，要以一个片区为整体，以片区中的地图为单位进行详细设计。

1. 区域及场景地图的设计与把握

对这些地图的主题、风格、色调、明暗、地理、场景、建筑、物件、渲染进行详细的勾画与描述，并提供完整的参考资料。在完成一个片区设计之后，不要着急去设计下一个片区，而应该接着往下一步骤进行。因为对游戏世界所有的地图都进行设计，永远都要比设计一个片区的地图工作量大，要等待所有地图设计的完成，对其他部门来说是时间、资源的浪费。在地图设计过程中，要根据地图的规格、片区的风格等来考虑地图中该有什么地理、多少场景、什么建筑风格和物件类型。

2. 场景、迷宫、战场、关卡、综合等地图布局设计

在对地图的主题、风格、色调、明暗、地理、场景、建筑、物件、渲染等进行设计时，需要同时进行这张地图的布局设计。地图的布局不仅会影响地图美观，还与怪物分布、游戏时间、游戏系统等有着紧密关联，一道崖壁就可能使练功区一分为二，一座迷宫可以让玩家在这张地图上消费更多的时间，补给点的远近也会影响玩家携带资源的数

量。所以，地图布局设计是最为重要的，必须结合地图类型和风格充分满足游戏的功能、内容、需求，进行合理布局。《王国保卫战：前线》游戏关卡如图 5-4 所示。

图 5-4

3. NPC 的分布

怪物、NPC 或者连接其他地图等都需要仔细考虑去设置。沙漠地区是不会出现鱼的，大海里是不会出现猴子的，怪物的分布要考虑到地区的特异性。NPC 放置也是同样道理，尽量放在有参照物的地图上，如一棵巨大的树旁、一个亭子里，这样玩家容易找到 NPC 并记住这个位置。

4. 地图图素、地图属性、图素属性编辑设计

做了那么多工作之后，每张地图上应该有些什么场景，设计人员应该或者说必须非常清楚了。这时就该制定地图图素的种类了。要清楚这张地图上有多少种地貌，每种地貌上需要多少不同的变化，有多少地貌与地貌之间需要接合。

例如，草地、田园、土地、树林、道路、河流、山崖、海洋、海岸、草地&田园、草地&土地、草地&树林、草地&河流、草地&山崖、草地&海岸、海岸&海洋、田园&土地、土地&树林、土地&河流、土地&山崖、土地&海岸、树林&河流、树林&山崖等各种组合，这些都是需要进行总结规划的。在规划出地图图素的种类后，还要考虑清楚每种图素要加上什么属性。例如，走在沙子上会留下脚印，走到海岸边会听到涛声，草地被火魔法烧了之后会变为焦土。将这些想要的效果或功能统计出来，然后与其他制作人员交流，在得到肯定的回答后，便可以进行编辑与罗列，并把想要的图素用文字描述清楚，最好带上参考图例。

5. 工作量预估统计

完成地图设计，即开始进入制作。制作前首先需要将设计文案拿出来，考虑清楚文案中有多少东西需要别的开发人员来实现。然后把所需的图素、场景、物件、特效按类别编写成一个列表。有了这个列表之后，整个制作所需要的内容也就一目了然。

6. 工作周期统筹

当有了制作清单之后，就需要和其他制作人员来确定制作每一部分需要多少时间。例如，原画画一个物件需要多少时间，3D制作需要多少时间，之后的2D进行渲染又需要多少时间。确定制作时间之后，将这个时间进行分配安排，确定这个时间是不是项目能接受的工作周期，如果超出了项目周期预算，就得进行适当的调整或删减了。

7. 各部门工作计划制订

确定开发内容和制作时间之后，为了能得到一个有序且有条理的制作过程，一般要求做一份详细的时间分配计划表，把原画、2D、3D、地图编辑、程序合成的工作进行一个有效合理的安排。

8. 地图设计审核

最后，将所做的设计文档、规划表格再拿出来阅读一遍，进行错误检查。无误之后，送交项目负责人、项目策划和其他制作人员查漏补缺。

9. 进度监控

在制作过程中，应该经常性地和各个开发人员进行交流，时常陪伴在这些制作人身旁，随时进行相应的解释和修正。同时时常对照工作计划表，保证制作的进度与计划相吻合。

10. 效果审核

每个部分完成之后，都要认真审核，看看它们是否就是游戏设计所需要的。如果不是，就需要和制作人员沟通修改了。

5.5　场景设计文档编写

在设计了世界地图及各个区域地图之后，更加细节的规划就是场景设计，场景是游戏的载体，在游戏的设计和策划过程中占有非常重要的地位。游戏设计的核心工作之一的关卡设计，就是将场景的设计结合游戏的玩法和功能进行的。

5.5.1　编写方法

场景设计文档的编写方法主要有3种。

①文字说明：各个场景设计中，通常需要以文字的形式来说明场景的细节内容。

②结构图：场景设计中用到的结构图有鸟瞰图、剖面图、等高线图等，按照制作要求分别加以使用。而这其中，鸟瞰图的绘制通常是必需的，如图5-5所示。

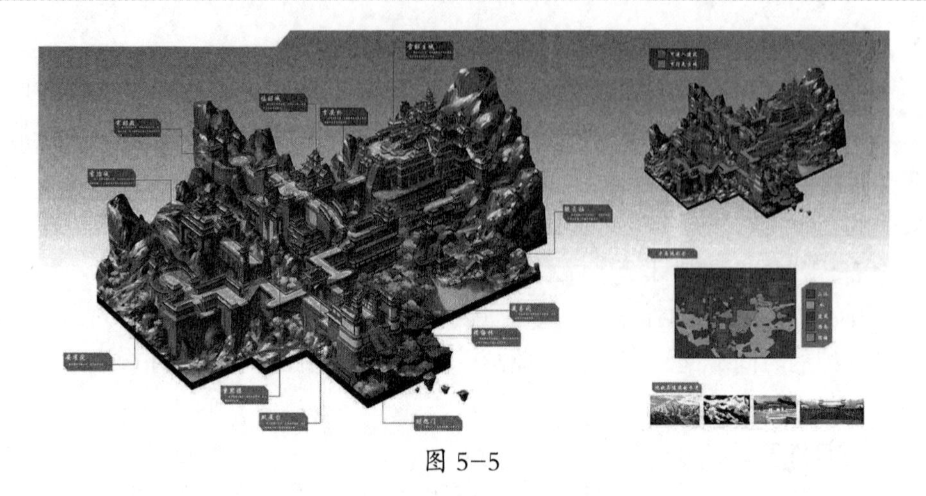

图 5-5

③参考图片：为了形象地表示场景风格，很多时候需要附带相应要求的场景参考图片，参考图片以现实世界的场景为主。

5.5.2 编写内容

下面看一下在进行场景设计文档编写时具体的内容。

①场景编号：按照公司内部讨论确定的命名与编号的定义来确定。无固定的格式，内容统一即可。

②场景名称：确定场景的名称，通常是由故事背景所确定的。

③背景说明：说明该场景的来历及背景，也属于整体故事背景的一部分，而且决定场景的整体视觉风格。例如，寒暑洞："不周山分两半，一半寒冷无比，一半酷热难耐。寒暑洞恰巧为分界线，左寒冷，右酷热。不周山形成之时，西王母派东西两黄兽镇守不周山，两黄兽将寒暑洞作为自己的巢穴，洞中原始居民将它们视为神灵，每年祭祀。寒暑洞中有温泉涌出，名为寒暑泉。"

④建筑风格：包括场景内所有建筑样式的分别说明、建筑材质要求等内容的文字说明，必要时需附加参考图样或建筑图鉴。

⑤静物风格：主要包括场景内的装饰物品的说明。

⑥光影、色彩：包括场景的光线来源、光线颜色、整体环境光的色彩及要求等的说明。特别着重说明整体环境氛围的要求。

⑦ NPC 的设置：功能 NPC、怪物的分布情况或行走规则、活动区域等的设计。针对 NPC 本身来说，只需说明名称和 ID 即可，具体的形象设计、属性设计等详细设计内容一般单独分类在"角色设计"中。

⑧其他特殊设计：除了以上必须包含的内容外，如果该场景有玩法、谜题、情节等特殊设计时，需要作单独的重点说明。

⑨平面简图：使用线框结构绘制场景的平面鸟瞰图，主要体现结构的布局、玩家活动区域、行走路线和 NPC 的分布情况。具体制作工具无严格的限制，注重的是最终实现效果。场景平面设计实例如图 5-6 所示。

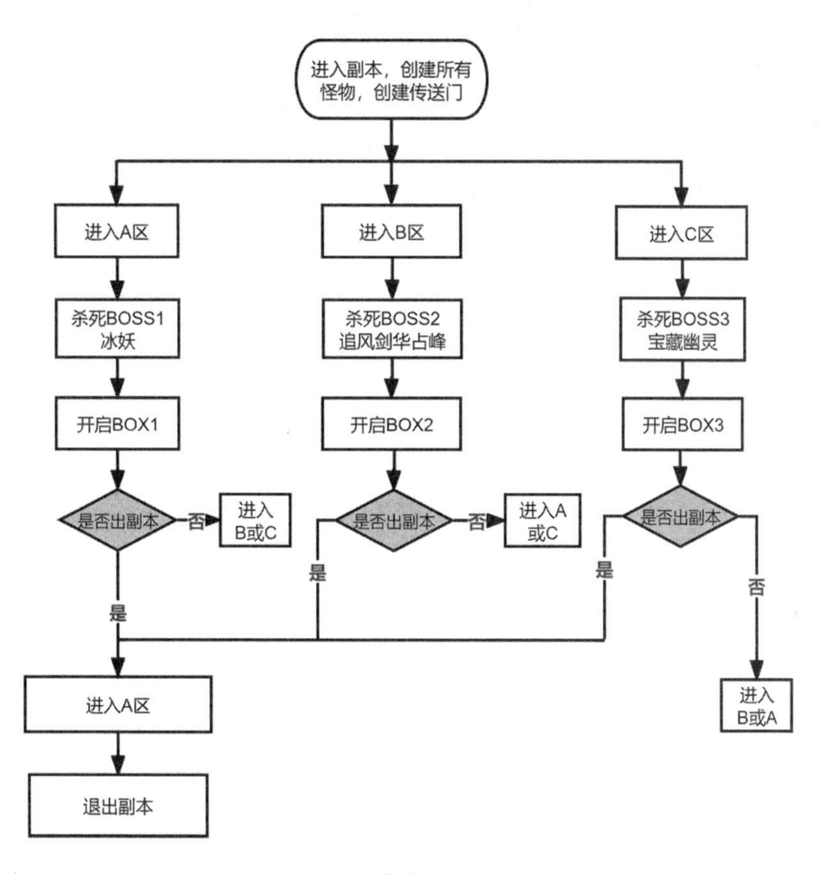

图 5-6

⑩场景效果图：如果场景策划人员具备手绘能力，那么最直观地体现场景效果的就是手绘效果图，不需要追求很细节的内容，体现整体的风格和布局即可。但更专业的效果图就要由美术人员绘制，制作完成后再由策划人员整理修改，此部分需要美术和策划的协同和配合，如图 5-7 所示。

图 5-7

本章小结

本章对游戏地图及场景设计进行了详细的讲解。尤其是游戏大地图的设计方法和游戏地图设计文档里所包括的重要内容，都是本章学习的重点。

本章习题

5-1 游戏场景设计的准备工作有哪些？

5-2 游戏场景设计文档的编写要点有哪些？

5-3 找一款你熟悉的游戏，分析它的世界观与区域划分。

5-4 参照本文内容，为你想要设计的游戏制作一张主题地图，并撰写设计文档。

第6章 游戏元素设计

游戏的特点是具有交互性，但这并不意味着游戏中任何环节、任何部分都可以进行交互。比如，游戏的运行规则和公式、游戏的界面等就不会随着玩家的操作而改变，虽然玩家可以进行不同程度的设置，但是这种设置与玩家在游戏中的行为无关，所以这种设置并不能体现游戏的交互性。

游戏与玩家进行交互的部分，大体上可以分为角色、道具以及游戏场景中的某些物体。角色的交互性是最明显的。“练级”就是一个典型的交互属性，角色根据玩家的操作不断地进行等级的提升。游戏中道具的交互属性也比较明显，玩家随着道具的使用可以进行多种状态的变化，如恢复体力、攻击敌人等。还有一种就是某些场景中的实体对象，如一扇可以根据玩家的选择进行开关的门。

对于设计方法而言，绝大多数开发团队在设计元素部分时使用 Excel 表格来制作，特别是涉及数值内容的设计时，Excel 的优势就更加明显，本书囿于书籍排版的限制，将格式整理为类似 Word 形式的表格，但设计内容是一致的，在实际开发中一定要熟练使用好表格制作工具——Excel。

在游戏元素的设计和开发过程中需要不断地和美术人员、程序人员进行沟通，在前期规划开发进度的时候，要充分考虑美术、程序环节的开发进度，使整个开发流程有序而协调地进行。

教学目标

- 了解游戏元素的概念。
- 了解游戏元素涉及的范围。

教学重点

- 游戏元素的宏观设计。
- 游戏的细节设计。

教学难点

角色和AI的联系和互补。

6.1 游戏元素的定义

角色、道具、实体对象都具有与玩家进行交互的属性，可以根据玩家的操作改变某部分属性，这种在游戏场景内可以与玩家进行某种方式交互的虚拟物体，叫作游戏元素。

因为游戏元素是游戏中与玩家交互的主要部分，所以游戏中的游戏元素的设计都相当丰富。游戏元素直接影响到游戏的可玩性，如果玩家进入一款游戏，里面的游戏元素特别少，玩家只能拿着一把剑砍来砍去，那么玩家对这款游戏就不会保持长久的热情。

游戏元素是玩家在玩游戏过程中接触最紧密、最直观的部分，也是一般游戏策划爱好者最熟悉的部分。所以，游戏策划者在进行设计时，这部分应是写得最详细的。另外，这部分的设计和策划，要求设计者有丰富的想象力，因此也是游戏设计者和策划者最容易进行发挥的部分。

6.1.1 游戏元素的编写

编写元素前，先阐述对游戏的理解十分必要。这有助于策划者理清思路，也有利于其他人阅读设计文档，了解设计者的想法。

游戏元素的编写既要能给美工设计小组提供足够的信息，也要能满足程序开发小组的要求。美工组需要确定所有游戏元素的艺术构想，而程序开发组则希望把游戏元素和游戏机制以及AI部分有机地结合起来，以便全面了解游戏该如何编写。当然，最理想的情况是开发小组在前期应该更依赖于游戏机制和AI部分。因此，游戏元素部分在分类描述的时候，要同时考虑美工和程序员的问题。

在列举和描述这些游戏元素时，要尽量避免给它们分配具体的数值。因为在得到一个可运行的游戏平台以检测AI行为或武器平衡以前，无法预测有关物品和敌人等细节。所以，在游戏开发前提出这些数值没有太大的意义，只会浪费开发人员的时间。

6.1.2 游戏元素的设计要素

无论是游戏中的角色、道具还是实体对象，其构成要素一般包括形象特征、属性特征两个部分。

1. 形象特征

“形象”是比较好理解的，就是指游戏元素的视觉特征，通俗地说，就是游戏元素的具体形状。

当然，不同的游戏元素的形象特征并不相同。角色的形象特征都是一种生物形象，基本上可以分为具体形象和抽象形象。具体形象就是以现实生活中的真实生物作为原型设计出来的形象，如写实类游戏中的人物设计，往往设计得更加唯美，《女神联盟》中的主角设定如图6-1所示。

图 6-1

抽象形象就是在现实生活中根本不存在的形象，如魔幻、奇幻类的游戏中很奇异的、现实世界中根本就没有的生物或者是主角的坐骑。《轩辕传奇》中的坐骑如图6-2所示。

图 6-2

道具的形象特征根据其用途的不同也不一样。但是，道具的形象特征基本上与现实生活中的真实物体的形象相近，或者与其物体的抽象意义类似。比如，进行补血、补充体力等实用类型的道具一般情况下有 3 种形象特征：一是在现实生活中可以食用的东西，如草药、血瓶等；二是装载食物用的容器；三是游戏角色装备及众多的技能图标。图 6–3 所示为游戏中首饰及技能图标效果。

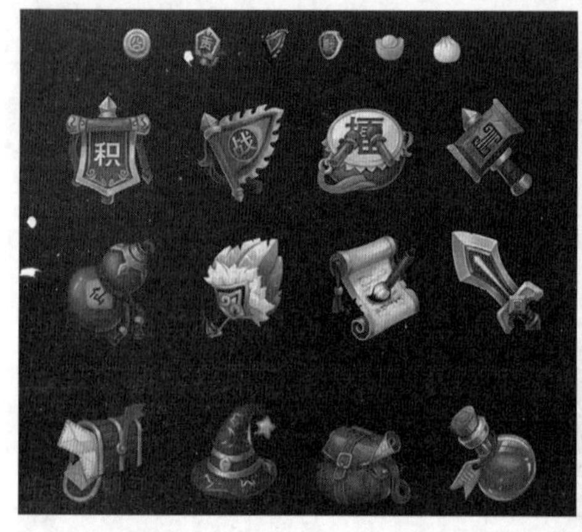

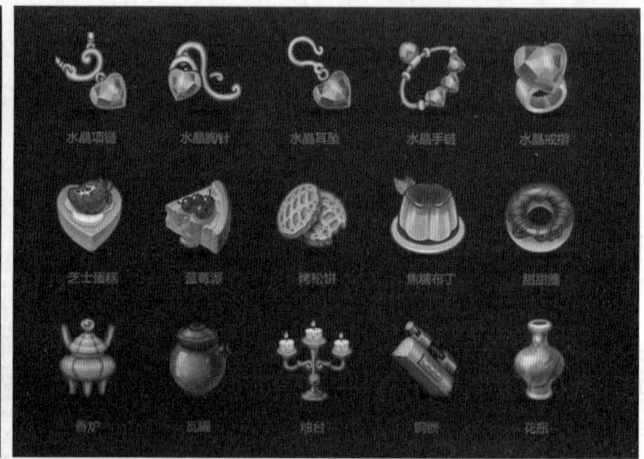

图 6–3

在游戏场景中，实体对象的种类比较多，如建筑、树木等都属于实体对象的范畴。在实体对象中有一部分是可以与玩家进行交互的，如一个被炸毁后可以重新修复的桥、一个可以进行开关的门等。另外一部分是不能和玩家进行交互的，如无法变换的树木、房屋等。这里所说的实体对象指的是前者。实体对象的形象特征一般情况下与真实环境中的实体形象基本相同，功能也基本相同。

在游戏制作中，实体对象的设计通常会结合到场景的设计中。

2. 属性特征

在现实生活中，每个物体或每类物体基本上都有其特有的性质。比如，填写简历的时候，要填写的内容都大同小异，姓名、性别、年龄、身高、体重等这些是“人”所具备的属性。又如，在买一款笔记本电脑的时候，关心的是 CPU 类型、内存大小、硬盘容量等这些是计算机的相关属性。

属性特征是游戏元素的重要构成要素之一。角色属性是游戏中角色的能力、特征的数字化体现，是游戏元素所具备的不可缺少的性质。

RPG 中的角色属性一般包括攻击力、防守力、体力等。道具也有其属性特征，如一件装备类道具，在装备之后，角色的攻击力增加而行动速度减弱，这就是道具属性的体现。实体对象也有其相关属性，只是具备的属性相对简单而已。刚才提到的“可以重新修复的桥”就具备一个“完好度”的属性。

在属性特征中，可以细分为属性名称和取值范围两个部分。

1）属性名称

姓名、性别、年龄等是人的“属性名称”，在魔幻类的游戏中，人物的属性名称有“力量”“敏捷”“智力”“法力”“生命值”“魔法值”等。

2）取值范围

在游戏设计中，游戏元素仅仅有属性名称是不够的，没有取值范围就无法区分每个玩家。前文提到的在填写个人简历的时候，所有的填写选项，包括姓名、性别、年龄、身高、体重等，如果都没有填写或填写都一样，这些简历就没有任何意义了。同样一个游戏中，玩家不管如何练级，其等级都不变化或全部一样，这个属性特征也就完全没有设置的意义。

无论在现实生活中还是在游戏中只要设置了属性名称，就一定要有取值范围，刚才提到的简历中，性别的取值范围是男或女，年龄的填写是根据填写者的真实年龄，没有特别范围，但是根据生活常识，取值范围一般为 16~70 岁。比 16 岁小的没有到法定年龄，比 70 岁大的基本上不参加工作了。同样，在游戏中每个属性都有其取值范围，如《魔兽世界》的角色级别是 1~60 级。

游戏属性的取值范围，根据其来源不同可以分为基础数据、计算数据、随机数据。

基础数据就是在游戏开始的时候，有一个明确的初始值，这类数据叫基础数据；而通过其他属性的计算，最终获得的数据，叫作计算数据；还有一种数据类型叫随机数据，这类数据是在游戏进程中，根据具体的要求临时产生并应用的，没有固定的数据，这类数据的使用主要是增加游戏的不确定性因素，加大游戏的难度。

6.1.3 游戏元素属性的设计原则

在设计游戏元素属性的过程中，设计者一般要遵循以下几个原则。

1. 突出主题

根据游戏元素的属性层面设计角色的时候，首先要赋予角色某些属性，这些属性要根据游戏主题的不同而进行不同的设置。

在现实生活中，某类物体所具备的属性基本是相同的。比如说“人”，每个人所具备的属性基本相同，不同的只是其属性的状态而已。但是在游戏中却不一样，同样是“人”，在不同游戏中，所具有的属性是不一样的。比如，以武侠为主题的游戏，角色属性一般都有生命值、攻击力、防守力等，而以模拟养成为主题的游戏，角色属性一般设置为魅力值、友好度等。

2. 作用明确

每个元素属性的设计，一定要有其明确的目的性。这个属性在游戏进行的过程中起到什么作用？它的变化对其他元素属性有什么影响？它的存在是不是必需的？能不能用其他的方法代替？

在进行元素属性设计时需要特别注意这些问题。有许多游戏设计爱好者把游戏元素，尤其是游戏角色属性设计得相当烦琐和复杂，好像只有这样才能显示出自己的设计水平。其实不然，游戏元素属性的复杂程度取决于游戏后台运算规则的复杂程度，单纯地增加元素属性，只能增加运算速度，并无其他好处。

3. 相互关联

任何元素属性之间都是相互关联的，或者是互相促进、互相制约。比如，角色的“升级”是根据经验值，当经验值达到一定数量的时候，角色升级，这里角色的等级和经验值之间，就是一个互相促进的关系。再有，一般的角色都有攻击力，同时也有防御力，在游戏进行中，攻击的效果就是根据攻击者的攻击能力和被攻击者的防守能力共同决定的，这里的攻击力和防御力就是典型的互相制约关系。

①力量：影响角色的攻击力（Attack Power，每秒的伤害输出 DPS），但不会影响致命一击的概率。不会增加格挡概率，但会影响格挡成功时所扣减的伤害值。

②敏捷：增加致命一击概率及闪避概率（对盗贼的效果较大），直接增加防御力。

③耐力：影响生命值。

④智力：影响法力及魔法攻击的致命一击概率，有机会增强近身技能。

⑤精神：影响生命或法力的回复速度（战斗中及非战斗中）。

游戏中的元素属性虽然在设计上有相通之处，但又有很多不同的设计侧重点。在了解以上元素设计的相同点之后，可以根据游戏题材与类型，创造出全新的元素属性来分别影响主角、NPC、道具的设计内容。

例如，《第五人格》中玩家扮演的求生者与监管者，就各自拥有不同的天赋，这些天赋又各自包含一系列内在人格和与之对应的能力，并对玩家之间的对抗和游戏进程产生影响，如图 6-4 所示。

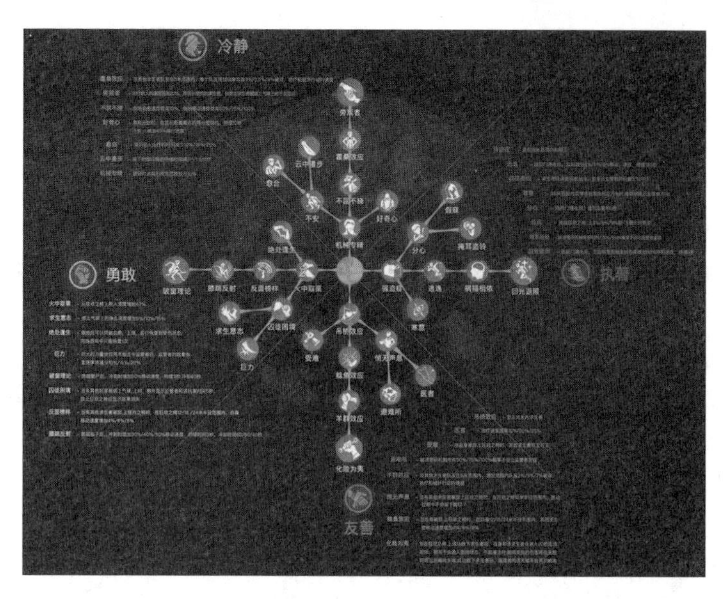

图 6-4

6.2 主角的含义

玩游戏的过程中经常要扮演某个角色。一个好的角色在游戏过程中起到的作用是不可低估的。角色是影响玩家融入感的重要因素之一。从某种意义上说，角色设计得好坏可以在某种程度上反映这款游戏设计的水平。一款经典的游戏，在很多年以后再提起它的时候，角色是最容易想起的部分。

根据角色是否可以被玩家操控，可以把角色分为玩家控制角色和非玩家控制角色。玩家控制角色一般称为主角，或者直接称之为角色。而非玩家控制角色通常被称为 NPC 角色。

对于 MMORPG 类的游戏来说，其核心之一就是主角的设计。主角是玩家在游戏中的代表，也是贯穿游戏始终的载体。整个游戏的过程，就是以主角的成长和经历作为主线的。也可以说，游戏的所有设计都是围绕主角来进行的。

6.3 主角的分类

在网络游戏的设计中，通常按照各种分类标准将主角进行分类，以尽可能地突出游戏的丰富性和可玩性。

常见的分类标准如下。

①职业，如战士、道士、法师、召唤师、盗贼等。

②种族，如人类、精灵、兽人、亡灵等。

③国家，如战国七雄。

④门派，如少林、武当、峨眉、华山等。

各种分类的标准在游戏设计的开始，也就是在确定大纲的时候就要很明确。具体的分类标准绝对不是随意确定的，通常是由故事背景或世界观所决定，这一点非常重要。

同时，这些分类既可单独设定，也可综合选择，如先选种族，再选职业，可以有人类的战士和精灵的战士之分，也可以有男性和女性之分，《永恒之塔》主角设定如图 6-5 所示。但这个时候需要考虑的就是特色的区分和开发进度之间的问题。

在具体的表述方式上，流程图和表格都是很适合的方式。

图 6-5

6.4 主角设计内容

在确定主角的分类之后，要确定的就是主角的背景、特色等内容。接下来的工作就是按照主角的分类和下面的几方面内容，分别从各个角度加以详细的设计和说明。

主角设计包含的内容有故事背景、特色说明、形象设计和属性设计等。这些内容只是属于主角的初始说明，针对主角的升级系统、技能系统、道具系统等内容，一般是在后期的游戏机制的设计中，在初始设计的基础上确定变化和成长过程的。

6.4.1　故事背景

主角是游戏主要情节的贯穿主体，因此在设计主角时，在整体的世界观和故事背景的前提下要明确各个种族的故事背景，同时在内容的描述上突出各个职业的特色。

描写方法比较接近于文学的说明方式，在策划案中的作用主要是通过文字的说明让其他开发人员对整体的特色有清晰的认识和把握，同时这部分内容在后期的市场宣传中也起着非常重要的作用。

例如，《魔兽世界》对种族的背景说明如下。

侏儒是世界上最奇特的种族之一。他们一直致力于研究激进的科学技术并开发稀奇古怪的机械装置，很难想象侏儒能在如此高危险的实验中存活下来并传宗接代。

侏儒原本生活在壮观的高度科技化城市——诺莫瑞根，他们和那些矮人表亲一起分享森林覆盖的丹莫洛山峰下蕴藏的丰富资源。虽然铁炉堡的矮人也有自己的技术和工程研究力量，但却是侏儒为他们提供了武器和蒸汽机车最关键的技术设计。

在第二次兽人战争中，侏儒为联盟做出了很大的贡献，但奇怪的是，他们拒绝为抵抗最近的燃烧军团的入侵而提供任何人力帮助。虽然他们设计的装备最终帮助联盟扭转了战局，但是人类和矮人对于侏儒不派遣其精英地面部队和飞行员参加这次战斗而感到十分诧异。

当战争结束之后，联盟别的势力终于意识到侏儒这么做的原因了。一个远古而又野蛮的势力从地球深处出现并入侵了诺莫瑞根。侏儒意识到自己的盟友此时需要集中精力对付燃烧军团的入侵，因此他们决定用自己的力量对抗来犯的敌人。虽然经过了英勇的作战，诺莫瑞根最终还是沦陷了。

在诺莫瑞根的沦陷过程中，大约有一半的侏儒战死。剩下的侏儒逃到了矮人的铁炉堡。在那里，侏儒再次加入联盟的队伍。为了收复诺莫瑞根以及保护自己的人民，侏儒继续着对于高科技和尖端武器的研究。《魔兽世界》铁炉堡场景如图 6–6 所示。

图 6–6

《完美世界》对种族的背景说明如下。

根据中国古书《山海经》记载："南山（武夷山）东南有羽民，身生羽。"传说，在一次人神共同参加的祭奠之后，他们混血的后代逐渐形成了后来的独特种族——羽族。

羽族由于拥有神的血统而受到眷顾，生来就带有羽翼，能够自由飞翔。然而，羽族与人类并没有因为血统上的紧密联系而更加亲近；相反，他们互存偏见，导致人羽两族之间旷日持久的"千年战争"爆发。

由女性神生出的羽族被称为"羽灵"，从母亲那里继承的博爱之道，使她们总是尽心呵护一切生命。这种付出并非为了任何回报，而是源自羽灵内心深处的需要。及时发现并治疗受伤的同伴是她们最拿手的绝活。羽族的战斗编制中，每一小队的战士中都会安排至少一名羽灵，这也是羽族军队保持强大战斗力和持久力的不二法门。

据说，每逢大战，羽族长老都会派出相当数量的羽灵对战斗部队进行机动支援。当羽灵出现在惨不忍睹的伤兵营地的时候，这些伤兵都会不自觉地停止痛苦的呻吟，安静地等待她们的救治。她们的温柔气质中似乎带有一种神秘的力量，比起肉体上的创伤，更能治疗战士们心灵的创痛。冲锋之前，羽族战士们常常互相鼓励道："为了羽灵们，也要全力奋战！"

少部分羽灵通过不断的修炼，掌握了更强大的能力，甚至必要的时候可以将同伴的灵魂从阴间召回，并用自己的力量赋予其最大的呵护。

当然，有时羽灵也会为了保护自己的族人而直接加入战斗，但显然这是她们内心极不情愿的事情。《完美世界》积羽城如图 6-7 所示。

图 6-7

通过类似这样的背景说明，一方面说明种族的来历以及势力关系；另一方面也突出种族的特点：回复法术，辅助法术，是以辅助为主，兼顾战斗型的种族。

6.4.2 特色说明

特色体现的是主角分类的必要前提，很显然的道理，如果没有特色，分类就失去了必要。

特色是指主角设计中任何独特的地方，明显的优势和明显的劣势构成了特色的基本组成部分，同时也是职业平衡的体现方式。

在设计主角时，应尽量平衡，游戏中不允许有无敌职业的存在，同时也不能有垃圾职业的出现，互有优劣，相生相克。这样才能体现游戏的丰富性和独特性。

主角的特色主要体现在以下几个方面。

（1）属性相关。包括基础属性的设定和属性点的分配。例如，战士的 HP 值初始就高于法师，很显然，战士的生命力就要高于法师。属性分配也是常用的方式，通过玩家的自主调节来体现角色的特点。

（2）技能种类。这是最为灵活的一项调节手段，通过可学习的技能，配合技能的属性设计来体现主角特点。例如，战士技能偏向于提高防御力和攻击力的技能，法师偏向于魔法攻击的技能，很显然，通过技能的学习和使用就可体现出各自的特色。又如，侏儒的种族优势包括以下几种，脱逃大师：激活后摆脱定身或诱捕效果，施放时间 1.5 秒，冷却时间 1 分钟；开阔思维：提高智力属性 5%；奥术抗性：提高 10 点对奥术法术的抗性；工程专家：增加 15 点工程学技能的额外奖励。

（3）可用道具。通过可装备道具和道具属性的区分来体现特色，这也是很常用的一种方法。例如，战士可以装备增加防御力的铠甲，而法师只能装备增加法术攻击的法袍。

这些特色调节的常用手段，在设计时要综合考虑、合理搭配，在体现平衡的前提下突出主角的特色。

6.4.3 形象设计

形象设计的方法主要有两类。

①预设外观形象，由玩家按照自己的喜好来选择。

②设定基础模型和调节选项，由玩家自行调节。

对于第一种方法来说，需要通过对角色设计的各个方面来详细说明。例如，头身比例、整体造型、发型、皮肤、面部特征、动作等方面。以表格的形式详细说明。

第二种方法是设计好基础模型后，详细设定各个可调节选项及极限值，后期在游戏中，玩家使用相应的调节选项来自行设计相应的外形。例如，在《完美世界》《EVE》等游戏中，只要有足够的耐心，就能做到把游戏角色调节到酷似玩家本人的程度。

6.4.4 动作设计

动作设计也是游戏中包括主角在内的所有角色的设计部分。通常的设计方法是通过文字描述将游戏角色的动作特点加以说明，而且需要通过列表的方式将动作一一详细说明，单独列表或把列表结合在主角的设计中均可。主要内容包括：

①玩家动作列表；

②怪物动作列表；

③ NPC 动作列表；

④玩家动作捕捉脚本；

⑤ NPC 动作捕捉脚本；

⑥怪物动作捕捉脚本。

一般一个游戏中的人物会有行走、站立、特殊站立（指站着做个小动作，如女孩子抹一下头发、左右看看、把手中的武器比画几下之类的）、攻击、受击、死亡等几个动作。尤其是主角，动作会更多，有跳跃、跑步、攻击，也有远程攻击、近身攻击、普通攻击和必杀攻击等，有的还有补血动作等。

在设计主角动作时，首先是按照游戏功能的需要和主角的分类，将所需动作列出清单。其次按照各个主角的分类特色，通过文字说明具体设计动作的内容，文字的描写内容要求简要、精练、易于理解、突出动作特点等。

设计中应注意以下几点。

1. 动作体现主角的特点

这是最基本的一项要求和注意事项。在动作设计中要突出主角本身的分类特点。例如，精灵族的动作应该是非常飘逸和唯美的，而兽人族就会笨拙但强壮。同时动作的细节也非常重要。例如，《信长野望 online》中的女主角在站立等待的过程中，每隔一段时间就会做弹衣服上灰尘的动作，通过这个细节体现了主角的特色。实际的设计中，在具体考虑游戏的整体风格、主角特色的前提下，要灵活细致地设计主角的动作。

2. 注重表情交互动作的设计

现在的网络游戏中，为了更好地促进玩家之间的交流和互动，通常都设计有各类的表情动作，如跳舞、拥抱、胜利、求爱、挑衅等一系列的动作。

这些动作的设计体现了游戏的交互性，使游戏内容更加丰富。因此，在设计中要注意合理地添加和设计表情交互动作。

3. 设计特色动作

在游戏的角色动作中除了一般的基本动作外，还应该设计一些有别于其他游戏的特色动作。例如，《完美世界》中就设计了很多的特色动作，如二段跳、前空翻等，对提高游戏的娱乐性和丰富性起到了很好的作用。

4. 指定动作循环时间或帧数

游戏中的很多动作，尤其是走、跑、攻击等基本动作都是循环的，因此在设计中要明确每个动作的循环时间（3D 模型）或动作帧数（2D 游戏）。循环时间要与角色的移动速度相吻合，否则会出现打滑或漂移的失误。

帧数不能太多，一般一个攻击动作也就 15 帧以内，帧数少主要是为了节省资源，在有限的资源里达到效果就行了，而且所有的游戏动作必须完整。

6.4.5　属性设计

1. 属性的分类

在角色属性设计之初，首先要按照故事背景和游戏题材确定角色属性名称及作用。

角色基本属性通常分为两类。

①内属性：力量、智力、魅力、领导力、灵力、体力、反应力、耐力等描述角色基础能力的属性，称为“内属性”。“内属性”一般不受升级影响或影响较小，通常是以技能点数分配，通过简单的换算公式来改变外属性。

②外属性：攻击力、防御力、伤害力、魔法值、生命值、速度等直接描述战斗等游戏效果的属性，称为“外属性”。

完善的角色属性系统应该同时具备这两方面的属性，通过不同的内属性和外属性来塑造更为丰富的角色，“外属性”和“内属性”之间以简单的换算方式相联系，单独使用“内属性”的游戏较为少见。近年来，手机游戏兴起后，为了使游戏更易上手，游戏系统不断被轻量化，单独使用“外属性”的情况也多了起来，如图 6-8 所示。

图 6-8

从通常意义上来说，越复杂的角色属性，越能体现众多角色的差别。

1）力量

（1）增加使用近战武器的攻击力。

（2）增加使用盾牌所能格挡住的伤害值。

（3）力量值不会影响致命一击的概率。力量值不会增加格挡概率，只会增加格挡成功时所抵消的伤害值。这个值将受到力量的部分影响（另一部分影响来自你所使用的盾牌）。

2）敏捷

（1）增加使用远程武器的攻击力。

（2）增加护甲值。

（3）增加使用武器的致命一击的概率。

（4）增加躲避攻击的概率。

（5）盗贼从敏捷值中获取比别的职业更多的躲避攻击概率。

（6）对于猎人和盗贼，增加使用近战武器的攻击力。

3）耐力

影响生命值。

4）智力

（1）增加提升武器熟练度的速度。

（2）增加魔法值。

（3）增加使用法术时的致命一击概率。

5）精神

增加生命值和魔法值的回复速度。精神值影响所有角色作战时和非作战时的生命值和魔法值的回复速度。精神值还将影响使用武器时特殊效果的触发概率。

2. 属性定义

了解属性的分类之后，在具体的文档设计中，首先要为确定的属性起一个名称，并把这个名称代表的含义加以说明，这就是角色属性定义部分。比如，在绝大多数的游戏中，都为主角设计了“生命值”属性。这个“生命值”属性代表了什么含义？在游戏中有什么作用？取值范围是多少？这些问题可能在设计这个属性时就已经考虑得非常清楚了，这时就需要把考虑的这些具体内容在文档中用文字清晰地表达出来，使别人看得懂。

在文档中要介绍所设计的角色属性及其含义，使文档阅读者清晰、准确地了解属性的作用是非常必要的。

任何一个角色属性定义需要包括属性名称、属性说明、属性作用、取值范围、适用范围和相关说明6个方面。

（1）属性名称：这个很好理解，就是属性的名字。

（2）属性说明：就是为当前的属性所作的解释，使其他人可以清晰、完整地了解此属性。

（3）属性作用：主要表示这个属性在游戏规则中起到的作用。如果一个属性在游戏规则中根本用不到，那么这个属性的设计是失败的。

（4）取值范围：主要说明这个属性应该是合理的数值。角色的属性在计算机中是以数字表示的，如在其他游戏中了解到角色级别为1~60，技能熟悉度为1~300等。这些都是角色的取值范围。

（5）适用范围：说明这个属性适合哪些角色。因为在一个游戏中有不同的角色，并不是所有角色的属性值都是一样的。所以，为了避免给开发和制作人员造成不必要的麻烦，表明这个属性的适用角色范围是非常必要的。

（6）相关说明：主要是进行一些注解和说明，使其他岗位尽可能多地了解设立此属性的意义及其相关的行为。

3. 属性定义格式

属性定义部分的具体内容和格式如下。

（1）属性名称：生命值。

（2）属性说明：判断角色生存状态的属性。

（3）属性作用：当角色此属性为0时，代表角色死亡。

（4）取值范围：参照角色经验及升级规则获得。

（5）适用范围：所有角色。

（6）相关说明：角色的生命值与其等级相关，每个等级对应固定生命数值，同时提高体力也会增加生命值。

（7）属性名称：体力。

（8）属性说明：表示角色的体能状态。

（9）属性作用：体力是直接影响角色生命值的数值。

（10）取值范围：参照角色经验及升级规则获得。

（11）适用范围：所有角色。

此外，还有其他一些属性，不再一一列举。

4. 具体设计内容

在对属性做了定义之后，就要按照所定义的属性名称对各个主角进行相应的数值设定，通过数值设定的不同来体现角色的优劣势，以此突出各个主角的特色。

例如，《魔兽世界》中的初始属性设计如表6-1所示。

表 6–1

初始属性	人类	精灵	矮人	侏儒	兽人	牛人	巨魔	不死
力量	20	16	22	15	23	25	20	19
敏捷	20	25	17	23	17	16	22	18
耐力	20	18	24	17	22	22	21	21
智力	20	21	18	25	17	16	16	17
精神	20	20	19	20	21	21	21	25

这部分内容通常使用表格的形式对比进行设计。

同时还要以明确的数值来确定各个属性的相互关系。例如，每增加一点体质，HP上限在已有 HP 值的基础上提高 5%。

需要再次强调的是，这里所设计的内容只是主角的基础属性值。在此基础上，后期通过升级系统、技能系统、道具系统的相关设计，再来体现属性的相应变化，以及具体的属性体现。

5. 属性设计公式

在确定各个属性的基本作用和影响后，就要设计相应的计算公式。公式的设计方法如下。

①确定影响属性。

②确定影响数值。

例如，HP 的计算公式。

首先确定主角 HP 的影响属性有 Level 和体力（CON）。然后确定影响的数值，以计算 HP 当前数值为标准给出公式，即

HP 当前数值 =（HP 基础数值）+（升级次数 × 等级每升一级 HP 上限增加数值）+（增加点数 × 体力每加一点 HP 增加数值）

以某一游戏为例，HP 初始数值为 200，体力初始数值为 25，每升一级 HP 固定增加 30 点，体力每加一点 HP 增加 10 点，换算为数值公式为

$$HP=200+(Level-1)\times 30+(CON-25)\times 10$$

MP 公式设计方法同理，只是 MP 的影响属性为智力（INT）。例如，MP 初始数值为 20，智力初始数值为 10，每升一级 MP 固定增加 5 点，智力每加一点 MP 增加 2 点，则 MP 的当前数据值为

$$MP=20+(Level-1)\times 5+(INT-10)\times 2$$

其他属性的计算方法同理。明确了影响属性后，使用加、减、乘、除等运算方法确定公式内容。再如，物理攻击力的计算公式如下。

物理攻击下限为

$$AtkMin=\frac{Str}{7}$$

物理攻击上限为

$$AtkMax=\frac{Str}{3}$$

6.5 NPC 设定

在元素的定义中就已经对 NPC 的定义做过解释。NPC 是泛指“非玩家控制”的所有角色的统称。

NPC 从具体功能上一般分为情节 NPC 和敌对 NPC。

（1）情节 NPC：是游戏功能实现的必要载体。通常设计为帮助玩家顺利地展开游戏活动的载体，如系统帮助、情节获得指引、物品买卖等游戏的功能。

（2）敌对 NPC：就是玩家俗称的怪物，主要作为战斗和对抗的对象。

现在的游戏设计中，一般把情节 NPC 直接称呼为 NPC，而敌对 NPC 直接称为怪物，这样在沟通中就更加简洁和直观了。

在 NPC 的具体设计中，通常需要对角色的种类进行更加详细的分类，然后和主角设计一样，使用表格或其他分类设计的形式具体设计其内容。

6.5.1 NPC 的作用

在设计 NPC 之前，首先要了解不同类型 NPC 在游戏中所起的作用。

1. 提供线索

NPC 角色在游戏中有一个非常重要的作用，就是为玩家提供游戏进展的相关线索。许多时候玩家遇到的某些情节需要相关的铺垫或线索，以便为玩家下一步的行动做提示，这时最佳的途径是利用 NPC 的相关行为向玩家介绍。

2. 情节交互

玩家在购买武器、药品等道具时，需要与特定的游戏角色进行交互，这个功能也是 NPC 角色实现的。如果缺少这类交互行为，游戏的各个体系将很难进行调节。比如，没有当铺，玩家很难把多余的物品转换为钱，并在有钱之后购买其他物品。另外，在大多数网络游戏中，NPC 还会提供任务给玩家。例如，在《黑暗黎明》中，当满足条件时，

NPC 会提供任务给玩家，玩家完成任务后再交付给 NPC，就会获得一定奖励，如图 6-9 所示。

图 6-9

3. 烘托气氛

许多游戏场景都需要有 NPC 角色来烘托气氛，如在菜市场需要卖菜的人。在《莎木 2》中，主人公芭月凉在刚刚到达香港时，街边有很多 NPC 走来走去，如果没有这些 NPC 角色，很难营造一种气氛，使玩家产生融入感。这种作用类似电影里的群众演员。

这类的 NPC 在单机游戏中使用非常广泛，但在网络游戏中使用得并不多。网络游戏中的 NPC 更加侧重于游戏功能的实现，而在线的其他玩家已经很好地烘托了游戏气氛。

6.5.2 NPC 的设计内容

NPC 的设计内容，除了和其他元素相同外，还有 NPC 设计所需的独特因素，必需的设计内容有以下几个。

1. ID

ID 即编号。在所有元素类的设计中，元素的编号都是必不可少的；而 NPC 的编号和其他元素的编号方法和要求都是相同的，按照前期规划好的统一编号规则分布即可。

2. 名称

名称即 NPC 的名称，可通过合适的名称来体现 NPC 的特点和作用。

可以直接以作用来起一个名字。例如，人类新手村的铁匠，可以起一个名字叫王一刀，而人类主城中的铁匠可以叫王小刀等，以示区分。

3. 出现地点

出现地点即该NPC在游戏场景中的位置，一般指定场景编号、坐标即可。在场景设计中，设计NPC的站位也是很重要的一项工作，设计时切忌随意摆放，要遵循游戏的合理、方便、安全的原则。

例如，玩家经常用到的功能性NPC应该设置在主道路两旁较为明显的地方，而且可以适当地集中，在不使玩家拥挤的前提下，尽量避免纯跑路找NPC。通常玩家比较集中的地方应该适当地留出空间。例如，仓库管理员周围一般摆摊的玩家较多，那么另外一个玩家较多的地方——传送室，就应该和仓库管理员适当地拉开距离，避免游戏场景内的拥挤。

4. 作用

说明该NPC在游戏中的功能，是NPC设计的核心和难点，设计内容中有很多是和其他系统相关联的，如任务系统、技能系统等。

在设计中，首先在表格的属性名称项中将所有的NPC功能列出。

（1）发布任务：列出该NPC可发布的任务列表。

（2）验证任务：可验证的任务列表。

（3）发放任务物品：各任务对应的奖励物品。

（4）出售新手装备：出售的装备ID、名称。

（5）收购装备：一般所有的交易类NPC都可回收所有不同类型的道具。

（6）维修装备：可维修的装备及条件。

（7）鉴定装备：可鉴定的装备及条件。

（8）教授技能：可否教授技能以及技能的ID、名称。

（9）寄售：通常会结合交易系统的相关规则来具体设计。

诸如此类，不一而足。

在表格中统一列出NPC的游戏功能后，所有NPC按具体的功能实现指定功能内容即可。

5. 背景

设计NPC背景和来历。特别是与情节相关的NPC，其背景经历也是游戏背景和情节的重要组成部分。通常是通过对白的设计来具体体现的。

6. 开场白

某些游戏设计有开场白部分，即玩家单击该NPC后弹出的对话界面中默认的显示内容。开场白通常需要体现NPC的职业或功能特点，如药师通常会说“城外妖怪横行，少侠带点伤药以备不时之需吧”等。开场白通常是固定的一段话，设计制定即可。

对话界面的下方是功能选项。玩家达到任务的限定条件后，界面下方还会显示与任务相关的选择按键。

7. 形象设计

NPC 的形象一般都是固定不变的，因此在设计时不会有形象的调节。按照具体的形象特征和内容具体描述即可。

参考图片不是必需的，如果有，可以起到直观的形象说明作用，但必须说明参考图片的来源，否则会误导美术人员。

通过形象描述由原画人员按照文字说明绘制原画，确定效果和风格，然后再和策划人员沟通确定。《零世界》游戏 NPC 设计稿，如图 6-10 所示。

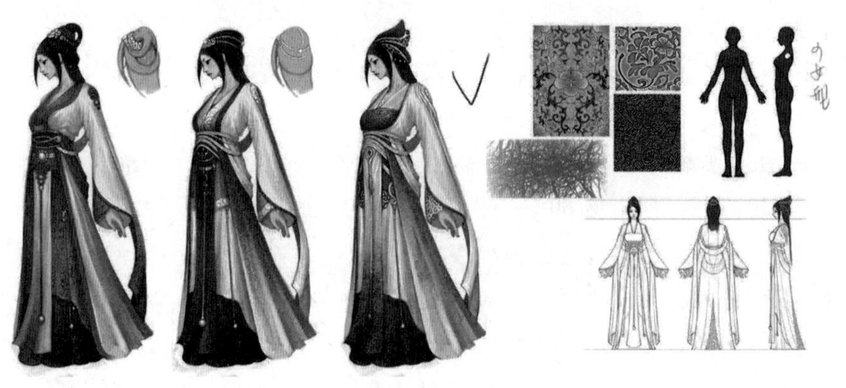

图 6-10

8. 动作设计

动作设计的内容是列出所有的动作类型以及动作的描述。

NPC 的动作设计从早期的“纸片人”一动不动，到现在为了体现更好的游戏真实性而设计的各种动作，有明显的转变和提高，作用也是非常明显的。例如，《诛仙》中的功能 NPC“陆雪琪”的等待动作—— 一套非常优美的剑舞，舞完之后妩媚地拨头发的动作，给玩家留下了非常深刻的印象，同时也对游戏的整体视觉风格起到了很好的推动作用。

动作设计的内容有以下几方面。

①分类列出动作种类：等待动作、对话动作等。

②动作内容：文字简要说明动作内容及特点。

③动作时长：各个动作播放的时间，有时是由美工在调用动作时掌握。

④动作触发：各个动作在何种情况下触发播放。

⑤循环时间：各个动作在多长的时间间隔内循环。

9. 属性设计

按照 NPC 的游戏作用和特点来设计对应的属性。

情节 NPC 的属性设计不是必需的，如很多游戏的情节 NPC 都没有属性的设计。具体的取舍主要根据游戏的设计思路、NPC 的特点来确定。例如，城镇守卫会参加战斗或有其他的作用，这时就需要有 HP、等级、攻击力等的属性设计了。

同时在整体 NPC 的设计表格中也需要有一项属性“可否被攻击 ID”。通常内容为 0 和 1，0 为不可被攻击，如武器商人等。1 代表可被攻击，如卫兵等。按照功能需要分别制定即可。

如果 NPC 有属性设计的内容，在设计中按照游戏整体的功能需要、等级限定和平衡需求等综合因素来确定具体的数值，通过表格的方式列出即可。

10. AI 设计

AI 设计即触发方式、判断条件和对应结果的说明。

需要特别强调的是，NPC 的设计内容很大程度上取决于功能的需求，因此在设计之初首先要明确该 NPC 在本款游戏中的作用。明确作用之后，以此为标准来确定具体应该有哪些设计内容。

例如，在《WOW》中的城镇守卫，当有怪物因追击玩家而接近守卫的警戒区域时，守卫会主动出击消灭怪物保护玩家。这样的设计要远比很多游戏的守卫不闻不问的情况显得人性而且真实。

6.6　怪物设定

怪物是 NPC 的一个重要组成部分，是在游戏中与玩家交互最多的 NPC 角色，因此怪物也是所有 NPC 中设计内容最丰富的。首先介绍怪物的分布设定。

6.6.1　怪物分布图

怪物的分布是否合理，将极大地影响整个游戏活动，在设计怪物的整体分布情况时，前期绘制怪物分布图是必需的工作之一。

分布图的绘制过程比较简单，在世界地图、区域地图的基础上，用线圈的形式标明怪物出现的区域，同时使用编号对应表格的形式说明各个区域分布的怪物。

在后期进一步的设计中，通常使用地图编辑器进行细致的“种怪”过程，将美术人员做好的怪物模型，按照怪物分布图的示意和游戏机制的要求，按照一定的数量将怪物摆放在各个场景中，并指定各项属性的具体数值。

另一种方法是使用 Excel 表格，通过游戏场景编号或游戏地图坐标来定位每一种怪物的具体出现地点。此种方法更加准确和细致，如图 6-11 所示。

ID	怪物名字	所在地图	等级范围	[illegible]	BOSS	图片	掉落30%	材料	掉落15%	掉落1%
1	大蝙蝠	103	5-10	6		diren1.gif	3001, 3011		2001, 2014, 2027, 5002, 5002, 5002, 5002	
5	强盗	103	5-10	3		diren5.gif	3001, 3011		2066, 2128, 2141, 2154, 2167, 2180, 2193, 5001, 5001, 5001, 5001, 5001, 5001, 5001, 5001, 5001, 5001	
7	流氓	103	5-10	6		diren7.gif	3001, 3011		2002, 2015, 2028, 2041, 2054, 5001, 5001, 5001, 5001, 5001, 5001, 5001, 5001, 5001, 5001	
17	青蛇(精英)	103	5-10	9	250	diren3.gif	3002, 3012, 3314	, 3310, 3311	2002, 2015, 2028, 2041, 2054, 2066, 2128, 2141, 2154, 2167, 2180, 2193	3650, 3336
18	强盗(精英)	103	5-10	9	250	diren5.gif	3002, 3012, 3314	, 3310, 3311, 3649	2079, 2091, 2104, 2116, 2142, 2168	3650, 3336
8	侠客	104	10-15	1		diren8.gif	3001, 3011		2002, 2015, 2028, 2041, 2054, 5001, 5001, 5001, 5001, 5001, 5001, 5001, 5001, 5001, 5001	
9	白狼	104	10-15	0		diren9.gif	3002, 3012	, 3310	2079, 2091, 2104, 5002, 5002, 5002, 5002, 5002, 5002, 5002, 5002	
10	山猪	104	10-15	4		diren10.gif	3002, 3012	, 3310	2079, 2091, 2104, 5003, 5003, 5003, 5003, 5003, 5003, 5003, 5003	
11	巨蛇	104	10-15	3	250	diren11.gif	3002, 3012		2116, 2142, 2168, 5004, 5004, 5004, 5004, 5004, 5004, 5004, 5004	
19	巨蛇(精英)	104	10-15	9	250	diren11.gif	3002, 3012, 3314	, 3310, 3311	2079, 2091, 2104, 2116, 2142, 2168, 3315	3650, 3602, 3342, 3650, 3336
12	金兵	106	15-20	0		diren12.gif	3002, 3012		2003, 2016, 2029, 2042, 2055, 5001, 5001, 5001, 5001, 5001, 5001, 5001, 5001, 5001, 5001	
13	剑客	106	15-20	1		diren13.gif	3002, 3012		2003, 2016, 2029, 2042, 2055, 5001, 5001, 5001, 5001, 5001, 5001, 5001, 5001, 5001, 5001	
14	黑熊	106	15-20	3		diren14.gif	3002, 3012	, 3310	2067, 2129, 2155, 5003, 5003, 5003, 5003, 5003, 5003, 5003, 5003	
15	恶虎	106	15-20	5		diren15.gif	3314, 3002, 3012		2181, 2194, 5003, 5003, 5003, 5003, 5003, 5003, 5003, 5003	
20	金兵(精英)	106	20-20	9	250	diren12.gif	3002, 3012, 3314	, 3310, 3311	2003, 2016, 2029, 2042, 2055, 2067, 2129, 2155, 2181, 2194, 3315	3650, 3602, 3342, 3650, 3336
22	吸血蝙蝠	107	20-25	5		diren17.gif	3002, 3012		2080, 2092, 2105, 5002, 5002, 5002, 5002, 5002, 5002, 5002, 5002, 5002, 5002	
23	山贼	107	20-25	1		diren18.gif	3002, 3012		2117, 2143, 2169, 5001, 5001, 5001, 5001, 5001, 5001, 5001, 5001, 5001, 5001	
24	酒鬼	107	20-25	0		diren19.gif	3002, 3012		2080, 2092, 2105, 5001, 5001, 5001, 5001, 5001, 5001, 5001, 5001, 5001, 5001	
25	丐帮内奸	107	20-25	3		diren20.gif	3002, 3012		2117, 2143, 2169, 5001, 5001, 5001, 5001, 5001, 5001, 5001, 5001, 5001, 5001	
26	丐帮内奸(精英)	107	20-25	9	250	diren20.gif	3003, 3013, 3315	, 3310, 3311	2080, 2092, 2105, 2117, 2143, 2169	3650, 3602, 3342, 3650, 3336
27	狂暴恶狗	107	20-25	0		diren21.gif	3002, 3012		2080, 2092, 2105, 5002, 5002, 5002, 5002, 5002, 5002, 5002, 5002	
28	金兵队长	108	25-30	0		diren22.gif	3003, 3013		2004, 2017, 2030, 2043, 2056, 5006, 5006, 5006, 5006, 5006, 5006, 5006, 5006, 5006, 5006	
29	赌徒	108	25-30	4		diren23.gif	3003, 3013, 3649		5001, 5001, 5001, 5001, 5001, 5001, 5001, 5001, 5001, 5001, 2068, 2081, 2093, 2130, 2156, 2182, 2195	
30	恶狼	108	25-30	5		diren24.gif	3003, 3013		2004, 2017, 2030, 2043, 2056, 2068, 5003, 5003, 5003, 5003, 5003, 5003, 5003, 5003	
31	金国勇士	108	25-30	3		diren25.gif	3003, 3013		2093, 2130, 2156, 2182, 2195, 5006, 5006, 5006, 5006, 5006, 5006, 5006, 5006, 5006, 5006	
32	金国勇士(精英)	108	30-30	9	250	diren25.gif	3003, 3013, 3315	, 3310, 3311	2004, 2017, 2030, 2043, 2056, 2068, 2081, 2093, 2130, 2156, 2182, 2195	3650, 3602, 3342, 3650, 3336
34	灵尾蛇	109	30-35	5		diren27.gif	3004, 3014		2106, 2118, 2144, 5003, 5003, 5003, 5003, 5003, 5003, 5003, 5003	
35	狂熊	109	30-35	3		diren28.gif	3004, 3014		2106, 2118, 2144, 5004, 5004, 5004, 5004, 5004, 5004, 5004, 5004	
36	绿林大盗	109	30-35	3		diren29.gif	3004, 3014, 3649		2106, 2118, 2144, 5001, 5001, 5001, 5001, 5001, 5001, 5001, 5001, 5001, 5001	
37	绿林大盗(精英)	109	30-35	9	250	diren29.gif	3004, 3014, 3649	, 3310, 3311	2106, 2118, 2144, 2157, 2170, 2183	3315, 3650, 3336
38	白额虎	109	30-35	0		diren30.gif	3004, 3014	, 3310	2004, 2017, 2030, 2043, 2056, 2068, 5002, 5002, 5002, 5002, 5002, 5002, 5002, 5002	
40	山贼护卫	202	35-40	0		diren32.gif	3004, 3014		2005, 2018, 2031, 2044, 2057, 5007, 5007, 5007, 5007, 5007, 5007, 5007, 5007, 5007, 5007	
41	山贼护卫(精英)	202	35-40	9	250	diren32.gif	3004, 3014	, 3310, 3311	2005, 2018, 2031, 2044, 2057, 2069, 2082, 2094, 2131, 2196	3315, 3650, 3336
42	山贼工匠	202	35-40	4		diren33.gif	3004, 3014		2057, 2069, 2082, 2094, 2131, 2196, 5007, 5007, 5007, 5007, 5007, 5007, 5007, 5007, 5007, 5007	
43	利齿凶狼	202	35-40	5		diren34.gif	3004, 3014		2005, 2018, 2031, 2044, 2057, 5003, 5003, 5003, 5003, 5003, 5003, 5003, 5003	
46	女飞贼	203	40-45	5		diren37.gif	3004, 3014, 3649		2158, 2171, 2184, 5005, 5005, 5005, 5005, 5005, 5005, 5005, 5005, 5005, 5005	
47	女飞贼(精英)	203	40-45	9	250	diren37.gif	3004, 3014, 3649, 3315	, 3310, 3311	2107, 2119, 2132, 2145, 2158, 2171, 2184	3650, 3602, 3342, 3650, 3336
48	亡命盗贼	203	40-45	0		diren38.gif	3004, 3014		2107, 2119, 2132, 2145, 5001, 5001, 5001, 5001, 5001, 5001, 5001, 5001, 5001, 5001	
49	悍匪	203	40-45	1		diren39.gif	3004, 3014		2145, 2158, 2171, 2184, 5001, 5001, 5001, 5001, 5001, 5001, 5001, 5001, 5001, 5001	
51	嵩山弟子	204	45-50	0	250	diren41.gif	3004, 3014		2006, 2019, 2032, 2045, 2058, 5008, 5008, 5008, 5008, 5008, 5008, 5008, 5008, 5008, 5008	
52	嵩山高手	204	45-50	1	250	diren42.gif	3004, 3014		2070, 2083, 2095, 2108, 2120, 2197, 5008, 5008, 5008, 5008, 5008, 5008, 5008, 5008, 5008, 5008	
53	五岳叛徒	204	45-50	5		diren43.gif	3004, 3014		2070, 2083, 2095, 2108, 2120, 2197, 5008, 5008, 5008, 5008, 5008, 5008, 5008, 5008, 5008, 5008	
54	嵩山护法	204	45-50	4		diren44.gif	3004, 3014		2006, 2019, 2032, 2045, 2058, 5008, 5008, 5008, 5008, 5008, 5008, 5008, 5008, 5008, 5008	
55	嵩山护法(精英)	204	50-50	9	250	diren44.gif	3004, 3014, 3315, 3316		2006, 2019, 2032, 2045, 2058, 2070, 2083, 2095, 2108, 2120, 2197	3650, 3602, 3342, 3650, 3336, 3337
57	醉魂侠客	205	50-55	5		diren46.gif	3005, 3015		2133, 2146, 2159, 2172, 2185, 2198	
58	利齿虎	205	50-55	0		diren47.gif	3005, 3015		2133, 2146, 2159, 2172, 2185, 2198	
59	千手神君	205	50-55	0		diren48.gif	3005, 3015	, 3310	2133, 2146, 2159, 2172, 2185, 2198	
60	千手神君(精英)	205	55-55	9	250	diren48.gif	05, 3015, 3649, 3315, 3316		2133, 2146, 2159, 2172, 2185, 2198	3650, 3602, 3342, 3650, 3336, 3337
62	梅庄叛徒	206	55-60	6		diren50.gif	3005, 3015		2084, 2096, 2109, 2121, 2147, 2173, 5009, 5009, 5009, 5009, 5009, 5009, 5009, 5009, 5009, 5009	

图 6-11

在具体划分怪物出现区域时，主要原则有以下几个。

1. 等级递增的差异

这一点比较容易理解。在设计分布区域时，最重要，也是最常见的方式就是参考玩家的升级曲线来设计相应的怪物难度的递增等级。例如，在玩家出生地周围的区域，怪物的等级、AI 的高低都是比较低的，而且掉落的物品、获得的道具等都与玩家当前的等级相吻合。这也是游戏平衡最基本的体现。

2. 与区域特点相吻合

在分布的时候，怪物的特点和特性一般都带有典型的地域特征，这和现实世界是相吻合的。例如，在游戏中，雪地出现的怪物应该是雪人之类的，河流中是食人鱼怪，森林里是猿猴怪，沙漠中是蝎子等。这一点非常容易理解，但设计时要体现出游戏开发的现实仿真性。

3. 特殊情节中特殊功能的需要

对于游戏中某些比较特殊的设计，就不太适合使用一般的设计原则了，而需要具体考虑游戏的功能需要来设计当前怪物的特色。

一般作为副本或特殊的场景设计时会使用这一原则，来体现游戏不同的场景中不同玩法的需要。而这样的设计也是体现游戏可玩性和娱乐性非常重要和常用的一种方法，如特定区域的BOSS就是比较典型的例子。

6.6.2 怪物的设计内容

怪物的设计内容中，有一部分是和其他角色设计相同的，如ID、名称、背景、形象设计、属性设计、AI等。在基本设计方法相同的前提下，针对怪物的游戏作用和特点有所变化。也有一部分是怪物设计所特有的，如基础经验值、掉落物品种类及概率等。

下面就列举出常见怪物设计内容及要求。和其他元素设计相同的是游戏的整体需求决定怪物的设计内容，因此在实际开发时要灵活且有针对性地设计具体内容。

1. ID

ID和其他的元素设计要求一致，按照编号规则分配即可，不再赘述。

2. 名称

怪物的名称确定在游戏开发中也是不可忽视的一项繁重工作。没有技术难度，但也不容易做好。起数千个合适的、形象的、有特点的名字颇费脑筋。

在确定名称时有下列几点要求。

①与游戏背景、主题、风格相统一。

②体现存在地域的特点。

③名称的变化体现等级差异。

④名称体现怪物自身的特点。

⑤易于记忆，朗朗上口，特别是重要的特色怪物。

在这样的要求下根据故事背景提炼名称即可。

3. 等级

按照怪物整体的等级设计安排具体内容，通常以数字的形式来体现。等级的分类在后期属性的设计、掉落物品的种类、怪物分布等环节都有很广泛的应用。

4. 特色说明

此部分属于说明性的文档内容，主要是向开发人员说明怪物的特点，如背景的、属性的、情节相关的内容等，在后期通过策划内容、美术和程序的具体实现环节来体现此部分的设计初衷和设计目的。

有关怪物的背景说明也可结合此部分内容中的说明。通过由游戏背景引申过来的怪物背景，也是体现游戏情节和主题的重要组成部分，并且在背景说明的过程体现出怪物的特点。

特色说明在后期的市场宣传过程中，也是必要的内容，强大和有特点的怪物同样是点燃玩家游戏热情的重要元素。

5. 形象设计

怪物的形象设计最常用的方法和其他元素一样，就是文字描述加参考图片，如表6-2所示。

表 6-2

长宽比例	2 ∶ 1，大约身高2米，宽1米
	头部硕大，无脖颈，躯干细弱弓曲，肩部高耸，上肢细长，下肢细短，无尾
整体形象	林地生态外观，皮肤适应温热潮湿环境，光滑少褶
	关节处有角质褶皱，关节略粗大
头部	头部比例硕大
	头盖部位覆盖大型骨质弧形结构，类似“太空异形”
五官	整体位置偏下，无鼻
	两眼位置离散，发红光
	眼袋部位有肉质褶皱，褶皱后方延伸出若干细长肉须
	眼部中上天庭位置有一只单眼，形似镶嵌宝石
	太阳穴位置有短棒状触须
	嘴大，嘴角下咧延伸至腮部，若干犬齿外露，下巴肥硕
上肢	两肢细长，长度约为身长的2/3，前端不成比例
	一肢为硬质长钳，如同蟹类前肢，形似两把刀刃
下肢	另一肢为肉质，薄弱细长
	短，占全身比例很小，脚趾关节粗大，足尖长，有短爪
背景描述	林地昆虫是受到扭曲的黑暗魔法力量影响而变异出来的黑暗生物，样子类似昆虫。通常只会漫步在林地中，并没有强烈的攻击性。但近来这些生物频频出没在林地边缘，具有一定的攻击性，在夜晚袭击过往商队的营地和附近的农场，大有向外扩张的趋势

怪物的形象设计相当一大部分是虚构出来的，也就是说，它们更多的是现实世界中并不存在的生物，这样在通过纯文字描述的时候理解起来较为困难，需要在开发中不断地与美术人员沟通修正。尤其需要注意的是，在描述中要给美术人员留出适当的发挥空

间，充分借用他们的美术创造力来实现最终效果。很多时候会得到比策划想象中还要好的形象。

通过文字说明、沟通之后，美术人员首先会绘制出怪物的手绘原型，一般要求是正、侧、背三视图。原型确定之后，怪物的形象设计也就确定下来了。《星球大战：幽灵的威胁》中怪物原型正、侧、背三视图如图 6-12 所示。韩国网游《TERA》中怪物原型设计正、侧、背三视图如图 6-13 所示。

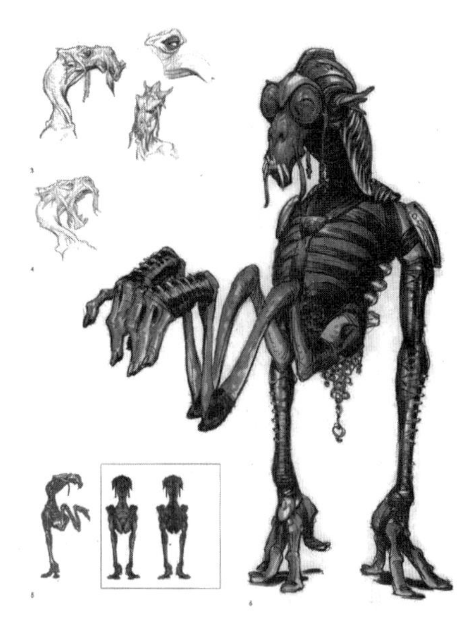

图 6-12

6. 动作设计

怪物动作的设计方法与 NPC 基本相同。设计时需要重点考虑如何通过动作来体现怪物特点，特别是很多怪物属于虚构的异形角色，可以参考的动作标准不是很多，如果要达到自然真实的动作效果，就需要从已有生物的运动规律中进行筛选，并引用到异形怪物的动作设计中。对策划人员来说，平常收集和观察各类动物的动态会对动作设计有很大帮助。同时，在设计中多听取美术人员的意见，很多时候他们会有很好的想法或建议。

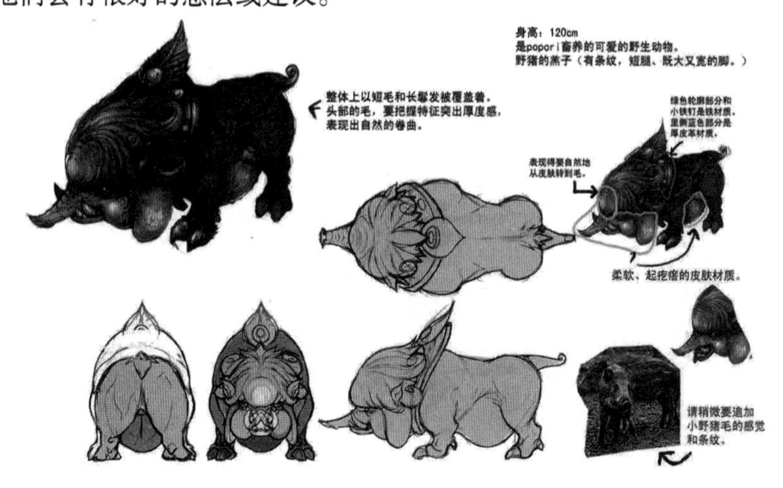

图 6-13

7. 属性设计

属性设计是怪物设计的核心和难点。与主角属性不同的是，怪物属性的数值都是固定的，在平衡和合理的前提下制定即可。在设计中，同样需要首先确定属性名称，然后确定在表格中该属性所对应的数值。需要特别说明的是，不要误以为“数值”就一定是数字，任何属性内容都可通称为“数值”。例如，属性名称为“性别”，属性数值为“男”。

具体属性的设置种类和游戏的整体设计内容关联很大，需要灵活掌握。常见的有生命值、物理防御力（上下限）、魔法防御力（上下限）、物理攻击力（上下限）、魔法攻击力（上下限）、SP、命中率、回避率、攻击距离、攻击间隔、回血速度、行走速度、奔跑速度、AI 等属性内容。首先在文档中定义好属性功能，然后使用 Excel 表格详细设计具体的属性内容。

8. 经验值

“打怪升级”一直到现在也是几乎所有 MMORPG 游戏的主要活动，通过击杀怪物的游戏形式来熟悉操作、获取物品及获得经验值，然后通过经验值的累积达到升级的目的。因此，怪物经验值的设定在整个游戏的设计中有着重要的地位。经验值不是单独存在的，它的设计与升级系统、战斗系统等很多核心系统有着密切的联系，同时在游戏的平衡性设计中也有重要的作用。

在怪物设计表格中的经验值是基础经验值，由数值策划在综合主角的属性、升级系统的规则等相关因素后确定一个数值。而玩家在游戏中杀死一只怪物的实际经验值获取数额，还要通过升级系统中的其他规则或计算公式来最终确定。例如，“等级差异的修正”，当玩家打比自己等级低 10 级以上的怪物时，获取经验值就为 1 了。以此来限定或指引玩家的游戏方向，鼓励玩家进行同等级之间的对抗。

在数值设计中要时刻考虑其他的相关因素对本设计的影响，如某款游戏采用了“怪物经验值和怪物的 HP 成正比”的设计方法。这样设计本身并无不合理的地方，但在个别怪物的设计中，特别是在某个 BOSS 的设计中忽视了怪物的回血速度、攻击力、防御力、技能属性等的配合，导致此怪物攻击类和回复类的属性偏低，也就是说，该怪物很好打而且没有危险，这样玩家就可以尽情地拿它来刷经验，由此导致了游戏的不平衡，出现了设计上的漏洞。

因此在数值的设计中，一定要特别注意数值之间的关联性对游戏整体平衡性的影响，而数值设计中的“连锁反应”也正是数值策划的难点所在。

9. 掉落物品

“打怪掉宝”在很多游戏的设计中是玩家获取游戏物品最主要的方式。设计内容主要为两部分，即掉落物品种类和掉落概率。

（1）掉落物品种类：是指该怪物可掉落物品，可以是一种，也可以是多种，一一列出即可。但在具体确定种类时就要综合考虑其他的游戏内容，如该怪物的等级和所掉物品的等级是对应的；出现场景也与物品相关，新手村周围的怪物掉落物品当以新手道具和初始物品为主；是否有任务相关物品，何时触发等。

（2）掉落概率：掉落概率是玩家杀死怪物后，获得物品的概率。通常以百分比表示。概率的数值也需要综合考虑其他因素，如物品的属性、种类等。

10. 攻击类型

常见的怪物攻击类型有近身肉搏、法术攻击、远程物理攻击等，在实际开发中由游戏的整体战斗方式确定。攻击类型的不同和多样，也是丰富游戏活动形式、调节游戏难度的需要。

例如，在某个场景中，如果全部是近身物理攻击类的怪物，相对来说比较简单。如果在此中间穿插了几个法术类的、远程攻击类的，甚至再配合怪物等级、怪物技能等设计元素的综合应用，这样玩家的打法和战术就会随之改变，由此丰富了游戏内容，提高了游戏性。

11. 主动性

怪物按主动性一般分为两种，即被动怪物和主动怪物。

（1）被动怪物：简单说就是“人不犯我，我不犯人；人若犯我，我才犯人”。此类怪物在受到玩家攻击之后才定位玩家，发起攻击。很明显，它们的AI较低，攻击难度也较低。

（2）主动怪物：相对于被动怪物，主动怪物就是当玩家进入此怪物的警戒范围之后主动发起攻击，对玩家而言难度较大，容易形成被“群殴”的情况。在“种怪”的时候需要按照游戏功能的需要合理分配。

12. 视野、警戒范围

此点比较容易理解，而且是主动攻击类的怪物才有的属性。视野和警戒范围还有一定的区别。

（1）视野范围：以怪物为圆心，以视线距离为半径的一个扇形的区域。在某些特殊功能怪物的设计中需要此项设计，如巡逻怪的设计以视野为攻击范围较为合理。

（2）警戒范围：以怪物为圆心，以警戒距离为半径的一个圆形区域。主动攻击类的怪物以此范围设计较多。

与此项相关的设计还有追击距离等。在主角移动速度比怪物稍快的设计下，除特殊情况外，还要允许玩家通过逃离的方式来躲避攻击。因此，需要设定追击距离，当玩家与怪物之间的距离大于追击距离时，怪物放弃攻击回到活动区域。

玩家与怪物之间的距离需要用一个度量单位来表示，用这个度量单位表示2D游戏与3D游戏是不同的。2D游戏通常以像素或屏为单位，3D游戏以现实的度量单位，如码、米等为单位。

13. 怪物技能

怪物技能一般需要单独的表格来详细设计其属性，设计方法和内容与其他技能相同，详见技能设计章节的说明。不同点是，相对于主角技能主动触发而言，怪物技能需要制定技能的施放概率或者是施放条件。施放概率以百分比的形式表示，如果是施放条件则说明具体的条件内容，如 HP<30%。

除了上述主要设计内容外，按照游戏的设计特点和功能需求，每个游戏还有特别的设计内容，需要按照实际要求完整而有条理地一一设定。

6.6.3　怪物刷新规则

在游戏中，因为玩家很多，所以在设计怪物时有一个非常重要的规则，即怪物的刷新规则。

1. 刷新点类型

在设计中首先要明确怪物的刷新点类型，常用的类型有以下几种。

（1）普通刷新点：普通刷新点是游戏中最常用的刷新方式，采用一个刷新点固定怪物种类以及怪物数量，计量并计时刷新。

（2）条件刷新点：多用于 BOSS 级怪物以及任务怪物的刷新方式，这类怪物需要满足一定条件以后才能刷新。

（3）随机刷新点：该刷新点可以随机刷新怪物种类，以随机时间的方式刷新怪物的刷新点。

2. 刷新点属性

（1）怪物种类：规定刷新点刷新哪种怪物，以 ID 形式设定。

（2）刷新数量：一次刷新刷出多少怪物。

（3）怪物总数：该刷新点所刷出的怪物在地图上允许生存的数量。

（4）刷新时间：启动刷新之后开始计时，计时停止则刷新怪物。

（5）条件：调用事件的 ID，符合事件条件即刷新。

（6）随机刷新怪物种类：记录多种怪物 ID，并在该范围内刷新怪物。

（7）随机刷新时间：以秒为单位设定最大值和最小值，并在这两个值内随机决定刷新时间。

（8）地图名称：刷新点所在地图 ID。

（9）刷新点坐标：刷新点所在坐标。

（10）怪物朝向：刷出的怪物所面对的方向。

（11）范围半径：某些刷新点刷出的怪物是在以刷新点为轴心，一定半径范围内随机位置刷新的。该属性用以米为单位的数值设定。

3. 刷新计时规则

一般是怪物死亡后即开始刷新计时。同时需要确定至怪物刷新出来之间的时间间隔。这个时间间隔在设计中是必要的，否则怪物消灭一个就马上生成一个，游戏难度就会大大增加，而且会影响某些游戏功能的实现。

具体数值主要由玩家清怪的速度、在线人数的多少、特点区域的游戏功能需要等方面限定。

6.7 AI概述

AI的引入，在现在的游戏设计中越来越重要了，对游戏的可玩性和娱乐性都有较大的提高。AI的设计，可以说是游戏NPC设计的一个重点。

6.7.1 AI的定义

AI（Artificial Intelligence，人工智能）是一门综合了计算机科学、心理学、哲学的交叉学科。人工智能是人类在机器上对智能行为的研究，是人类创造物体的智能行为。

AI是一门极富挑战性的科学，从事这项工作的人必须懂得计算机、心理学和哲学知识。人工智能是内涵十分广泛的科学，由不同的领域组成，如机器学习、计算机视觉等，总的来说，人工智能的目的就是让计算机能够像人一样思考。如果希望做出一台能够思考的机器，就必须知道什么是思考，进一步讲就是知道什么是智慧、它的表现是什么。如何判断一个对象是否具备智能呢？人类的想法如同泉水一般从大脑中流出，如此自然，可是机器可以吗？那么什么样的机器才是智慧的呢？科学家已经做出了汽车、火车、飞机、飞船等，它们可以模仿人类身体器官的功能，但是能不能模仿人类大脑的功能呢？到目前为止，也仅仅知道这个装在人类头骨盖下面的东西是由数十亿个神经细胞组成的器官，而对它知之甚少，模仿它或许是天下最困难的事情了。

6.7.2 游戏中的AI

AI是近几年来游戏业界的焦点所在，也最具争议性。争论的焦点就是很多人质疑游戏中使用的各种技术是否真的属于AI范畴。虽然现在很多游戏都把这个时髦名词当作卖点，但游戏中实际使用的技术也许并不是那么高深莫测，有些还是很“过时”的技术。美国各大学实验室中所做的AI研究和游戏业的实际应用之间相去甚远。

6.7.3 AI定义的不同标准

学术界对AI的研究注重的是内部机制。因为学术研究的目的是弄清事物内部运行机制，不断地改进算法，使内部结构趋于合理。而游戏业对AI的应用，则更注重外部表象。如果一个新技术从内部看十分先进，让程序员们觉得很好，但玩家在实际游戏中感受不到它和旧技术的区别，那么这项技术对游戏就是毫无用处的。游戏业AI的指导思想就是用最简单的方法占用最少的资源去满足玩家造成假象，让他们觉得游戏AI水平高超。

从上面的分析可以看出，AI在游戏界的实际应用和在学术上的研究有很大不同。游戏AI基本是AI学术研究的第四条，即理性行为领域。游戏AI采用的技术简单，没有或者很少涉及AI学术研究的前三个领域。游戏AI目前还没有能力模拟人的思考和行为。

另外，对游戏设计师和程序员来说，AI的意义是完全不一样的。对游戏设计师来说，AI是游戏规则的最高层，是游戏规则中最具有挑战性的，也是最模糊的部分。对程序员来说，AI是对游戏设计师制定的复杂游戏规则的技术实现。

6.7.4 AI在游戏业的现状

谈到AI在游戏业的应用现状，一般都是谈美国游戏业的AI应用现状，有两方面的原因：一方面，AI应用最多的两种类型的游戏FPS和RTS都是在美国发展起来的，他们对这方面比较有经验，比较有发言权；另一方面，美国游戏业在AI技术上公开的交流较多，容易了解业界的情况。

从表6-3可以看出，游戏AI发展非常迅速。在1997年还只有24%的制作组里有专职的AI程序员，而到了2000年，约有80%的制作组都有1名以上的专职AI程序员。CPU资源也在向AI迅速开放。在2000年年初，一个专门研究游戏AI的教授在卡内基·梅隆大学演讲时还提到游戏中AI一般只占CPU资源的15%，而2001年的报告中就已经提高到25%了。

表6-3

内　容	1997	1998	1999	2000
有专门负责AI的程序员的小组在业界的百分比/%	24	46	46	80
用于AI的CPU资源/%	5	10	10	15

6.7.5 游戏AI的设计目的

AI虽然被称为“人工智能”，但并不是真正的智能，而是一系列复杂的程序，让交互对象（玩家）产生“对方有意识”的错觉。也就是说，程序越详细，人工智能的动作就越自然和不可预测。

为了增加游戏的耐玩性，游戏设计师除了要注意游戏的平衡性外，还有另一个方面需要注意，那就是游戏的AI。在游戏当中，玩家面对的对象主要就是计算机控制的角色，这些角色被设计得非常难以对付或非常容易对付，会影响玩家是否喜欢玩这款游戏。简单地说，就是NPC是否足够聪明。

在不同的游戏中，玩家对AI的期待目标是不同的。那些街机游戏或者是《俄罗斯方块》，玩家不希望有太高的AI，这种游戏的问题已经固定，用简单的思维就足以为玩家提供足够的挑战性。

而在另外一些游戏中，情况就大不相同了。对于三国这样的策略游戏，玩家要求敌方的将领能聪明一些，不至于太愚蠢；在角色扮演游戏中，玩家希望进入和现实世界有些类似的虚拟世界，角色的行动也要模仿真人；而在模拟人生这样的游戏中，就不再是NPC的AI了，而是游戏本身的AI，如果AI太差，要么游戏太容易，要么和真实世界差距太大，这个游戏也就不值得一玩了。

因此，玩家在玩不同的游戏时对AI会有不同的期待目标，这些目标只有在游戏的设计目标发生变化的条件下才可能改变。

1. 增加玩家的挑战性

向玩家提供一种合理的挑战是任何计算机游戏AI的首要目标，如果游戏没有任何挑战性，这个游戏就没有趣味了，也就不能称其为游戏，而变成一种互动性的电影。

像《Doom3》这样的FPS游戏，挑战来自敌人数量上和能力上的压倒性优势。玩家只有射中敌人才能杀死他们，获得最终胜利。

有时就会出现一些敌我的平衡设计问题。比如，在《Doom3》中，游戏中自动产生的NPC不会躲避子弹，不会设置埋伏，就是说缺乏智力。但是系统可以提供数量较多的NPC，而且游戏中定义了一些偏向NPC的设计，如玩家可能会弹尽粮绝，游戏中自动产生的NPC则不会出现这个问题；黑暗中玩家可能很难发现敌人的踪迹，而NPC则和在白天的时候没有什么区别；可以飞行的NPC还可以去玩家不能到达的地方，这也算通过能力对基本智力的补偿。这样就使游戏的敌我双方的实力得到类似的平衡，或者说NPC的实力会更强些，从而给玩家带来更大的挑战。

基本上讲，《Doom3》中的AI设计应该是比较复杂的，但是也不足以让玩家满意，毕竟这是一个很久以前的作品了。一般来讲，也可以把这些包括数量和能力在内的因素，都作为游戏 AI 的组成，毕竟要实现包括躲避、埋伏等真正的 AI 是非常困难的，而扩展 NPC 的能力则相对简单得多。

在即时战略游戏中 AI 的设计就更为困难。在这种游戏中，玩家和对手都要指挥数量庞大的军队，在需要的时候建造，并要开采资源以建造建筑或某种防护。游戏中的 AI 需要执行和玩家一样的事件，并且也好像它是真人自动操作一样，这就对 AI 提出了比 FPS 游戏更大的挑战。

当然，在这种游戏中，仍然有一种补偿方式以提高计算机的 AI 水平，就是游戏系统能看到玩家不能看到的各个区域，并且可以拥有更多的启动单位以及获得更多的资源库。但是，计算机不能随便地给自己添加资源或提升级别，必须按照和玩家一样的方式来进行有组织的工作，如挖掘资源、建造军队等，这样就相对困难一些了。

AI 必须给玩家提供一种有趣的挑战，如果没有 AI，那么游戏就像和小孩子下棋一样没有意思；即使是和小孩子下棋，也可以有一种教育的目的，期望他的水平能逐步提高，甚至会成为一代国手。但是计算机游戏一般都不会自动学习，因此计算机游戏的 AI 目标就是为玩家提供有意义的挑战。

2. 模拟真实世界

计算机游戏的 AI 不能设计得过于愚蠢，如果游戏中的 NPC 遇到小树或者一块岩石这样的小障碍都无法绕过去，或者是傻乎乎地直接冲向悬崖，这种情况只能使玩家看低这个游戏。对于玩家来讲，虽然不会指望 NPC 非常聪明，但是 AI 应该完成简单任务也是显而易见的。尽管这些事情用程序来实现还是比较困难的，但是为了实现一个优秀的游戏，游戏的 AI 必须完成这些任务。

不同的游戏角色需要不同的 AI，玩家对它们的期待也截然不同。如果游戏中的角色是人物，那么玩家就会有比较高的要求；如果角色是一种昆虫，那么玩家对其智能的要求就低得多了，即使它们进行了非常笨拙的行为，玩家也不会认为这个游戏非常愚蠢。

3. 增加游戏的可玩性

为什么网络对战的 FPS 游戏比起单人模式的 FPS 游戏玩起来更困难？因为对手是真人操作，而人的行为会根据当前的状态进行判断后改变，因而具备更大的不可预测性，真人可以选用计算机绝对不会采用的方式进行战斗。这就是真人是 FPS 游戏中的最好对手的部分原因，也是 CS 这样的网络对战游戏流行的原因。

在从《Doom》和《Quake》的新手到高手的某个阶段，玩家通常会阅读以前高手的“游戏攻略”，这些文档将描述当玩家经过某个门之后会出现什么样的怪物，玩家采取什么样的动作可以迅速地消灭对手，这是一个带有训练味道的阶段。一旦玩家技巧更为熟练了，就不会喜欢这样的东西。因为玩家能知道敌人在哪些时间出现，将进行什么样的动作，这样游戏的趣味性就迅速减弱了。

玩家希望游戏的AI能给自己带来惊喜，希望游戏AI就像真人一样具备不可确定的动作，用不可预测的方式击败玩家或被玩家击败。当然，游戏AI目前还不可能像真人一样和玩家进行交流，因此还无法代替现在的网络游戏的社会模拟功能和趣味，如果真正实现了这个目标，这种系统应该能够通过图灵测试系统，这将是人工智能领域的一个大进展。

所有的艺术形式中，观察者都希望体验到他未曾预料的东西，如果读了电影、小说的开头，读者就能预测到故事的精确结局，那么读者体验作品的很大一部分热情就会丧失。计算机游戏也是这样的。

当然，即便玩家能预先得知故事情节，游戏也会给玩家带来惊喜。但如果AI也能使这些东西都变得不可预知，这个游戏就能获得比其他游戏更高的耐玩性，玩家会重复玩它，直到不再有新鲜感为止。游戏的AI要始终给玩家以各种各样的惊奇，吸引玩家的兴趣。

成功的不可预见性在游戏中可以采用多种不同的方式实现。在《俄罗斯方块》中可以采用随机的方式决定下一个方块是什么，也可以像《三国志》中那样具备排兵布阵的智能。游戏设计人员希望很多游戏能够提供充分的不可预测性，如果在《俄罗斯方块》中，玩家能得知下一个是什么样的方块，游戏就丧失了很多挑战性。当然，《俄罗斯方块》中也在侧面给出了下一步的提示，但是由于下一步是随机的，玩家不可能训练出特定的技巧。实际上，至少对于《俄罗斯方块》来讲，纯粹的随机性也是一种很好的AI，它让玩家迷惑、让玩家猜测，这样的不可预测性能让玩家花上数小时持续挑战。

有时候计算机游戏的AI目标需要偏离一些正常逻辑，如果游戏总是循规蹈矩，与游戏对手作战的乐趣就没有了。即使在真实世界中，有些时候人也会做出不合情理的决定，这些不合理实际上反映了生活的复杂性。

当然，游戏AI的不可预测性不能与其他AI目标相矛盾，如果为了不可预测性，敌手竟然做出一些不可理解的事情，如远离战场，这种情况就会让玩家困惑。

模糊逻辑是AI设计人员试图保持游戏AI主体的不可预测性和生动有趣的方式之一，模糊逻辑采用了一种逻辑系统并在其中添加一些随机性。在模糊逻辑中，AI在给定的条件下，提供几个备选方案，而不只是一个。游戏AI用不同的数字表示每种选择的权重，越是重要的选择权重越大，然后通过产生随机数，从这些备选方案中进行选择决定。由于存在随机性，这样就使玩家不可能完全判断出NPC的动作，从而使游戏具备不可预测性。在最后使得游戏中NPC好像已经执行了一个复杂判断之后，做出了某个结论。实际上却不是这样的，玩家不会意识到NPC只是按照事情的重要程度随机选择的结果。这样带有随机性的结果使NPC显得聪明且狡猾。

4. 帮助叙述故事

游戏AI可以帮助展开游戏情节。例如，在RPG游戏中，玩家在浏览城市的时候，可能会发现一旦他试图去接近居民，这些居民会转身跑开，逃到安全的角落避免同玩家的接触。玩家就会有这样的疑问：为什么会发生这样的事情？这就需要进一步探索游戏。

在一些提供角色作为玩家控制对象的游戏中，AI也相当重要。比如在《三国志》这样的策略游戏中，玩家可能有多个不同性格的部下，每个人的特征都可以通过其AI特征表现出来，如每个人的武力值、内政能力及忠诚程度，当玩家给他们不同的职位或赏赐的时候，他们会根据自己的特点进行回答。因此，玩家必须给他们分派合适的任务，如果赋予他们并不同意的任务，他们可能会背叛玩家。AI当然要控制这些情况，这样有助于讲述故事中的各种角色。

游戏设计人员在设计游戏的时候，游戏的故事通常是确定的，设计人员努力使行动结果尽量生动且具有不可预测性，但是同时又希望故事的发展情节和预先设置的相一致，因此游戏中的普通NPC都是用同样的方式来对待玩家角色，而不管玩家做了什么样的选择。如果游戏的AI设计得更好，那么NPC应该为玩家作出不同的反应，从而反映出NPC的情绪。例如，如果玩家在游戏中对NPC作出了不太明智的举动，那么NPC就可能改变对玩家的态度，这样的设计在游戏中可以通过名声指数这样的东西进行评估，从而让故事增加更多的趣味，使游戏具备更大的可玩性。

5. 创造一个逼真的世界

在许多游戏中，玩家可能根本不会直接接触AI本身。游戏创造了一个虚拟的游戏世界，但是玩家习惯于真实世界。因此，用游戏中的对象创造的枯燥的游戏世界对玩家来说不能算一个真实存在。如果给这个虚拟世界加入一些AI因素，如小鸟飞过蓝天、昆虫在地上爬行以及匆匆的上班族，将周边的环境加入游戏世界中，那么对玩家来讲，游戏世界就会更真实。真实程度越大，玩家身临其境的感觉就越强烈。

将周边的环境加入游戏世界也能为讲述故事服务，就像前面提到的，用游戏中的居民状态来表达游戏面临的恐怖事件的例子。

6.8 AI设计

如果计算机游戏像一个即兴表演的电影那样，在那里玩家成为主要人物，游戏中其他人物由AI操纵。游戏设计者要指挥那些由AI控制的人物为玩家提供尽可能的刺激经验，那些 AI 部分的元素不只是玩家可能与之斗争的敌手，也可能是与玩家有关的人物角色。AI 设计是游戏设计的很大一部分。作为 AI 的基础设计，它包含了有限状态设计、模糊状态设计和 AI 编程工具三个部分。

6.8.1 有限状态设计

有限状态设计（Finite State Machine，FSM）是游戏业所使用的最古老的也是最普遍的技术，几乎所有的游戏都或多或少地采用了它。有些人觉得它不足以被归类为 AI 技术，说它更像是一种通用的程序组织形式和思维方法。这种说法也有一定的道理。但 FSM 确实高效实用，是一切更高级的 AI 技术的基础。

简单地说，一个 FSM 就是一个拥有一系列可能状态的实体，其中的一个状态是当前状态。这个实体可以接收外部输入，然后根据输入和当前状态来决定下一步该转换到什么目标状态，转换完成后，目标状态就有了新的当前状态。如此循环往复，实体和外部就这么交互下去，实体的状态就不停地改变着。

具体到应用上来看，大到整个软件程序，小到屏幕上的一个按钮，都可以看作 FSM 实体，FSM 可以表达它们的行为系统。

FSM 有两个特性：一是用 FSM 可以明确地表达 NPC 的行为系统，大部分程序员，甚至非程序员都能毫无困难地理解；二是一旦知道 NPC 的当前状态和输入，就可以判断其反应和目标状态，也就是说，可以准确预测 NPC 下一步的行为。因此，通过 FSM 所建立的是一种确定的行为系统，没有任何不确定因素。

目前，大多数游戏特别是 FPS 类型的游戏的 AI，都是基于上面所介绍的 FSM 技术的。当然游戏中的 FSM 比上面的例子复杂得多，NPC 可能有几十个状态，状态转换法则也更严谨，使玩家在和 NPC 对抗时觉得它们的确不可等闲视之。在编程时，用 C 语言的分支和循环语句就可实现上面的简单 FSM。但复杂的 FSM 一般要用 C++ 写一个通用的 FSM，然后根据不同的外部数据决定 NPC 的不同行为。也可以将 FSM 以矩阵的方式来实现，或将其存储在外部文件中。这样游戏设计师就可以用 FSM 编辑器自己编辑 NPC 的行为系统，然后将其 FSM 存放在文件里，由程序自动读取运行测试，最后再进行修改和调整，而无须程序员的介入。

总结起来，FSM 的优点有：易于理解，易于编程，特别是易于纠错。如果测试游戏时发现 NPC 行动异常，只要在编译纠错时跟踪其状态变量就可以了。采用 FSM 的游戏，NPC 决策速度比较快（因为是确定性的行为系统）。正是由于这个原因，使 FSM 这种古老的技术还在游戏 AI 领域有着广泛应用。像 Epic Games 开发的《Unreal》系列、Activision 的《Interstate’76》、Valve Software 的《半条命 2》等，都是应用 FSM 技术成功的典范。

6.8.2 模糊状态设计

FSM虽然有很多优点，但它也有致命的弱点，就是只能处理确定性的情况。使用FSM建立的NPC的行为系统过于规范了，很容易被玩家识破。于是人们想到了是否能把不确定性引入NPC的行为系统中，这样NPC的行为就有更多变化了。于是另一种方法应运而生，即模糊状态设计（Fuzzy State Machine，FuSM）。

FuSM的基本思想就是在FSM基础上引入不确定性。在FSM中，只要知道了外部输入和当前状态，就可确定目标状态。而在FuSM中，即使知道了以上两点，也无法确定目标状态，而是有几个可能的目标状态，究竟转换到什么状态，则由概率决定。前面所示的NPC的FSM中警觉状态到追逐状态的转换改成FuSM后，可以看到当NPC处于警觉状态时，如果敌人迫近到可驱逐范围内， NPC并不确定是否转换到追逐状态还是躲避状态。根据概率，80%的情况下NPC会进入追逐状态，有20%的情况NPC会躲避。这样，NPC的行为就复杂多了，游戏性也更丰富了。

假设这个NPC是一个比较勇敢的NPC，它在80%的情况下都是勇往直前，只有20%的情况会退缩，而只需要改变FuSM中概率的设定，NPC就可以拥有不同的行为特征。比如，把80%和20%调换一下，则NPC会成为一个比较胆怯的NPC——它在80%的情况下会躲藏，只有20%的情况会迎着敌人上去。而NPC行为特征的改变，只是在不影响FuSM基本结构的条件下，简单地改变其概率设定而完成的。这是FuSM的一大优势，因为这样可以设计几个简单通用的FuSM，然后通过不同的概率设定（或称阈值）产生各种各样的NPC。

Activision公司的《文明》是大规模使用FuSM的典范。游戏中不同文明（种族）之间的差异就是FuSM的杰作。

6.8.3 可扩展性AI

前面介绍的FSM和FuSM都是所谓的“基于规则的AI”（rulebase AI）。顾名思义，基于规则的AI就是说事先要设计好容易理解的行为规则，然后在游戏中NPC必须遵循这些规则行事。而游戏设计师的主要任务就是设计完善的行为规则，调节FSM和FuSM的各项参数，使NPC的行为不至于太弱智。但游戏设计师们大多数编程能力有限，无法直接修改程序。程序员们就为他们设计了一些简单易用的工具，使他们可以毫无困难地修改NPC的行为规则。在早期，大部分这样的工具是以脚本语言工具（Script Language）的形式出现的。它们不是像Visual Studio那样具备完整而复杂的集成编程环境，而是使用简化的编程语言，只有几个语句和数据类型，相当于一个复杂编程语言的子集。使用这些语句所编写的小程序，被称为脚本（Script），用来控制 NPC 的行为。

可扩展性 AI 的鼻祖是 QuakeC。它是由 PC 游戏业里最有名的程序员 John Carmack 设计的一种脚本语言工具，几年前随着《Quake》游戏一同推出。它实际是 C 语言的一个简化版，是为编写射击游戏中 NPC 的行为规则而量身定做的。使用 QuakeC，玩家可以自己设计怪兽的行为规则和战斗策略，也可加入新的武器特性，经过编译，它们可以被游戏采用，这样极大地延长了原游戏的生命。玩家也可把它们上传到网上去和别的玩家交流。这些用 QuakeC 设计生成的怪兽通通被称为 Bots，很快各种各样的 Bots 就在网络上流行起来。其他的三维射击游戏也紧跟其后，推出了自己的肢体语言工具。具有代表性的要属《Unreal》和《半条命》了。两者之间又有不同：《Unreal》的工具更加简单，是基于指令的，输入指令序列和条件就可以了；而《半条命》的工具更类似于传统编程工具，如 Perl 和 JavaScript。

以脚本语言工具为代表的可扩展性 AI 技术，其最大局限性是玩家需要有一定的编程能力。像 QuakeC 这样的技术还是需要花一番工夫才能掌握的，而且也不是所有类型的游戏都适用。提供对脚本语言工具的支持也不是一件简单的事，公司起码需要在网上提供详细的接口信息和文档资料，还得提供一定的热线帮助和客户服务功能，这些都需要金钱和人力，而并不是所有的公司都愿意付出。

目前，AI 程序员们还是处于各自为政的状况，AI 的编程工具（SDK），或者说 AI 引擎的应用还不普遍。近两年有个别公司试图在这方面进行开发，做出商业化的 AI 编程工具供 AI 程序员们使用。

法国 MASA 公司的 DirectIA 是一个基于代理技术的 SDK。这套 SDK 可以用来生成自主代理或自主代理群体，从而使游戏中的角色具有一定的自主学习性和适应性，使它们可以具有感知能力和反应能力。值得一提的是，DirectIA 使用的不是 FSM 和 FuSM 等基于规则的 AI 技术，而是基于生物和认知科学的相关模型。DirectIA 的另一个附带产品是 DirectIA 嵌入系统，这是一个简单化系统，可以集成到硬件上，用到玩具中可以使这种玩具具有一定的智能性。DirectIA 的功能单一，适用面比较窄，它的主要卖点是其自主学习性。

另一个很有名的产品就是 Motion Factory 公司的 Motivate。这是一个从机器人技术和实时控制技术研究成果中转化而来的 AI SDK。使用这套 SDK，游戏角色的动作不是事先预定死的动画回放，而是根据环境和物理法则决定的更加真实的动作。游戏角色的行为不是一堆控制语句，而是一个层次复杂的 FSM 系统。使用这个层次的 FSM 系统，AI 程序员和游戏设计师们可以给游戏角色设计负责的行为规则。这个系统还提供了类似于 JavaScript 的脚本语言工具。但是由于价格的原因和大多数 AI 程序员的抵制，这套系统没有取得成功。现在 Motion Factory 公司已经停止了该系统的开发工作。

总的来看，AI 引擎的开发和推广遇到了不少阻力。但是可以肯定地说，随着游戏越来越复杂，玩家对 AI 的要求越来越苛刻，AI 程序员们再这么闭门造车各自为政肯定行不通了，专业化的高性能 AI 引擎的应用是大势所趋。

6.8.4 AI 的编写

对于游戏中的 AI 设计来说，主要内容包括两方面，即判断条件和对应的行为结果。对于任何一个 NPC 的设计都可以以此为主要的结构划分，根据 NPC 的作用和智能程度的要求，依次分类说明即可。

因为游戏中 NPC 的智能表现在多个方面，所以在文档编写时需要具体说明人工智能是指 NPC 哪方面的智能行为。

流程图的使用是较为常见，也是较好的一种方法，建议多采用。一般怪物 AI 设计图如图 6-14 所示。

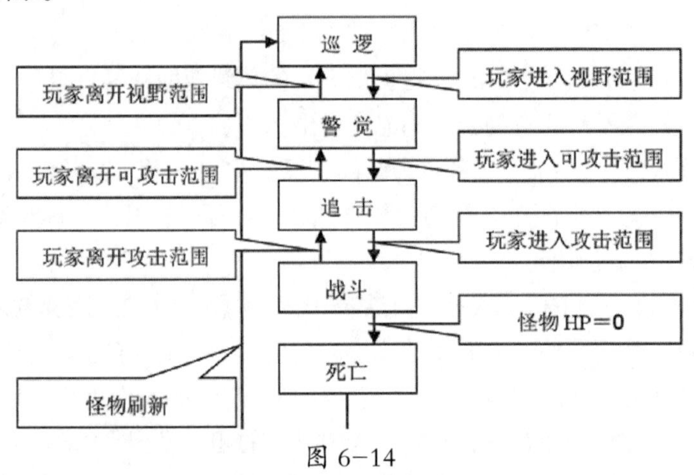

图 6-14

6.8.5 大模型时代，AI 在游戏行业加速落地

2017 年，谷歌提出 Transformer 后，利用大模型学习的 GPT、T5 等预训练模型相继被提出，AI 愈发智能化。具体而言，在训练方法方面，大模型主要分为监督学习和无监督学习两种方式。相较于无监督学习，监督学习会使用带人工标注的数据集进行训练，但随着训练数据量需求的大幅提升，人工标记成本提高，未标注数据 + 少量标注数据的半监督学习法和无监督学习逐渐流行，以更低的成本提高模型智能化水平，提升训

练效率。在开发效率方面，AI大模型在经过微调后，可获得特定、具体的行业知识，充分挖掘AI模型潜力，降低数据需求量和训练时间，进而减少边际落地成本。

近年来，随着自然语言大模型的逐渐成熟，其在游戏领域的商业化落地进度进一步提升。例如，Stable Diffusion可快速创建成场景、道具、武器等游戏资产；Ghostwriter可帮助研发人员设计游戏剧情和对话内容。

AI技术在提升图像、音频、文本、视觉设计等内容生产效率，缩短游戏制作周期的同时，也更容易实现好的创意和那些仅靠人力生产难以研发的游戏，而且，成熟的AI技术使游戏情节、任务、地图等将均可实现由算法根据玩家情况进行特定动态生成，使玩家与玩家、玩家与NPC的交互不再受限于固定设置，以更高的自由度参与游戏世界，游戏内容将极度个性化。

2023年4月11日，国家互联网信息办公室发布《生成式人工智能服务管理办法（征求意见稿）》，从内容生成、算法设计、知识产权等方面提出要确保训练数据的合法性，采取适当措施防范用户过分依赖或沉迷生成内容，保护用户信息等管理办法。在AI技术应用初期，数据安全等问题开始暴露，政策的及时完善可尽早帮助行业完成合规工作，为AI在游戏行业的进一步应用保驾护航。

6.9 道具设计

道具是指游戏中能够与玩家互动，对游戏角色的属性有一定影响的物品。

判断一个物品是不是道具，有两个重要的标准：一是能不能与玩家交互；二是这个物品的使用对角色的属性是否有影响。

与玩家交互是指玩家可以根据角色的行为做出某类动作。道具在角色没有使用的时候，是不会自己进行变化的。

另外，任何一个道具的使用，必然对角色，包括主角和NPC角色的某些属性状态起作用。例如，一个补充体力的还魂丹可以对角色体力的当前值起到作用；一个攻击对手的“霹雳弹”可以对对手的属性状态起作用；一个可以装备的宝剑可以提升角色的攻击力。

6.9.1 道具的分类

在游戏中，道具根据其使用方式不同大致可分为3种，即使用类、装备类和情节类。

1. 使用类

使用类道具的特点是使用后会消失的物品。它又分为食用型和投掷型两种。食用型是指在游戏过程中可以食用，以增加某种指数的物品。一般指药品或食品，像草药、金创药之类的食用之后可以使受伤的身体得以恢复；人参、雪莲之类的吃了之后，可以增加角色的一些数值（如灵力）；大饼、油条之类的，吃了后不会饥饿。

投掷型道具是指战场上使用的可投掷的物品，如飞镖、金针、菩提子，打到敌人后可以使敌人损失 HP（体力）值；毒虫、蛇卵、曼陀罗，打中敌人后可以让其中毒；其他像砖头之类的，都可以做成道具扔出去。

如果是食用型道具，在设计时就要注意，食用一次可以增加多少数值，有的规定一直不变，有的则可以在一定范围内随机增加。也有一些食物，不止可以食用一次，所以就要设定可食用的次数。

2. 装备类

装备类道具，顾名思义，是指可以装备在身上的东西。如果设计的角色有不同的系（种族或职业），那么各系之间的装备类道具也应该不大相同，其道理就如同男式服装和女式服装不可以混穿一样。

图 6-15 所示为《刺客信条：英灵殿套装》中的主角服装。像类似这种 3D 游戏的道具制作中，每一个角色的服装要制作出代表不同等级的造型，因此美术制作的工作量是非常庞大的。

图 6-15

设计这类道具，要详细说明道具的等级、重量或大小（有负重值的游戏要考虑道具的轻重，有可视道具栏的游戏要考虑道具的大小）、数值（加攻防、敏捷等数据）、特效（对某魔法可防、对某系敌人效果加倍）、价格（买进时的价格和卖出时的价格），其他的还有材质（木、铜、铁等）、耐久值、弹药数、准确率等。

3. 情节类

这类道具在游戏的运行和发展中是最不可缺少的。那什么是情节类道具呢？就是诸如钥匙之类在情节发展过程中必不可少的道具。这类道具存在的目的，就是为了判断玩家的游戏进程是否达到设计者要求的程度，如钥匙、腰牌、徽章、某某的信等，在游戏中都是重要的判断因素。有了它，游戏者才可以进行下一步的流程。

6.9.2　道具的获得方式

设计人员在设计各种各样的道具后，同样也需要设计玩家将通过什么手段得到这些道具，在一般的游戏中得到道具的手段有以下几种。

1. 情节获得

与 NPC 角色说话，当你完成某情节后，会给你道具。这类道具多是情节类的道具，或是至关重要的道具。

2. 金钱购买

用玩家手中的金钱，到武器铺、防具铺、道具铺购买，这类道具多为装备类和使用类的道具。

3. 战斗获得

一场战斗结束后所获得的战利品。一般分随机和固定两种：随机获得的道具一般是装备类和使用类道具；固定的多为情节类道具。

4. 解开谜题

此种获得方式在解密冒险类游戏中比较常见，通常作为游戏活动的奖励。通过解开谜题得到的道具通常都是情节类道具。

5. 打造合成

这种类型的道具经常出现在 RPG 游戏中，如用矿石或是其他材料去冶炼屋冶炼自己喜欢的道具。当用原始材料制作出一柄非常强大的宝剑，这柄宝剑甚至还带着魔法，这种快感远远胜于用其他方式得到的道具。

6.10　道具的设计方法

6.10.1　道具编写分类

道具编写时需要注意一个问题，就是在描述具体的道具之前，需要把游戏中的道具按照一定的属性进行分类。每个特定的类别都可以用一个小的标题表示。例如，在装备类道具的大类别中，可以细分为防护类道具、攻击类道具、暗器类道具等，并根据具体情况进行文档组织。

在每个类别中，都要尽量按照逻辑顺序来排列物品或者把它们划分为不同的小组。尽可能根据这些游戏元素的内在逻辑关系进行分组处理，以便所有的开发人员都可以很方便地查找和阅读。

以《魔兽世界》为例。魔兽中的装备按质量级别分类，可分为粗制品质、普通品质、精致品质、珍稀品质、史诗品质、传说品质、神器。游戏中不同质量的装备，会很直观地在装备名称上用不同的颜色体现它们的差异。按材质可分为布、皮、金属；按装备位置可分为头部、颈部、肩部、背部、胸部、衬衣、工会徽章、手腕、手、腰部、腿部、脚、手指、饰品、主手、副手、远程、弹药，根据各装备位置、材质及质量再进行下一步的具体设定。

同时，需要在背包系统中，以界面的设计方法确定具体各类物品的装配位置、操作及要求。

6.10.2 设计内容

在对游戏道具进行分类之后，通常会以表格或结构图的形式在道具设计的开始部分加以说明。确定整体的分类、等级之后，再以详细的表格形式，分别设计各个道具。

在编写游戏元素的道具部分时，至少需要明确下列内容。

（1）道具ID：物品的编号，前期即要确定标号规则。

（2）道具名称：就是这个道具的名称。

（3）道具背景：道具的来历说明，特别是较高等级的道具物品和与情节相关的任务物品。

（4）形象设计：说明道具的整体形象，也可使用参考图片。使用实物图片最好。如果是其他游戏中的或者是资料中的图片，则一定要说明图片的来源，以免误导美术。

（5）获得方式：指玩家通过什么手段获得这个道具。如果是金钱购买，则需要说明其初始的出售和买入价格。

（6）物品等级：此选项主要是指这个物品在游戏体系中所处的级别，通常和它起到的作用相关。

（7）使用效果：这个选项的含义就是这个道具在使用后产生的效果。通常会在详细的表格设计中分类说明其使用效果，如提升攻击力、附加属性等。

（8）装备条件：指哪些玩家可以获得这个道具，或者是在获得道具之后，是否对其进行装备。

（9）物品保护：指物品是否可拾取、交易、丢弃等相关的规则。

实际制作中，通常会通过表格的形式对设计内容进行具体分类。

6.11 道具编辑器

道具编辑器的制作较为简单，将制作好的道具按类放在不同的目录下，使用分级菜单的设计方法，按照道具的分类依次排列。在一级菜单中可以看到武器、防具、药品、食物、合成道具、情节道具等选项。二级菜单将在一级菜单的基础上作进一步的细分。例如：

【武器类】——刀、剑、杖、枪、斧、暗器等；

【防具类】——甲、盔、靴、披风、耳环、项链等。

对应不同的道具有不同的选项：

①若为武器类，有武器伤害力、武器耐久值、武器名称、武器说明、附加属性（有增减）、价格；

②若为防具类，有防具防御力、耐久值、防具名称、防具说明、附加属性（有增减）、价格；

③若为药品类，有作用类型（HP、MP）、作用效果、药物名称、药物说明、价格。

此外，还可根据项目不同的设计，加入是否要丢弃、使用次数、下线是否消失（指网络游戏）、是否可买卖等内容。

对于某些类型的道具属性中，需要设置随机数值。例如，武器的攻击力设置，通常是在某个取值范围内按随机数赋予其数值属性，这样在编辑中就需要设定随机数的范围。在这样的情况下有的道具名称和说明是一样的，但由于是取随机数值不同效果不同，只有中文名称作为具有唯一性的 ID 显然是不行的，这时需要加上编号作为唯一的 ID。在编辑完毕后，只需要存储道具，该道具就会列在游戏的道具表中，以供需要时调用。

不同公司的编辑器会有一些较细微的不同之处，这是根据项目设计不同而有所增减的。这种编辑器的主要原理是，对于美术人员制作好的图，可通过该编辑器赋值，编辑器上的数值与游戏实现后的数值是一样的。

拥有这样一款道具编辑器，在实际的游戏项目开发中，往往起到事半功倍的作用。

节省了传统开发流程中策划部门写道具作用、名称、说明，程序部门赋值的烦琐流程（这样的流程每增减一件道具，都要经过策划和程序两个部门的信息传递，不仅烦琐而且出错率也很高，纠错难度也较大），而这种编辑则大大提高了工作效率，程序部门只需要把编辑器中涉及的数值和属性定义到游戏中就可以了，而具体增减道具的工作则可以完全交给策划部门。

6.12 道具平衡性的考虑

游戏中会使用各种宝物、药物这样的道具，来增添游戏的可玩性。但是，任何物品都是因稀少而珍贵的，因此，越是效果好的宝物应该越少，或者出现概率越低，否则物品过滥就会使游戏变成宝物大比拼，这样就没有意义了。

此外，由于不同的职业或者技能与不同类型的宝物相关，因此宝物出现的概率也涉及职业平衡和技能平衡。例如《传奇》，如果法师的骨玉每天爆几十把，战士的裁决一个月还不出一把，从另一个角度来看，就是变相地降低了战士的攻击。另外，法师的骨玉多了，价格降低，出现法师使用升级骨玉，变相地提升了法师的攻击，同样也会引起职业间的不平衡。

本章小结

本章对游戏元素进行了详细的阐述，总体来讲，游戏元素是整个策划文档中比较庞大的一个部分，同时它也是策划文档中非常重要的一部分。因为在后续的设计中，很多内容都是在游戏元素的基础上建立起来的，所以对于本章节的内容，必须熟练掌握。

本章习题

6-1 以西方文化为背景，设计两款网络游戏中的武器。

6-2 以东方仙侠为背景，设计两个BOSS级怪物。

6-3 分析一款网络游戏中怪物的行为，阐述一下AI设计的思路。

第7章 任务与关卡设计

任务与关卡设计其实有两层含义：第一层意思是在游戏设计过程中考虑游戏情节并将情节中的某些特殊点转化为游戏任务或关卡，它侧重于整个游戏的结构设计，发生于游戏设计早期；第二层意思是使用各种游戏编辑工具编辑游戏任务与关卡，它侧重于任务和关卡本身，发生于游戏开发工作的中后期。本章将分别针对任务与关卡设计的两层含义进行相关探讨。

教学目标

了解情节的结构。

教学重点

- 掌握剧情的设计技巧。
- 关卡的类型。

教学难点

多元素关卡设计的游戏性。

7.1 游戏任务情节结构

游戏情节的运用是游戏设计的一个基本组成部分。没有情节的游戏是一种抽象概念。当然，对某些游戏来说，并不需要很多情节说明，但添加情节之后就会更加精彩。

自20世纪中期以来，人们对戏剧情节的形式和设计都进行了不断的研究。游戏设计师借鉴这些内容，发展出了不同的游戏情节的结构。下面就来了解一下这些结构。需要注意的是，不论什么时候，一个成功的游戏实际上都应该是几种结构的混合体，游戏设计师要能灵活地掌握和使用不同的游戏结构。

7.1.1 直线型结构

直线型结构像一串珍珠一样，在每个珍珠里玩家可以用一种非线性的方式行动，但每颗珍珠的顺序却是不可改变的。在背后推动直线型游戏的思想就是，对于一次游戏经历来说只会有一个可能的结局，但是在每一颗“珍珠”中，也就是游戏中的一个关卡、一次任务或是一段情节里头，玩家还是会有大量的自由，从而构成故事的主线。

举个例子来说，游戏的主要故事背景可能是：“战争的乌云正笼罩在邻国的上空。人们产生了一些疑虑，担心战争可能会蔓延到角色所在的国家，而且边境上的一些城堡已经受到了来历不明的威胁。”这一背景构成了游戏的开始。但是假设当玩家旅途中走下小路去看战争到底进行得如何的时候，他们可能会在路边碰到一个牧羊人。那个牧羊人告诉玩家：“矮人们也正在忙战斗！从他们矿场的一个入口里冒出来一些奇怪生物，那些生物好像在寻找什么，结果矮人和它们打了起来。”

在这个时候玩家们会有一个选择。他们可以继续前进，然后去找出更多的他们刚刚听到的关于战争的东西，或者他们也可以对发生在矿场的这个新内容探究到底，这样或许会找到一些对他们以后有用的东西。而矮人们也可能会因为玩家消灭了那些奇怪的小怪物给予玩家奖赏。

如果接下来，在仔细考虑了一下之后，玩家还是觉得去边境上的堡垒更加重要，于是玩家控制的角色向牧羊人道别，然后继续他的危险旅程，一直到最后到达了暴风悬崖。到达暴风悬崖后，玩家在城堡的城墙外目睹了国王 Adenulph 与将军 Baron Helno 对峙这很奇怪的一幕。周围到处站满了士兵，就好像内战已经被宣布在他们之间展开一样，于是玩家不知不觉地就陷入了故事主线的第二个部分……

第一个重要游戏节点——将军的叛乱，图 7-1 所示的情节间狭窄地带的一些黑点。这是一个过渡瓶颈，是玩家旅途中的一个重点，在这里他到达了游戏故事主线上的一个主要的转折点。玩家到达边境上堡垒的时候，尽管受到远方战争的威胁，不过王国仍然还是处于和平中的。

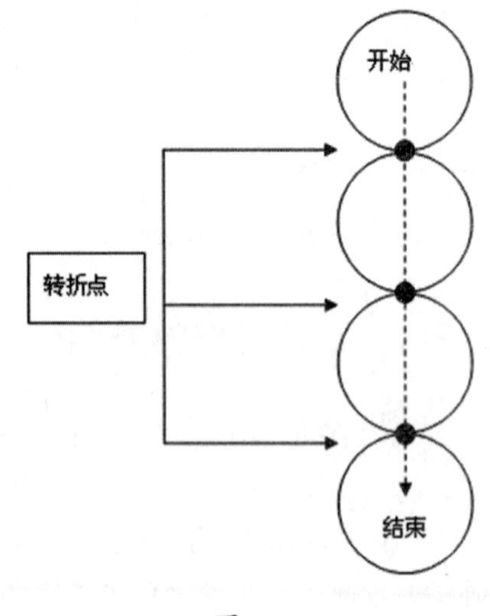

图 7-1

如果玩家愿意的话，他可以一直就在周围转悠而不去城堡，而那样的话主要的故事情节就永远不会向前发展了，情节停下来等待着玩家。但是一旦玩家到达特定的地方，世界就改变了，故事的主要情节就提高了一个阶段。从此以后，这个王国将会渐渐地被内战弄得越来越糟，而这些将会在玩家进入接下来的关卡和情节的时候造成影响。

图 7-1 也是直线型故事结构的图解。用穿过所有游戏内容的虚线来表示游戏的主线。这也就是将要把全部其他的“珍珠”——关卡 / 情节“穿”到一起的主要故事情节。在每颗“珍珠”里头都会有灰色的箭头，它们代表了玩家们可以完全自主地选择在到达他们的结果前的那一些非线性的路线。去矮人矿场的这一次路程就正好是这样的一个非线性的路线。想要选择调查还是停手都完全取决于玩家自己，对于玩家去完成整个游戏来说，其实是并不需要“完成”这个次要情节的。

7.1.2　多分支结构

在大多数方面，创建多分支的游戏，从技术上来说并不比制作那些没这么复杂的游戏更困难。开发小组仍然需要完成同样的任务，但是在计划跟测试阶段还是会有一些小小的不同。因为一个多分支的游戏比起一个严格意义上的线性游戏来说还是会稍微复杂一点，清楚地交流将是重点，而对细节也需要稍微多注意点。

对游戏设计师来说最大的问题将是精确地决定每条线与其他线之间有怎样的主题性分歧，以及在方案中如何才能在不创造那些一次性条目的情况下，实现与多重分支之间的资源共享。如果游戏中 5 条分支中的每一条都有一套完全独立的世界、怪物、魔法、角色、任务及游戏目标，那么游戏设计师基本上要面临的就是创造 5 个完全不同的游戏。虽然玩家们可能会对用一个游戏的钱买到一打小游戏而感到高兴，可设计师们却不会那么激动。创造那些全部不同的分支所需要的资源会变得很昂贵而且难以获得。另外，如果这些分支之间共享了相当多的资源，那后面的问题就会是“如果玩家们在所有不同的道路上看到的只是一点点的不同，那么要那些不同的路还有什么用？”多分支游戏结构示意图如图 7-2 所示。

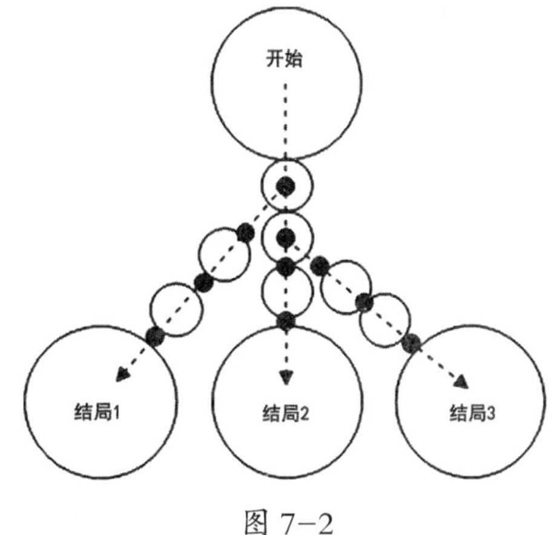

图 7-2

下面用一个简单的故事内容来描述如何实现一个非线性多分支游戏情节结构。故事的背景是欧洲中世纪的一个国家，玩家扮演一名骑士，有一个邪恶的巫师绑架了国王的继承人，玩家的任务是去打败他，夺回王子。

首先整理一下在这个游戏中所用到的角色：我们有玩家扮演的骑士、他的随从、他的伙伴、王子、邪恶的巫师以及大量为巫师效力的鬼怪。其他的一些角色并不需要被提及，因为他们基本上只是配角，与情节的发展没有关系。

所有的故事都需要一个开头，这个故事的开头是，作为主角的他与他的随从在国王城堡中的一个庭院中，你们都刚刚听到王子被绑架的消息，并决定马上出发去拯救王子。这就是这个故事发展的原因。直到现在为止，玩家对这个故事还了解得不够多，有很多的情节隐藏在后面，玩家有充分的可能去经历，去做一些令人振奋的事情，这种模糊的希望使玩家能够沉浸下去。

在开始寻找王子的过程中，玩家发现王子是被巫师手下一个巨大的妖怪给带走了。这个妖怪并不能用一般的方法杀死，传说只有用一把神秘的宝剑才可以杀死怪物。玩家必须做出第一个选择：

①先去获取这把神秘的宝剑（可能会失去救回王子的宝贵时机）；

②不去拿剑，直接去救王子（那么不可能杀死怪物）。

依赖于玩家在这里的选择，需要为故事将来的发展设置两个不同的标志。如果玩家选择①，巫师将有足够的时间派遣他的手下去协助看守人质，玩家拿剑返回后将不得不与大量的怪物战斗作为补偿。选择②，玩家将会面临一个更困难的任务，就是要想出计策去把怪物锁在牢笼内。

这个游戏仅仅刚开始，但是设计师已经能够改变故事的发展过程了，当玩家玩到了一定的阶段，他会发现先前做的选择会如何影响后来情况的变化。这会使玩家觉得这种选择有意义而且合理。这种前后关联的因果关系也是游戏给玩家提供快乐的一个重要部分。但如果这种关联设计得不合理，那么会使玩家感到迷惑，破坏游戏的沉浸感。

在离开国王的城堡后，玩家来到一座已被破坏的城镇上，看到巫师的军队正在攻击一个骑士，而他正是主角以前的一个老朋友，解决了敌军后，得知巫师的军队将要对国王的城堡发动突袭。这时，玩家必须做出第二个选择：

①让他返回城堡来警告国王即将到来的袭击，那么老朋友可能会因再次遇到敌军而死亡；

②让老朋友加入自己的队伍中，来共同对抗巫师，老朋友可能会在这个过程中出力不少。

如果玩家选择了②，那么玩家要面对一个困难的任务——在敌军袭击城堡前去阻击敌军。如果玩家不能有效地牵制住敌军，那么城堡会遭到凶猛的攻击，许多无辜的人会死亡。而补偿是得到了老朋友的帮助，使他在战胜巫师上更有把握。这个选择是“灰色”的，因为玩家的选择牵涉很多人的生死。不过这个选择的设计很好，因为设计者用人类的道德来使玩家陷身其中，他们必须做出一个抉择来影响游戏中这些无辜的人。如果任务失败了，很多人会死亡；但如果成功了，很多人将幸免于难。这种紧密的感情联系使玩家沉浸到游戏中去了。

接下来，玩家已经成功地完成牵制敌军的任务，准备进入巫师的地堡，这已经接近最终和巫师摊牌的时候了。战胜巫师手下一个头目后，玩家可以把他关起来或把他杀死。这个小妖怪会试着与玩家做交易，如果饶它一命或把它放出来，小妖怪会遵守诺言，它将会帮助玩家来摧毁巫师而且把王子送回城堡。如果玩家决定杀死头目，则会使游戏结局改变，玩家最终不会杀死巫师，而是自立为王。

至此，一个多分支结构游戏的简化版就成形了。从整体上看，这个设计还是不错的，但在结尾处有一个我们故意设置的瑕疵，那就是关于自立为王的情节。通过设计分支来加强游戏的变化性，这没问题，但要注意分支的设计不能影响游戏的主题思想。自立为王当然畅快，但它与整个游戏的“忠勇”风格相背离，这样的分支设计就属于不恰当的。

多分支游戏与直线型游戏之间的不同很明显，就是多分支游戏有着若干条不同结果的故事情节的分支。要支持5个不同的结局，开发者不可能有足够的精力与时间去为每一个分支构造令人惊奇的结局。一个简单的方法是，让转折点相对迟一些出现在游戏中，在那时再对游戏进行分支。这样做的意图就是，游戏资源中的重要部分应该被主要的情节共享，一直到它们在接近游戏结束时才彼此分开，减少独立开发的部分。

7.1.3　无结局结构

大量的MMOG（Massively Multiplayer Online Games，大型多人在线游戏）都有一个专有的特点，就是它们都有一个持久而稳固的世界，无结局游戏没有开始也没有结局，它们只有一个让数千玩家们嬉戏、交流、同怪物开战或相互争斗而一直存在的世界。

从进入无结局游戏的那一刻起，玩家们的主要目标就不是为了解决某个世界性的威胁，而是不断地去增强他们的角色。为了成为世界上最强大的战士，玩家们可能会在荒地里徘徊，去杀死那些怪物，或者他们也可以选择成为一个面包师，向其他的玩家出售他的货物。实际上任何玩家想要成为的可能角色，大多数的MMOG中都是支持的，这就让玩家们可以成为“他们自己故事中的英雄”。

在开发这些MMOG的早期，游戏设计师们就意识到标准的故事讲述方法不会有什么作用。如果游戏设计师们虚构出一个曲折的次要情节：一个狡猾的骗子，在他欺骗了头几个玩家去帮助他拯救他那“可怜、多病的老奶奶”之后，游戏就结束了。那些以前受过欺骗的玩家会通过网络留言、即时信息还有其他多样的沟通方式去警告那些新的玩家。这就需要游戏设计师们在创作网络游戏内容时采取一些不一样的方法。无结局游戏

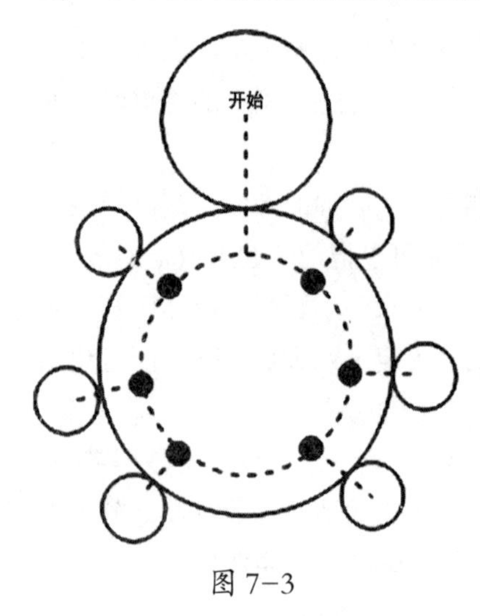

图 7-3

结构示意图如图 7-3 所示。

在摒弃了游戏设计师应该创造出与玩家有关的每件事情这一观念之后，很多 MMOG 的游戏设计师们开始更加注重在设计上保留一定的玩家自由度，这使大多数的游戏情节都可以依靠玩家们的交互作用来创造。比如悬赏任务或自由交易就是典型的依靠玩家交互而存在的系统，这种系统只提供了一个全面的框架，却没有限制具体的内容。这样游戏设计师们可以把精力集中于创造核心性的游戏规则，这就迫使玩家们在游戏过程中自己去创造出他们自己的游戏策略。

7.2 任务情节的设计技巧

不管采用什么样的情节结构，游戏中的情节也是逐步展开的。在情节结构构思好后，游戏中的玩家会按什么样的节奏去经历哪些冒险需要在接下来的工作中确定，这个工作就是情节设计。情节的设计没有模式化的内容，但存在一些技巧。

7.2.1 讲故事的人

对游戏设计师来说，仔细斟酌谁是讲故事的人十分重要。谁才是情节描述背后的核心推动力？是游戏设计师还是游戏玩家？有些游戏设计师认为应该将游戏情节编写成一部名著，并企图将游戏发展的顺序和严格的故事情节强加给游戏玩家。另一种情况下，设计者或许会迫使游戏玩家陷入无穷无尽的、不必要的对话或陈述之中。这样，玩家将不得不从过多的提示中拼杀出一条血路，以便找出有价值的信息。这都会使玩家对游戏失去信心。

游戏与其他娱乐形式的主要差别在于参与的程度。如果游戏者想要看一个故事，那么他会去看电影或读书。当玩家在玩一个游戏时，他们并不想要一个强行向其灌输情节并影响其游戏娱乐性的故事。

那么，“谁是讲故事的人”的答案是什么呢？显然，玩家应该是主要的故事讲述人，他们是表演的明星。他们玩游戏的时光就是他们闪亮的时光，而不是设计者闪亮的时光。因此，游戏应该这样构造：大部分时间中，玩家在讲述他们自己的故事。游戏主题是作者试图表达的一个哲学观念，可以把它当作“定义问题”的工作。游戏设计师可以引导玩家朝设计者预想的主题进发，但不能强迫玩家按设计者的思路思考。请谨记这些警示。

正因为如此，游戏情节设计的第一个技巧是：设计师设计的情节应该框架化，避免太详细，详细的情节要靠玩家自己去实现。

7.2.2　障碍

一个矮小的老人跑进英雄所住的旅馆并对他说："城堡上有一个吸血鬼，你必须去杀了它。"

这样安排游戏情节非常糟糕。应该尝试着这样做：一个胆小的老人进入旅馆，并避开英雄。当英雄问老人什么使他害怕时，老人没有回答，随后他走到一个坐在火炉边的人物那里，并向他祈求什么，但是被拒绝了。"你已经卖掉了它，你必须付钱才能要回去。"那个人物这样告诉他。如果英雄代那位老人付了钱，他将看到那是什么物品——一个十字架。典当商接着说："如果你打算待在这个地方，你应该自己买一个。"

两种版本都不是卓越的文学作品，但是第二个版本要好得多。为什么呢？因为它设置了一个障碍。与直接告诉玩家故事情节相反，英雄或玩家必须自己弄清故事情节，从而实现一种认同。

7.2.3　预示

预示一般发生在游戏还没有开始时的早期情节阶段，即提供即将来临的事情的预测。在游戏中，设计师一般会在游戏开始的介绍性片头动画中使用预见手法来展示将要发生的事情。

在《魔兽争霸Ⅲ》的兽人战役的开场动画中，设计师使用梦境来向玩家预示战争的来临，引导玩家进入剧情：

……兽人族的年轻酋长——萨尔，刚刚从噩梦中醒来，梦中兽人和人类的大战仍然让他心惊，此时，他听到屋外有一个声音在呼唤他："兽人族年轻的领袖，高贵的狼族领袖之子萨尔，若想知道你们兽人族的未来，就跟着我来吧，我将告诉你兽人族的将来。"

萨尔走到山头见到先知—— 一只鸟。

当萨尔来到山顶后，那只鸟化为了人形。"我是麦迪夫，我来到这里是来告诉你们兽人族的未来的，不久以后，可怕的恶魔将会入侵这里，洛丹伦将会成为恶魔的乐园，没有任何其他的生物可以生存于此，你们只有去遥远的西方大陆卡利姆多，在那里才能找到你们新的家园，并且作为你们对抗邪恶的基地。"

"为何我要相信你这样一个人类？"

"人类？哈哈，我早已抛弃了人类的身份了，记住我的话，萨尔，这是你们兽人族最后的机会了。"说完，麦迪夫再次变回了鸟，飞走了。

“……父亲的灵魂告诉我，应该相信这个人，难道，我们最后也得向这块大陆告别了么……”

……

这部分内容看起来似乎更适合放在前面章节所讲过的游戏背景或故事背景中去，但除了游戏开始前适合使用预示手法外，游戏中的恰当预示也可方便情节的转换。例如，当玩家完成第一阶段的任务后，可以通过一些预示手法自然地让玩家到另一个新大陆开始第二段的冒险历程。

7.2.4 个性化

游戏新手可能会认为拯救世界是一个伟大而光荣的任务,因为他们还没有这么做过。但是对于略微有过一段游戏经历的玩家而言，拯救世界就是一个缺乏新意的目标了。作为游戏设计师，也应当认识到这点。

资深的玩家想要得到什么呢？他们想要使任务或挑战变得更个性化。因为当一件事情个性化时，不论是读者还是电影观众或者玩家就会对它更加感兴趣。

在电影《星球大战》里，没有人告诉天行者（Luke Skywalker）他必须去拯救世界。事实上，电影情节要求他必须去做拯救世界的英雄。但是从表面上看，他的目的是帮助一位美丽的公主完成她的祈求。“帮助公主”这个目标个性化了“推翻银河帝国”这样宏大到不可理解的目标。Luke 就这样陷进去了，而观众必须陪他走下去。

电子游戏中最明显的个性化挑战就是“这里究竟发生了什么事情？”，这种效果在《半条命》中使用得特别突出，利用玩家的好奇心自然地推动游戏的前进。

情节设计应该尽量避免按“拯救世界”一类口号性的目标去组织，而应该将口号转化为每个玩家都感到亲切的人性化的“小”情节。

7.2.5 共鸣

激起受众的共鸣，是戏剧、电影中常用的手法。电影导演布莱恩·德帕尔玛（Brian De Palma，作品包括电影《谍中谍》与《火星任务》）曾对共鸣作过生动的描述。他把故事的不同要素比作电线：“当它们足够接近时——轰！你得到了照亮情节描述的火花。相距太远放电是不会发生的；相距太近就会短路而得不到火花。”

游戏也需要共鸣，当玩家与游戏情节发生共鸣的时候，沉浸感会显著增强。想象某个警匪游戏中双方正驾车追逐得不亦乐乎时，突然遇上大塞车，相信一定会让有驾驶经验的玩家感受颇深。

7.2.6 戏剧性弧线

扣人心弦的情节是能够把玩家吸引到游戏中的关键元素。而要构造能够抓住人心的情节就需要通过掌握一定的戏剧手法，其中最重要的是构造冲突。

冲突是优秀戏剧的核心，而且正如游戏是互动的戏剧一般，它也位于游戏系统的中心。有意义的冲突不仅要用来阻止玩家过于容易地实现目标，而且通过创造关于结局的紧张感把玩家从感情上拉入到游戏中。这一戏剧性的紧张感对于游戏成功的重要性与它们对于伟大的电影和小说的重要性相同。

在传统的戏剧中，冲突发生在障碍产生的时候，发生在主角遇到妨碍他们完成任务的障碍时。在这种故事中，主角往往是主要人物。而在游戏中，主角可能是玩家，也可能是代表玩家的游戏人物。玩家遇到的冲突可能是与另一个玩家对抗、与多个玩家对抗、游戏系统中的障碍或者其他的困难。

传统的戏剧性冲突可以分为以下几类，即角色与角色对抗、角色与自然对抗、角色与自身对抗、角色与社会对抗或角色与命运对抗。作为游戏设计师，要用另一种形式将游戏中的冲突分类，即玩家与玩家对抗、玩家与游戏系统对抗、玩家与多个玩家对抗、玩家队伍与队伍对抗等。以这种方法看待游戏冲突可以帮助你将游戏的戏剧性假定和形式系统整合在一起，并加深玩家与这两者之间的联系。

当冲突发挥作用时，为了让戏剧性更加有效，它应该逐级增强。逐级增强的冲突制造了紧张气氛，在很多故事中，紧张气氛在它减轻前越来越增强，导致了典型戏剧性弧线的产生。这个弧线描述了随着故事的发展，故事中戏剧性紧张气氛的量。图 7-4 展示了在典型故事的不同阶段，紧张气氛是如何增长和下落的。这个弧线是所有戏剧性媒体的支柱，包括游戏。

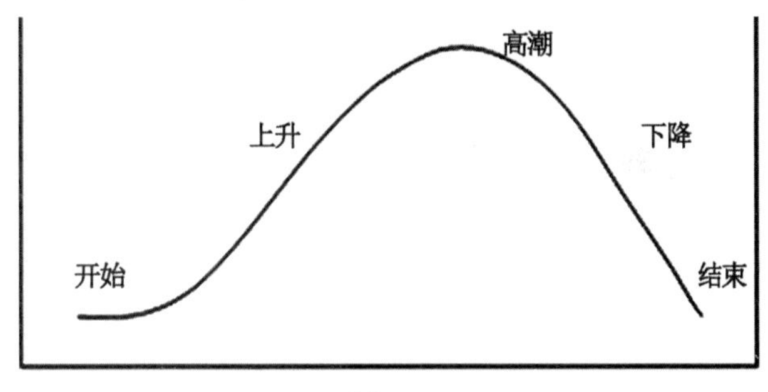

图 7-4

从图 7-4 中可以看到，故事从说明开始，在这一部分引入了环境、人物和概念，这些对于后面的行为起着非常重要的作用。当主角有一个与环境或对手相反的目标时，冲突产生了。冲突以及主角解决这一冲突的尝试，导致了一系列产生上升作用的事件发生。上升作用发展到一个顶点——高潮，在这里有某种决定性因素或事件被引入。在顶点所发生的事件决定了戏剧的结局。在顶点之后是下降阶段，在这一过程中，冲突开始被解决，而在决定阶段，冲突被彻底解决。值得注意的一点是，如果要仔细分析游戏与戏剧在冲突设计上的细微差别，那么游戏的冲突往往下降得更快，具体表现是当最大的BOSS被解决后，很多游戏就立即结束了，虽然片尾动画能延缓这种下降，但其实片尾动画播放的时候游戏交互已经结束了。

7.3 关卡的定义

当游戏情节设计完成后，关于游戏主角的整个故事应该已经完整了。但仅有情节还不够，因为没有任何一个玩家能够一刻不停地将一个游戏全部打完。游戏设计师应该根据情节和冲突的发展去设计玩家玩游戏的“节奏”，也就是将完整的游戏情节拆分为不同的部分，各部分相互联系但又保持独立性。这样做至少有两点好处：一是让玩家比较容易控制玩游戏的进度；二是让游戏开发者可以合理分配开发计划。关卡就是为游戏情节拆分服务的概念。

在游戏中，“关卡”这个术语最初可能来自早期的家庭游戏机系统，在这里游戏流程根据难度的递增被分成几部分，称之为关卡或任务。例如，一旦玩家解决了敌人的第一波进攻，他会认为已经完成了Mission One，而游戏开始进入下一关。

经过逐步的发展，在很多游戏中，“关卡”这个术语和“场景”或者“地图”是同义的。例如，《超级马里奥》中，每一个场景都是一个关卡，而在关卡中玩家的“任务”则是控制角色到达终点。

现在的游戏关卡在形式上有广大的范围，在不同的游戏中，有着不同的定义。从某种意义上讲，单机游戏中，一般把一个场景作为一个关卡来设计。比如，最流行的FPS游戏CS的一张地图，赛车游戏的一个赛道，《吃豆人》中简单的迷宫。

而在网络游戏中，关卡的概念变得比较模糊，由于网络游戏特定的设计模式，有时单独的场景不能被视为一个独立的关卡，或者可以说，整个网络游戏本身是一个大的关卡，这种类型的网络游戏一般是以练级为主的。而另一类网络游戏较多地以任务为主，如《魔兽世界》和《无尽的任务》。在这样的网络游戏中，与某一任务相关部分的地形场景自然也可以看作一个单独的关卡。由此可以看到，组成关卡的要素不仅仅是“场景”，还有“任务”。任务属于关卡的另一个重要组成部分。

关卡是游戏可玩性体现的环境。一个关卡所拥有的特征应当有以下内容：有分界线、有入口和出口、有一定的目标、有一个开头和一个结局或者是很多结局。一般而言，关卡都会有场景、关卡目的（任务）、敌人、AI、谜题、音乐音效等要素。而“任务”中又会包括任务目的、任务情节、任务道具、任务NPC等。

综合以上各点可知，一个关卡实际上就是一个容器，一个适合发生游戏故事情节的容器。

7.4 关卡设计要素

一般的关卡可以由以下几个要素组成。

7.4.1 目标

一个关卡，要有一个目标，即希望玩家通过此关卡而达成的任务。一个关卡的任务目标可以由一些子目标所组成，子目标相互之间成为串联或者并联关系。不管是哪种目标，都应该明确、简单。

7.4.2 情节

情节和关卡之间的关系可以多种多样。可以通过过场动画交代情节背景，特别是通过过场动画使玩家明确一个关卡的任务，更可以在关卡进行中加入情节要素，使玩家在游戏过程中得到某种惊喜或者意外。关卡是为情节服务的，情节需要在关卡中得到体现。《AI：梦境档案》过场动画如图 7–5 所示。

图 7–5

7.4.3 地形

地形是关卡最重要的组成部分，是指室内或者室外的建筑和地貌。地形为情节的发展提供了空间，如图 7-6 所示。

图 7-6

7.4.4 对手与 NPC

关卡是对玩家的挑战，各种敌人在关卡中出现的位置、次序、频率和时间决定了游戏的节奏和玩家的手感。早期动作类型的游戏中，敌人不具有智能，其行为被预先设定得死死的，每次都在同样地点或时段出现。游戏设计师则具有完全的控制能力，通过细心调节，可以完全设定各种敌人出现的位置、次序、频率、时间，力求达到最优，游戏性的实现很大程度上就是这种控制和调节的结果。《东方异文石 - 爱亚利亚黎明：再造》中关卡布怪如图 7-7 所示。

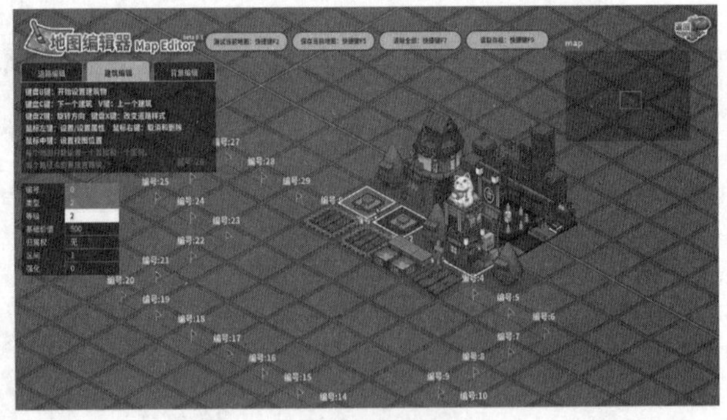

图 7-7

3D 射击游戏问世后，NPC 的概念得到发展，AI 技术越来越多地在游戏中被使用。敌人出现的时机和行为不再被事先固定，而是在一个大的行为系统和 AI 的指示下产生一定的变化，但这给传统动作游戏带来了一些麻烦，因为游戏设计师这时已经失去对关卡中敌人行为的完全控制。如何与 AI 程序员合作，利用有限的控制去实现最优效果，使游戏既富于变化，又具有良好的平衡性，是新一代关卡设计师面临的挑战。

7.4.5 物品

物品包括武器、加力装备、补血物品等。从游戏性的本质来看，物品和敌人NPC在关卡中起相当的作用。在关卡中，各种物品的安排和布置也可以对游戏的节奏和游戏玩法起到很重要的平衡作用。这些物品的安置完全是靠经验通过不断的调整才能获得最佳效果。玩过《雷神之锤》的玩家都了解，赢得比赛胜利的关键就是能否牢牢掌握地图内的关键武器和护甲的刷新地点。

7.5 关卡制作过程

本节之前所讲的内容应该由主游戏设计师去完成，他们设计游戏的情节，并将其分解为不同的关卡，而后他们会将工作成果写入游戏策划案，至此他们的大部分设计工作就结束了。从本节开始关卡设计进入了一个新的阶段，新阶段的工作由关卡设计师完成，他们将根据主游戏设计师编写的策划案去完成各种关卡的实际制作。

不管游戏是什么类型或者运行于什么平台之上，关卡设计师们都是主要依靠视觉及声音效果来创造可信有趣的游戏世界，直到设计出、创造出世界中的丰富细节与现实世界相当为止。正如一切设计活动一样，关卡设计需要一个流程。设计流程的作用是保证每个关卡按时完成，使其质量具有连贯性，并且利于协作交流。

7.5.1 确定目标

关卡设计的第一步是确定目标。目标基于任务，也就是前面所介绍的一个关卡要玩家达成的任务。目标是从设计者角度看问题，而任务是从玩家角度看问题。要从多角度、多方面分析玩家完成目标的结果和难度，如“此关卡一般水平玩家将费时10分钟”“此关卡将使玩家得到XX宝物”。

除了确定目标外，还需要初步了解技术上的限制，如材质文件的大小、多边形数量的限制等，除了技术上的限制外，还有其他非技术的限制，如进度要求。目标和限制相互作用。设计者要动用一切手段达成设计目标，但各种技术上和非技术上的限制使设计者必须做出判断和一定的牺牲。所有的设计活动都是两者牵制作用的结果。

7.5.2 概念设计

在明确关卡的总体目标和具体限制后，就进入概念设计阶段。一般是由所有组员，包括关卡设计师、美术设计师和程序员聚集在一起，就关卡的地形地貌、标志性建筑、关卡中的各种物品、敌人的特性等进行讨论，在白板或者纸上迅速地进行勾画。在集体讨论阶段，鼓励各种奇特的想法和点子，所有的想法都可以提出。对这些想法，不要马上做出取舍和判断，而是记录在案，留到最后加以评估。

在集体讨论后，关卡设计师得到很多好的想法和启发。他把那些想法进行初步的取舍和综合，把设计师头脑里的设想具体化、可视化，在纸上或者其他媒介上表达出来。如果关卡设计师自己就具有很好的速写能力，他可以自己动手。如果设计师本身没有美术技能，他需要和美术设计师紧密合作、相互交流，共同把设计师头脑中的想法描绘出来。

这阶段关卡设计师和美工可以使用概念速写、二维平面图、对关键地段的不同角度的整体效果渲染图等手段来完成关卡的原型化或称可视化（Visualization），即看到关卡的样子。

在各种概念速写完成后，整个小组可以进行初步评估。全体组员坐在一起，利用各种图片，在关卡设计师的讲解下，把关卡整个评估一遍，评估对关卡的整体感觉，发现一些明显的问题和疏漏。

7.5.3　制作

经过反复几次概念设计和概念评估后，关卡设计师可以开始在计算机里使用关卡编辑器构建关卡了。一般来说，每个公司都有自己的美工制作流程。制作流程规定，关卡设计师和三维美工（制作三维模型）、二维美工（绘制材质）必须做好协调工作，前后衔接，流水作业。Cocos Creator 的关卡编辑器如图 7-8 所示。

图 7-8

7.5.4 测试

关卡设计出来后，必须经过不断的调节和测试，以求达到最好的效果。三维关卡场景基本成型后可以进行对视觉效果、空间效果的评估，将关卡浏览一遍，感觉是否美观流畅。当敌人及其 AI 脚本集成后，则进行更复杂的可玩性测试。

7.6 典型竞赛关卡结构分析

在现在的 FPS 游戏中，由 ID Software 开发的《毁灭战士》（Doom）所开创的死亡竞赛（DeathMatch）模式游戏无疑是最受欢迎的，下面简单介绍这一最为典型的关卡类型。因为死亡竞赛关卡只提供玩家竞赛的空间，没有情节，所以在这里关卡也常被玩家称为“地图”。

死亡竞赛游戏关卡的风格基本上有 5 种，即竞技场型、循环型、直线型、定位型和主题型。当然，同一张地图可以同时拥有多种风格，不同的风格有时也具有相同的特征。

7.6.1 竞技场型

简单地说，竞技场型关卡通常有一个中心地区，集中了大部分比赛或是战斗，并且大部分走廊和通道都是通向这个中心地区的。竞技场型关卡示意图如图 7-9 所示。

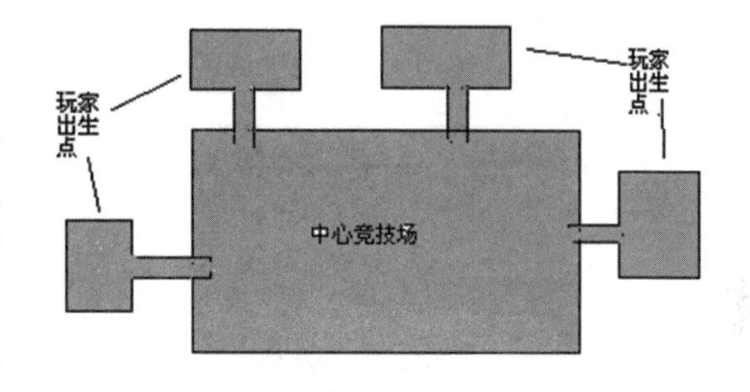

图 7-9

这种类型的地图很少再有其他重要的空间或区域，竞技场型的死亡游戏十分集中和精确，地图也很容易掌握，玩家很清楚自己的位置，不会在通道上迷路。这种地图节奏快，分值高，但很快就能达到。《DOOM II》中的地图 MAP07 就是这种类型。

设计者要注意的问题是，尽量不要使竞技场的建筑过于复杂。因为战斗频繁，所以速度要快。复杂的建筑能美化画面，但却会让游戏速度减慢，所以要让这个区域建设尽可能地简约明了。

7.6.2 循环型

顾名思义，循环型地图是指地图设计是循环往复的，这是一种使玩家在主要通道上不断回转而无须停止的地图类型。多出现在射击类、竞速类的游戏中，如图 7-10 所示。

这就要求游戏场景中的死胡同尽量少，最好没有。核心地方的入口、出口都要尽可能多，以确保玩家在游戏中行动自由。同时双方的装备配置要尽量合理，使力量持平。

图 7-10

7.6.3 直线型

直线型地图主要出现在跑酷、竞速、动作、军事等类型的游戏中，操作部分多是在道路上，如图 7-11 所示。建筑物变成了路标，指示玩家所在的位置。空旷的野地和宽阔的大道都是玩家进行角逐的好场所，甚至武器装备也会决定玩家的进退。如果只有抵达道路尽头才能实现游戏的目标，那么玩家将不得不进行一次冒险旅行。

图 7-11

7.7 关卡设计的原则

关卡设计与制作是非常有创造性的工作,但创造性的工作并不意味着可以完全自由,关卡设计工作中有一些原则应该遵守。

7.7.1 明确目标导向

关卡设计的首要因素是每关的任务。没有明确的任务,所有的内容也就没有意义了。对于关卡设计来说,目标的实现要明确,在关卡里要做什么和怎么做都要有清晰的表达才行;否则玩家只能在关卡里面漫无目的地游走而不知所措,这对于关卡设计来说是彻底的失败。正如游戏《半条命 2》的关卡设计师马克·雷德罗所说的那样:“没有明确的目标,所做的一切都毫无意义可言了。关卡里的每样东西都应和关卡的任务关联,即使迂回曲折也始终都要考虑游戏的娱乐性。”

7.7.2 注意关卡步调

步调是冲突和紧张感的节奏,它遵循前面讲过的戏剧性弧线的模式,就像我们经常在故事和电影中看到的。不安感在玩家一步步发现问题中逐渐展开,直到高潮出现前都一直持续紧张,最后危机解除,玩家感到一身轻松。

因为游戏是互动的,要在关卡中引入一个特定的步调显得特别困难,玩家总是背离设计者的初衷。他们可能不按设计者的规矩办事,或者是消磨太多时间。关卡设计师需要在不将互动性消磨殆尽的前提下对这些情况做出预防或是改善。

一种控制节奏的方法是可以在关卡中放入人为的时间限制,如限制任务完成时间、解谜的倒计时或者是回合时间限制。也可以放入实时的时间限制,如特定的敌人或援军到达特定地点的时间点,或是敌人最终击垮防御的时间点。时间限制所能带来的紧张感是玩家能够立刻察觉到的,时间限制能够迫使玩家更快地移动。

在空间上,限制玩家在一个回合内能够移动的距离或是移动的速度也能够极大地影响游戏节奏。一般而言,地形会影响速度。比如,在沼泽地形中,单位的行动速度较低,而在高速路上则行走如飞。为单位提供不同的移动速度或是移动上的限制也能够影响游戏节奏。举个简单的例子,给玩家一个缓慢的重型坦克会迫使玩家的整个队伍服从这个速度,而要求玩家护卫一个移动飞快的单位则会迫使玩家加快速度。

也可以依靠改变敌人的速度来改变节奏。比如,在一个卷轴游戏里面,BOSS 可能被设定得移动很快或是很慢,玩家一旦与 BOSS 的速度不一致就营造了一种紧张感。使用不同的方法来控制速度,设计师就可以在关卡里面控制玩家的节奏。

7.7.3 逐步展开内容

要想让玩家长久地留在游戏中，就要一点一点地把游戏的资源展现给他们。游戏的资源包括地形物体、敌我单位、科技树、谜题等。所有游戏的资源都是逐步提供给玩家的，而非一下子全都拿出来，以保持玩家进入下一个关卡的乐趣。

在关卡设计中，应该对关卡中可能出现的新东西进行一定的指导，努力将这些新东西作为你的关卡或是玩家的游戏过程中的核心部分。对这些的介绍应该是显著且生动的，想办法描绘出它们独一无二的面貌。资源介绍得平淡无奇会让玩家离开这个游戏。

例如，如果想在游戏中引入一种新技能，可以使玩家隐身，就应该保证隐身的技能会成为这个关卡中的关键部分。如果想引入一种会飞的敌人，就安排一个场景，在这个场景内只有这种怪物在攻击玩家，以便突出“飞行”这种能力的优势。如果想引入机枪，就让玩家必须使用这种武器来应付大量的敌人，玩家很快会发觉这种武器同他手上拿着的步枪有什么不同。

关卡内资源的位置有特殊的重要性。所布置的特殊物品、战利品为玩家指明了前进的方向。位置的摆放常常构成对玩家的挑战。用心设置的物品，如炮塔、桥、炸弹等，能够让玩家在整个关卡中保持探索的乐趣。《赛博朋克 2077》中沃森区某场景内宝箱位置的安排就具有一定隐蔽性，它给玩家带来了挑战性，提供给他们游戏的乐趣，如图 7–12 所示。

图 7–12

7.7.4 控制任务难度

关卡设计师的工作需要巧妙地挑战玩家。一个关卡，一帆风顺就可以通过的话满足不了玩家，所以必须提供可以考验玩家勇气和智慧的内容。要迎合不同的需要，既包括普通的玩家，也包括了对这个游戏十分熟悉、具有高级技巧和知识的核心玩家。

一般来讲，在最初几个关卡，玩家学习如何玩游戏，因此这些要容易一些；很多游戏的第一关叫作训练关，引导玩家进入游戏。而最后的关卡应该是最难的，需要玩家使用高级技巧才能通过。

在一些游戏中，关卡被集合成关卡组，就像一个军事行动中的许多任务、地牢中的许多层、星球上的诸多地区。考虑到关卡组的难度总是递增的，一个关卡组中最后一个关卡的难度通常比下一个关卡组中第一个关卡的难度高。这是为了给玩家一个缓冲的机会，让他们明白在上一个关卡组的末尾他们达成了非常重要的目标。玩家们还没有准备好立刻进入紧张状态，所以要给他们时间来喘息。

玩游戏的大量玩家的技巧不一样，设定关卡难度的唯一的办法只有取中庸之道。玩家的一般水准就是设计关卡的起点，在此基础上关卡设计师可以决定低难度的关卡及高难度的关卡应该是什么样子。

如果在测试时，发现某个关卡的难度与游戏当前进度不符，即使它在其他方面设计得很好，但它会让之前或是之后的关卡显得太难或是太容易，就必须改变这个关卡的难度，或是调整此关卡在游戏中的位置。

7.7.5 善用任务提示

不要指望所有玩家都会通读游戏中的对话或是任务说明。不要认为他们的观察技巧、预知能力或是逻辑推理能够使他们明白他们应该在关卡中做什么。玩家要知道正在发生什么以便做出反应。俗话说，“耳听为虚，眼见为实”，在关卡设计方面确实如此。醒目的标志提示、场景任务地图、物体摆放方式可以帮助设计师告诉玩家很多东西。

例如，某个任务中，玩家在河边，敌军在对岸执行护送任务。玩家必须在敌军脱离之前摧毁他们，使用快速的跳跃或是抓住战略要点是完成任务的关键。如果任务一开始，玩家远离河边和敌人，如果玩家没有阅读任务说明或者是不喜欢看小地图或是任务目标，那么玩家将没有任何关于目标的线索，也不知道如何是好。直到玩家探索、发现并进行一些战斗后，玩家才会明白自己失败的原因。可能玩家会再试一次，不过也可能就会直接退出。当玩家一开始便能够在视野中看到敌人时，一切都不一样了。现在玩家看到了目标，发现了河对岸的问题。然后会试图过河——了解到敌人会因为试图攻击玩家而减慢速度，玩家会同敌人展开一场渡河竞赛，并在他们逃离以前截住他们。所有的目标和游戏的核心玩法都在数秒内不通过任何语言，没有任何混乱地传达给了玩家，仅仅是依靠视野、位置和敌军的行动。

7.7.6 满足玩家的期待

根据在生活中所看到的或听到的，甚至是受电影的影响，玩家们会对游戏的关卡有所期待。对于玩家而言，游戏中的一个个关卡意味着乐趣和挑战，所以要注意玩家的期望。

玩家的期望在他们经历过一些关卡、看到设计师所提供的信息后，被逐步地建立起来。如果给玩家建立了一定预期却没能实现，这个关卡就会让玩家的游戏逻辑产生混乱，变得让他们无法理解。例如，玩家被系统告知自己正处于一座城市之中，但是在探索过程中却看不到一个人，这时，他们就会变得困惑不安，会产生是否走错地方的想法。除非设计这段关卡的目的就是要让玩家吃惊，否则最好是改变任务描述或者放入一些人物。再比如，在一些好莱坞大片中，科学怪人的实验室总是杂乱无章，且藏在诸如山洞、地下室等奇怪的地方，这也会对玩家的行为、认知产生影响。游戏设计师应该综合考虑这些因素，做出符合玩家期望的关卡。

7.7.7 时间就是质量

需要验证关卡质量的时候，没有什么比测试更可靠。对关卡的测试应该是一个始终进行的过程。在开始制作关卡时就应同时开始测试，这样可以节省大量用于返工的时间。测试所花的时间实际上是游戏关卡设计师给他们的关卡进行不断改进的时间。套用一位伟人的话，可以说，任何“优秀的关卡＝ 1% 的灵感＋ 99%的汗水”。

在关卡测试中应当仔细观察其他人尝试打通关卡的过程。这样，可以看到玩家对游戏的反应，而且可以观察玩家是否达到了游戏关卡想要达到的效果。

对玩家测试的观察，帮助关卡设计师了解对于普通玩家而言这个关卡有多困难。也可以借此发现关卡中哪些地方乏味或存在困难，发现关卡为玩家提出的难题还有哪些意料之外的解决方案，这些捷径是将关卡变得更困难还是更简单。总会有一个玩家能够找到关卡设计师没有想到的办法来完成游戏任务，当遇到这种情况，玩家会提供给你改进关卡的最好建议。

在一个关卡花的时间越多，这个关卡就越有可能变得更好。伟大和好之间经常只有微妙之差，所以将更多的时间投入进去是值得的。

本章小结

关卡设计工作让人快乐的地方就是可以让一个设定或是一场战斗变得完美。本章探讨了情节结构设计、情节拆分、关卡设计的全过程等，并通过对典型的竞赛关卡结构和关卡设计原则的分析，努力使读者了解关卡设计的精华。

本章习题

7-1　游戏任务情节结构有哪几种典型类型?

7-2　为你设想中的游戏设计情节结构并拆分成关卡，写出关卡概要说明。

7-3　列出你曾见过的最好的3个游戏关卡，分别分析它们的优点。

7-4　为你设想中的游戏编写关卡详细说明，要求设计出大部分细节。

7-5　关卡设计的原则有哪些?

第8章 游戏规则设计

牛顿是不是真的因为被一个苹果砸中了脑袋才发现了万有引力，我们不得而知。但大家都知道的是，如果把一个苹果丢向空中的话，它就肯定会在一定时间里掉回地面上。由此推断，我们还可以知道如果有人把一个网球、一辆汽车甚至是一幢房子抛向天空（如果可以拿起来的话），它们绝对全部都会依照物理定律所确定的轨迹重新回到地面上。

这说明稳定且易于理解的规则往往可以让我们在这个现实世界里生活得更加合理。同样的道理，好的游戏规则也可以帮助玩家们知道游戏世界是如何运转的，同时还能向他们提供一个空间，让他们在规则范围内提高在游戏中的各项技能。如果玩家们感觉到游戏设计师是一直都在坚持实施一贯的规则，他们就会相信游戏设计师是在公平地对待他们。

教学目标

了解游戏规则和游戏系统的联系。

教学重点

●战斗规则的设计技巧。

●经济规则和理论在游戏中的应用。

教学难点

游戏规则设计平衡性的把握。

8.1　规则体系

为了创建一个游戏而将各种规则合成一个整体将是一项复杂的工作。游戏设计师需要做的是为虚拟世界构造规则和基本运行原理。游戏设计师应该开发一个相对完善的规则系统，它在游戏的任何角落都可以起作用，而不仅仅是局限在一些特定的情况下。

需要为游戏开发的规则其确切数目及类型都是不确定的，而最大的决定性因素取决于游戏设计师希望玩家得到多么丰富的经历。玩家在进行游戏时所要经历的每一件事，游戏设计师都应该给出它们的运作方式。如果玩家的角色能够爬上墙壁，那么在怎样的情况下他才可能做到呢？玩家要想做到这个是不是还需要什么特殊的装备或者是技能？当玩家开始爬的时候会不会从墙上摔下去？这些都要给出确定的规则。

作为建议，本章将会给出一些不同种类的规则，正如在本书里曾说过的一样，这些虽不是绝对应该加进每个游戏中去的全部必需的东西，但是它们却是每个设计师都应当关注的。这些规则包括世界规则、角色规则、战斗规则、经济规则、魔法 / 技能规则和AI 规则等。

8.1.1　世界相关规则

一旦游戏设计师让玩家在游戏世界里放任自由，那玩家就会乱动几乎每一件他们所能看到的东西。当玩家发现一扇门，他们会试着踢一踢、敲一敲或者干脆把它烧掉。如果在空地上有一棵树，他们会试着爬上树干，这样他们就可以对周围看得更加开阔。如果在墓地里有一块墓碑并且在游戏中又给了他们一把铲子，仅仅只是为了看看游戏设计师是否真的在那个洞里面埋了什么人，他们会设法把尸体挖出来，如果设计允许，他们甚至还会在程序里抢掠尸体。

为了让玩家能够更好地融入游戏世界里，游戏设计师需要处理各种很寻常的问题。比如，如果一个角色走进一个圆桶里会怎么样——它会不会移动？如果一个物体被撞击而发生移动，那它会不会表现出惯性？玩家可不可以把大石头从山上推下来，推到那些没有防备的敌人身上？游戏设计师要能够站在玩家的角度去考虑他们想要做些什么，以及怎样才能给他们一些体验。

在游戏规则的设计中需要考虑的另一个因素是环境如何影响玩家。在你的游戏世界中能不能够下雨，如果可以，又将对角色产生怎样的影响？下雨会不会让地面变得泥泞，这样会不会因此让跋涉变得更艰难，又或者会不会因为太滑而无法行走？玩家的角色会不会因为环境因素而被淹死或是中毒？在你的游戏世界里是否还有其他因素可能会威胁到玩家，或者可能向他们提供一些他们所需要的重要资源？

总之，在设计游戏规则时，逻辑要严谨。而规则所体现的内容应符合人类认知，这样才可以让玩家沉浸在游戏当中。

8.1.2 角色相关规则

另外还有一组规则，游戏设计师无疑会花很多时间在它上面，那就是控制游戏中的角色怎样进行他们虚拟的生活。角色需不需要吃饭或者睡觉？角色重新恢复在战斗中所失去的生命点数或者魔法/技术点数的速度有多快？游戏中的人物会死吗？如果会，那他们可以再度复活吗？

在RPG游戏的开发中，最重要的规则是游戏的角色升级规则。经验点的增长有多快，当玩家控制着一个以上人物角色的时候那些经验又将会被如何分配？这些是角色规则的核心。通过语言与经验计算公式的结合来描述角色的升级规则是不错的办法。例如，策划案《生存》中：

……

第二章 角色

3. 等级与经验

角色具有两个等级，一个是“角色等级”（Character Level），一个是“职业等级”（Job Level）。前者表示这个角色是多少级的，后者表示这个角色扮演着多少级的职业。

比如，我有一个53级的角色，他是个36级的法师；在我转职成为牧师以后，我的角色还是53级的，而我要扮演的是个1级的牧师。

3.1 获得经验

（1）普通情况

怪物的属性列表中记录着杀死这个怪物可以得到的经验值，如果玩家独立杀死它，就可以得到100%的经验值。

（2）多玩家杀死一只怪物

按照玩家对该怪物造成伤害的比例，将该怪物的经验值分配给每个对它造成伤害的人（假如玩家甲，一共砍了60%的血，那么他得到60%的经验值），但必须是在同一屏幕内的玩家。如果有一个玩家对该怪物造成了伤害，但是他逃跑了，出了这个屏幕，那么他是无法得到经验值的。

（3）玩家杀死跟自己不同等级的怪物时，经验值的分配比例

最后得到的经验值 = 怪物的经验值 ×1 /（|玩家等级 − 怪物等级|+1）

（4）团队分配

队长可以设定这个队伍的经验值是“各自取得”还是“平均分配”。各自取得很好

理解，就是我杀的怪物得到它的所有经验值；平均分配就是我杀死怪物后的经验值平均分配给我屏幕以内的所有队员。

3.2 角色等级提升

角色等级提升可以获得 1 点属性点，可以加到任意一个属性上，使之提升。

……

下面就来详细说明角色升级系统的相关规则设定。

升级系统可以称为所有角色扮演类游戏的核心系统。特别是对于主流的网络游戏MMORPG，升级系统就是游戏进程的体现。而且对于以"角色成长和扮演"为主要表现形式和内容的 RPG 类游戏来说，其重要性可想而知。

不同的游戏类型对于玩家扮演的角色技能要求是不一样的，有些游戏类型对技能的要求是与现实生活相一致的。比如，动作类游戏要求玩家的操作动作迅速、灵活、熟练；经营策略类游戏则更多地要求玩家运用自己的智力；实时战略类游戏一方面要求操作熟练，另一方面要求智力和技巧。这样的游戏通常具备比较好的耐玩性，因为玩家需要不断地训练自己。但是训练是需要过程和时间的，因此玩家会反复玩这些游戏。对于这些游戏类型来讲，必须考虑提供难度不等的关卡，以便新手和老手都能很好地玩这些游戏而不感到厌倦。

而另外一些游戏需要玩家训练的是一种虚拟技能。虚拟技能与真实技能是不一样的，不是每个玩家都可以具备真实的技能，但他们却都可以具备虚拟技能。在 FPS 类型的游戏中取得好的成绩，涉及玩家自身的状态和刻苦程度，毕竟游戏是为了娱乐，而为了竞技目标刻苦训练的玩家实在是少数。但一般来讲，只要玩家花费一定的工夫去玩游戏，就会在玩的同时达到一步步掌握游戏中高级虚拟技能的目的，这也是一种成就感。

在追求虚拟技能的游戏中，玩家角色的成长是按照下面的步骤进行的：

获得经验值→升级→提高属性

但是，经验值为多少可以升级，升级之后战斗能力能得到多少提高，这就是游戏设计人员需要考虑的事情。

游戏设计人员首先需要考虑游戏中一种类型的技能所能达到的最高能力是什么样的情况。例如，武侠类游戏中的某种武功技能最高级别的伤害能力、防护能力；战略类游戏的最高级别，如武将的带兵数量上限、策略能力等。当然，这个时候就需要根据不同技能之间的关系进行协调，如同样级别的最好攻击技能对同样级别的最强防御技能是什么情况，这也是一个平衡问题。否则，如果防御的效果太好，大家都使用防御技术，那战斗就没有了趣味；而攻击的效果太好，大家都学习攻击技术，那么在游戏中取得胜利的偶然性就太高（先攻击的占优势）。

不同的游戏在技能和级别上有不同的考虑，有的游戏将级别和玩家角色相联系，玩家只有一个或几个类型的级别。而另外一些游戏则对不同的技能分别设置级别，这时级别的设置就有了细微的差异。

考虑好最高的级别后，就可以按照线性的原则平均划分级别。比如可以将级别划分为0~100，这样做可以让玩家在游戏中多次升级，不断提高级别，不断唤醒玩家兴奋点。然后接着设计在某一级别下技能的具体能力，如攻击力和防御力。原则上，由于级别基本是线性的，具体技能也应该是线性的：在低级级别下能力弱，在高级级别下能力强。但是，为了区分出不同技能的差异，可以定义某种低级技能在达到一定的高级级别后，能力不再增加，而高级技能在低级级别下无法学习。如果每项技能都有自己的级别，还可以定义一些特别的技能，让其以一种非线性的模式发展，如在低级别下能力较差，而在高级别或者一定条件下就有很强的能力。但是对于这种非线性的设计，一定要考虑不能过于偏离基本的级别限制，否则整个游戏的平衡性就被打破了。

通常来讲，高级技能的种类应该比较少，而且在玩家开始玩游戏时不容易学习，或者因受到限制而根本无法学习，这就避免了玩家都去学习高级技能，而低级技能则成为没有用处的摆设。

在游戏中设计玩家升级所需要的经验是一个困难的问题，因为要涉及几个因素，包括玩家战斗经验的获取情况、玩家敌人的设置情况以及游戏类型的影响等。

玩家升级对于不同的游戏，应该遵循以下不同的原则。

（1）单机游戏。应该让玩家在花费大致相同的时间和精力的条件下升级，在达到和接近最高级别时，玩家应该完成整个游戏，这样就能以最佳的模式完成整个游戏。在整个游戏中，玩家不断受到升级的鼓励和刺激。

（2）网络游戏。级别越高，升级越难——最高级别对于玩家来说基本上是不可能达到的。因为网络游戏是很多玩家在一起长期玩的游戏，游戏中不能积累过多的高级别游戏玩家。

因为随着玩家级别的提高，攻击力也随之提高，那么对敌人的伤害能力也相应地有了提高，所以游戏设计人员需要给玩家安排更厉害的敌人。这时关于经验的获取就有了不同的安排，一种情况是随着用户级别的提高，玩家与低级别的敌人战斗得不到经验值，与高级别的敌人战斗则能得到类似大小的经验值。但是这么安排，玩家就会老是感觉得到的经验值相同，没有升级的感觉（这种情况在网络游戏中还是比较常见的）。因此，更简单的是考虑战胜高级别的敌人能得到更高的经验值，让玩家能感觉到自己的经验在迅速积累。

具体的升级情况，还需要在游戏开发完成之后的测试过程中，对这些值的参数进行一定的调整，以便真正符合具体的情况。

升级系统的设计内容主要包含以下几个方面。

1. 整体级别的设计

这方面现在主要有两种思路。

（1）完全以等级的高低来划分，最高级基本上不可能达到，如早期国内市场的主流韩国游戏基本都采用这种设计方式。

（2）等级上限较易达到，更核心的内容是游戏的其他机制设定。例如，《魔兽世界》现在的满级是60，而到达60级大概需要不到两个月的时间，而满级了只象征着你基本具备了游戏冒险和战斗的资格，后期的战场、副本、公会、战斗、势力对抗等才是更高的追求和游戏内容。

不论是以哪种思路来设计，系统设计之初，这部分内容就要首先确定。

2. 级别的划分标准

最常见的就是以数字来体现，1级、2级……当然也可以使用其他形式，如军事类的可以按军衔划分为下士、中士、上士……将军、元帅。如果使用这种军衔、官职的形式来划分，就要考虑故事背景的限制和玩家升级心理的因素。

3. 经验值的获取

这方面的主要内容也分为两部分。

（1）获取途径：玩家的经验值从何获取，常见的有完成任务、杀死怪物。当然还可以根据具体的设计思路添加其他的方式，如探索地图、打造合成等。

（2）获取数量：根据各个获取方式的不同，考虑影响因素，具体地设定相应渠道下的获取数量以及计算公式。

4. 升级限定

这部分内容主要设计升级的限制条件，如任务限制、数值限制等。

数值限定也就是经验值的计算和分配。可以使用计算公式，这样做的好处是通过数学模型可以较好地控制升级的规律；也可以直接指定。不论采用哪种方法，都需要大量的测试来不断地修正数值，以达到升级速度的平衡和合理。

升级数值的设计影响因素较多，比如经验值的获取途径以及数量的多少、刷怪速度、技能、装备的性能、通过攻击力的高低来测试和估算击杀怪物的时间等。

具体数值使用表格的方式较好，同时配合曲线图加以直观的显示。例如，《魔兽世界》的经验值及经验值曲线如表8-1和图8-1所示。

表 8–1

等　级	经　验　值	下一级所需经验值
1	—	400
2	400	900
3	1300	1400
4	2700	2100
5	4800	2800
6	7600	3600
7	11200	4500
8	15700	5400
9	21100	6500
10	27600	7600
11	35200	8800
12	44000	10100
13	54100	11400
14	65500	12900
15	78400	14400
16	92800	16000
17	108800	17700
18	126500	19400
19	145900	21300
20	167200	23200
21	190400	25200
22	215600	27300
23	242900	29440
24	272300	31700
25	304000	34000
26	338000	36400
27	374400	38900
28	413300	41400
29	454700	44300

续表

等　级	经　验　值	下一级所需经验值
30	499000	47400
31	546400	50800
32	597200	54500
33	651700	58600
34	710300	62800
35	773100	67100
36	840200	71600
37	911800	76100
38	987900	80800
39	1068700	85700
40	1154400	90700
41	1245100	95800
42	1340900	101000
43	1441900	106300
44	1548200	111800
45	1660000	117500
46	1777500	123200
47	1900700	129100
48	2029800	135100
49	2164900	141200
50	2306100	147500
51	2453600	153900
52	2607500	160400
53	2767900	167100
54	2935000	136080
55	3108900	173900
56	3289700	180800
57	3477600	187900
58	3672600	195000

续表

等　级	经　验　值	下一级所需经验值
59	3874900	202300
60	4084700	—

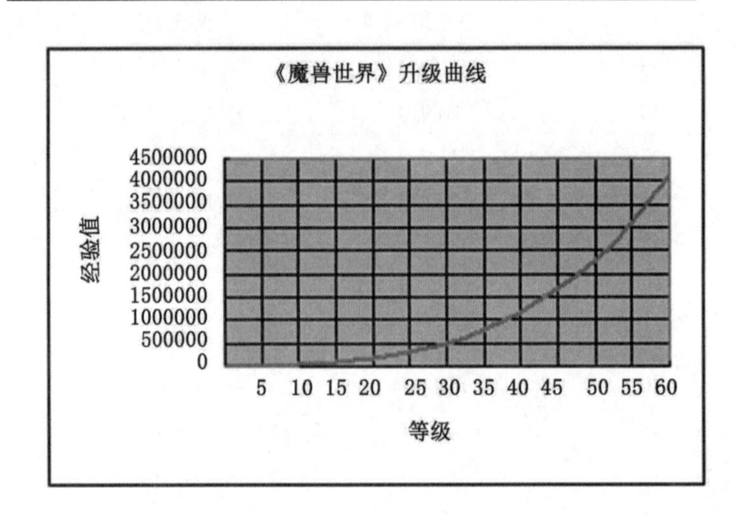

图 8-1

5. 升级结果

这部分设计内容主要是说明升级之后的效果、属性的变化、技能点的增加等。此部分内容在玩家游戏过程中的作用非常重要，所有的升级结果分类要一一说明。

例如，升级美术效果；Level 值 +1；属性增加数值；获得属性分配点数；获得技能点数。

6. 其他限定

对于升级系统的辅助说明和其他特别的规定，如等级升级之后不会降级、惩罚度每级以零为截止等。

8.1.3　道具相关规则

道具相关的规则是游戏规则的又一主要方面，它决定了除道具属性之外的一般使用规则。这些规则包括道具的分类、道具的使用、玩家与道具的关系、道具之间的关系。

可以看到，在《暗黑破坏神Ⅱ》发行 5 年后，仍然拥有大量玩家，可以说有很大一部分要归功于它近乎完美的道具物品系统与规则设计。该设计现在仍可为当前的网络游戏设计所借鉴。它的特色规则包括以下几个。

（1）对道具的等级分类。

对各种道具特别是装备的性能进行了分级，并且体现在道具的名字上，如“粗糙的战斧”“战斧”“超强的战斧”，同时配合不同颜色显示道具名称，既容易识别，也带给玩家很多不一样的游戏体验。

（2）极具特色的镶嵌和打造系统。

可以在装备上镶嵌宝石和符文以提升装备性能；使用符文组合生成新特效装备。这些设计大大加深了游戏的深度，使玩家对游戏内容的挖掘可以不断进行下去，延长游戏的生存期。

下面是《生存》策划案的物品规则设计，对初学者也有参考意义。

第四章 物品

……

2. 物品栏的空间与叠放

物品栏的空间是100个格子，道具占据一个格子，而武器护具则是每个占据一个格子。也就是说，道具是可以叠放的。

3. 物品的耐久度

武器、护具都有自己的耐久度，就等同于角色有生命值一样。当耐久度下降到0的时候，那么武器就永远消失了。

钢铁的耐久度是50点，精金的耐久度是150点，秘银的耐久度是120点，黑木的耐久度是80点。根据用料的多少，就可以计算出该物品有多少耐久度了。

每次精炼成功后，都会通过注入新的原料而提升耐久度。

在发生格挡的时候，角色所佩带的武器护具就会相互受到伤害，而各自承受当次攻击的一半伤害值。

当角色被击中后，具有防御值的护具会吸收等同于防御值的伤害值，那么耐久度也就会减少相应的量。

如果角色装备着多个同类防御属性的护具，或多个同类攻击属性的武器，那么则由系统随机判断哪个的耐久度受到损害。

修理的时候要消耗同类的原料，普通的武器就消耗钢铁，而魔法的武器就对应消耗精金、秘银、黑木。而每次修复的耐久度就是该种原料的耐久度。

4. 剧情物品

有时你会得到一些特殊的物品，它们在你冒险的历程中等待在特定的位置，当你完成所需的目标时就会得到它们。它们或许可以使用，或许不可以。但通常，它们是不可以丢弃和买卖的。它们中的一些会因为你离开游戏而消失（或理解为回到你得到它时的位置上），但通常它们不会因为你的死亡而掉落。你需要把它们交给特定的人（NPC）或放置于特定的位置。它们会用与其他物品不同颜色的名字来提醒你，告诉你要小心保管。

5. 物品的佩带要求

有的武器、护具要求玩家达到一定的等级，或者具有一定的力量，才能使用。

如果无法满足要求，那么佩带以后是无法发挥作用的。

6. 物品的地表停留时间

掉在地面上的物品，最多停留30秒。一旦超过时间，物品就会消失。

7. 物品保护时间

打怪物掉的物品，在15秒内只有对该怪物造成最多伤害的玩家才有权利去捡拾，这就是物品的保护时间。

杀死敌对阵营的玩家而掉落的物品，则没有保护时间，所有人都可以自由去抢。

玩家主动扔到地上的物品，同样有15秒的保护时间。

8.1.4 战斗相关规则

在有对抗、战斗功能的游戏中，战斗系统的设计有着特殊重要的位置。

当在一个角色杀死了另外一个角色的情况下，NPC会做出什么样的反应？为了击败玩家，怪物将会采用什么样的策略？玩家怎样分辨各种各样的攻击和防守技能？而像盔甲、祝福，还有其他的像毒药和恩赐等又会对战斗的进行产生怎样的影响？这些都是战斗规则的一部分。战斗系统的设计较为复杂，因为它包含了NPC的AI系统以及解决如何计算造成伤害的问题。

战斗系统的规则广泛地涉及游戏设计的很多环节。

1. 战斗系统的划分

（1）以对抗双方来区分，可以分为PVE（玩家对怪物）和PVP（玩家之间）。

（2）以战斗形式来区分，可以分为回合制（切换至战斗画面）和ARPG（即时战斗）。

2. 死亡复活规则

（1）死亡判定。触发判断：HP=0。

（2）死亡提示。例如，死亡后的屏幕提示内容，以及操作的限制。出现死亡姿势，播放死亡音效，屏幕瞬间变成红色，然后为灰度颜色直至复活或登出为止。玩家只可进行聊天界面的操作，屏幕中间提示复活界面，选择复活方式。

（3）死亡惩罚。玩家等级小于10级时，玩家死亡后，不受任何惩罚；玩家等级不小于 10 级时，普通状态（白名），复活后扣除玩家等级 5% 的经验，不掉落物品，扣除玩家所有金钱的 1%；黄名状态，复活后扣除玩家等级 10% 的经验，不掉落物品，扣除玩家携带金钱的 5%；红名状态，复活后扣除玩家等级 20% 的经验，50% 概率掉落随身携带可交易的物品（可交易的物品包括物品栏里的可交易物品和身上所使用的物品），扣除玩家携带金钱的 10%。

（4）复活形式。分别设计各种复活状态下的不同惩罚结果，如原地复活惩罚值会设定得比回主城复活高。

（5）复活状态。复活之后的状态属性显示，如复活之后血量为等级数量的 30%。以正常状态的回复速度恢复。

3. 玩家角色相关

（1）人物属性。

（2）职业系数。

（3）人物数据。

（4）经验值表。

（5）属性公式。

4. 技能相关

（1）基本技能。

（2）基本技能数据。

（3）被动技能数据。

（4）专业技能数据。

（5）主动专业技能数据。

5. 状态属性相关

例如，游戏中设计了 3 种状态，即战斗状态、和平状态、坐下状态。玩家使用攻击技能或受到攻击之后，自动进入战斗状态。战斗状态下玩家的 HP/MP 不会自动恢复。战斗状态下玩家不能更换任何道具、不能使用任何道具等。

（1）状态属性。

（2）特殊状态说明。

（3）状态数据。

6. 物品属性相关

（1）物品属性。

（2）物品数据。

7. **怪物属性相关**

（1）怪物属性。

（2）怪物数据。

这些数据构成了游戏的战斗系统，在具体的设计中要具体考虑各个相关环节之间的影响。

8.1.5 经济相关规则

经济体系在很多类型的游戏中都存在并扮演着非常重要的角色，如即时战略游戏、回合制的策略游戏、模拟经营类游戏、多人在线角色扮演游戏等。这些游戏，特别是MMORPG游戏，玩家经常想直接买到那些他们需要长时间打怪才能得到的装备。这就迫使游戏设计师去建立一个虚拟的经济体系，并且为不同的装备制定不同的价值。

设计师还需要再制定一些规则来说明这些价值在不同的情况之下会如何变化。不同的商店能不能对同一个装备标出不一样的价格？某种物品的供应是否会影响到其价值？角色的声望与价格之间是否有着某种关系？货币本身会不会贬值？而在你的游戏世界里，这又将对贸易以及供应产生怎样的影响？

当前大多数MMORPG游戏的经济系统在运营到中后期时都产生了通货膨胀问题。此问题通俗来讲就是游戏中的虚拟货币太多了，这种“多”包括两个方面：一是虚拟货币绝对数量过多；二是虚拟货币相对数量过多。

虚拟货币绝对数量过多的原因是，游戏中虚拟货币的发行不受限制，虚拟货币的消耗量远远不及其发行增加量，这就使得虚拟货币不断快速地累积增多。例如，在网络游戏中通常通过打怪物来获得虚拟货币，这样怪物就成了货币的发行者；而虚拟货币的消耗通常是玩家的生产消费或战斗中的耗费，如补血药水、魔法药水、打造、合成、修理装备磨损的费用等。如果怪物掉钱的概率和数量不能随货币的需求变化而变化，那么怪物这个货币发行者是极不负责任的。

虚拟货币相对数量过多的原因是某类物品数量不断增多，当这种物品增加到一定程度，一般来说是这类物品完全满足了玩家的需要之后，就不再具有其价值。这类物品就会大量退出市场，不会再拿来交易，即不再需要使用虚拟货币来购买。那么，相对来说，游戏市场上对应的有价值的物品减少了；相对市场上有价值的物品来说，则是虚拟货币数量增加了。

因此，游戏中的经济基本规则是首先要控制虚拟货币的平衡。与现实世界一样，游戏世界中货币的总供给量也应等于货币的总产出量。一般现在的游戏中，货币的最终发行者主要是怪物NPC。

虚拟货币在游戏中生成之后，分析其最终流向有两种结果：一种是作为消耗品使用，被系统回收了；另一种是以虚拟物品等形式在游戏中存在下去，如装备的积累。就网络游戏世界的整体而言，随着玩家的增多，玩家级别不断提高，虚拟物品的总量是不断积累增加的。清楚了生产、积累、消耗这三者的关系，也就清楚了网络游戏经济系统循环的脉络。

（1）货币的产量公式为

货币产出量 =（某怪物一次掉钱量 + 掉落物品价值总和）× 怪物掉钱率
× 一段时间内消灭怪物数量

（2）货币的消耗公式为

货币需求量 =（消灭某怪物需要的消耗品数 A × 消耗品 A 的价值
+ 消灭某怪物需要的消耗品数 B × 消耗品 B 的价值 +……）
× 一段时间内消灭怪物数量

游戏世界中虚拟货币平衡就是指货币总产量与总消耗之间的平衡。在平衡状态下，货币的总产出量在减去其消耗量之后的部分应该对应于虚拟物品总的增加量。

8.2 规则设计原则

游戏中规则的数量是设计前无法预知的，各种规则之间也没有太多的可比性，但规则设计本身还是有一定的规律可循。

8.2.1 一致性

如果有一件事情是游戏设计师所做的最让玩家感到恼火的话，那无疑就是在游戏进行的某个时候，为了不恰当的理由或者甚至没有理由，而改变游戏原有的运作方式。这样做就好像突然把玩家坐着的椅子拿走一样，会让他们觉得突然失去了什么。不要给游戏玩家一个前后规则不一致的产品，要知道没有人会喜欢按照不可捉摸的规则进行游戏。

一致性的另一个含义是游戏中的常识性规则最好与现实保持一致。玩家之所以能够预测出所有在空中飞行着的物体行为，原因在于它们都模拟存在于现实中的规则，而在这里现实中的一切都要遵循万有引力定律。因此，玩家能够预测这些行为，所以他们也就能对将来制订一些计划。用游戏的语言来说就是，玩家可以在把它们抛向天空之前就制订一些合适的计划并加以实施，如趁早躲得远远的，那样玩家就可以避免被掉下来的汽车压得粉碎。不过如果小汽车下落的速度是不断变化的，又或者它们落下来的地点是无法预知的，那玩家制订的计划对他自己就一点帮助都没有了。当玩家无助时，他们会选择退出。

8.2.2 简单性

简单规则往往是最容易产生游戏性的规则。现在的游戏越来越庞大，规则系统也越来越复杂，但没有哪一个能够像围棋那样流行那么久。围棋的行走规则简单，但组合变化的策略却是无限的，如图 8-2 所示。一个游戏规则越简单，越容易把握它的平衡性，越容易让玩家产生大量的策略，而产生新的策略能够让玩家有极大的成就感。玩家的大脑不是计算机，计算能力是有限的，别指望普通玩家会在很复杂的规则下创造出更多的策略。

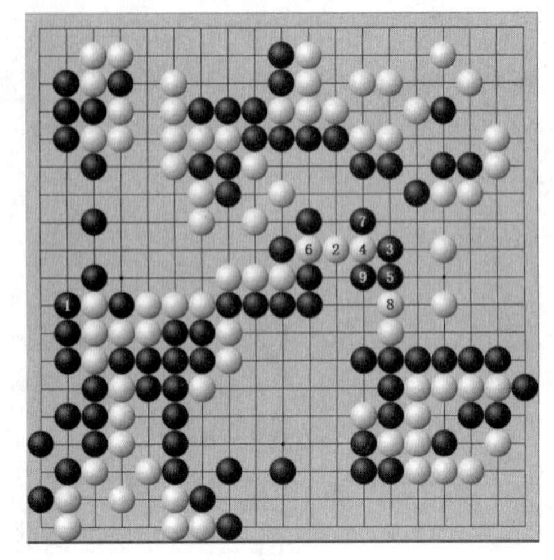

图 8-2

8.2.3 平衡性

游戏的规则是游戏的核心，判断游戏规则优秀与否的核心是规则的平衡性。规则的平衡性是游戏生存周期的重要衡量标志。

设想一个游戏的规则导致游戏中有最强或最弱的单位，那么可以肯定的是这个单位在玩家的游戏中出现的频率将越来越多或越来越少甚至不再使用它。先不提这样的设计是否能得到玩家的青睐，至少玩家几乎不使用的那个游戏单位的设计是无用功，针对该单位的游戏设计和美术设计也都将是无用功。

平衡的另一层意思是游戏规则不能明显有利于游戏中对立的某一方。这个道理很简单，玩家控制的某个角色在对战时总是处于被动挨打的地位，谁还想继续挨打下去？

Sid Meier 曾经说过：“一个游戏是很多有趣选择的集合。”因此，得出的结论是如果游戏失去平衡，就会减少这些选择而影响游戏性。一个理想的游戏应该经过一系列的选择，最后以胜利或其他完成的条件结束。如果在某一阶段，游戏出现唯一的选择，而游戏却没有结束，就说明游戏的平衡性有了问题。

8.2.4 避免烦琐

虽然一个逼真的游戏系统会给玩家带来很好的沉浸感，而逼真的系统必然有一个面面俱到的游戏规则系统，但这也不是指什么问题都需要制定规则。

在设计规则时，要考虑规则控制的范围和程度。别让玩家做琐事，不要把每一个细微而不影响大局的操作都交给玩家。能够交给AI的尽量交给AI来控制，由AI规则来控制。游戏毕竟不是现实，也不能完全真实地模拟现实，所以只要求在决定性的操作上由玩家控制，以体现他的意志，其他的琐事尽量远离玩家。想象一下，如果即时战略游戏中每座炮塔都要由玩家亲自指挥才会攻击敌人，将是一种怎样的情景？

本章小结

规则体系对于游戏来说十分重要，它是一款游戏的核心，是一款游戏能够成功的必要条件之一。如今，随着游戏规模越来越庞大，游戏规则也变得越来越复杂，通过本章的学习，读者能够了解游戏的基本逻辑规则，以及不同游戏系统的玩法规则。熟悉并合理使用这些规则，才能制作出一款合格的游戏作品。

本章习题

8-1　对于现在正在流行的游戏，用自己的语言提炼它的几条规则，看你的描述是否符合实际，是否没有歧义与漏洞。

8-2　试设计几条游戏规则，要求限制于描述同一游戏的几个相关方面，如角色、道具等，使它们相互关联，形成一个简单的系统，能够体现游戏性的某种要求。

8-3　游戏规则设计的原则是什么？

8-4　针对你正在设想的游戏，设计其规则体系。

第9章 界面与用户控制

不管是单机版游戏还是网络游戏，游戏逻辑和游戏状态总是存储在游戏设备中，用户必须通过人机交互动作来参与游戏。要完成人机交互，在人和计算机之间必须有一个有效的接口，这个接口既要向人反馈信息，也要向游戏设备传送指令，这就是游戏的界面。本章就讨论与之相关的内容。

教学目标

- 了解游戏的视角。
- 了解游戏视角和游戏类型的联系。

教学重点

- 游戏的常规控制设计。
- HUD 设计技巧。

教学难点

用户体验设计的技巧和思路。

9.1 界面概述

在中文里，有两个词“接口”和“界面”，它们对应的英语单词都是 Interface，从广义上来说，它们的意思几乎是一致的，但从中文习惯的语感上来看，“界面”更带有“可视”的意味，就像 Windows 操作系统的界面一样，如图 9-1 所示。界面同时具有传达视觉信息和接收操作两方面的功能。

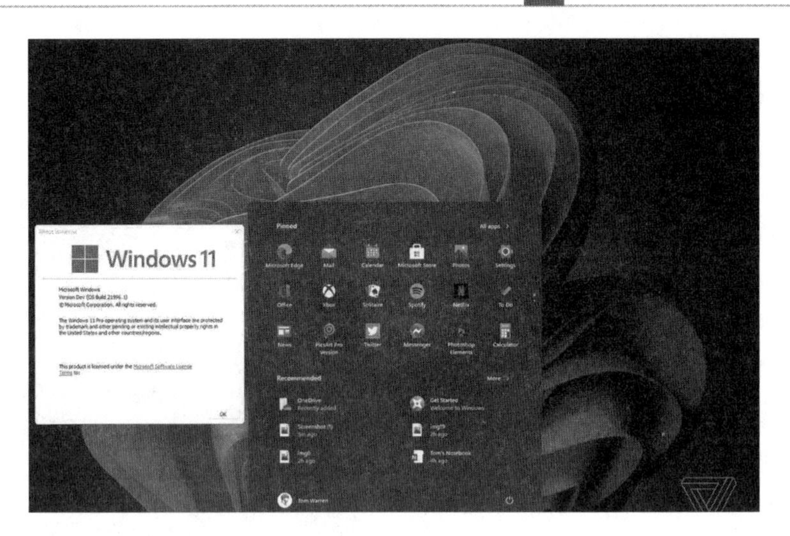

图 9-1

电子游戏人机交互接口设计的主要内容就是界面设计，在进行界面设计时既要考虑游戏信息向人的传达，也要考虑在界面上提供操作功能。

当然界面设计并不能覆盖人机交互接口设计的全部，因为界面仅仅适合表达文字、图形等可视信息，它适合接收的操作也仅限于菜单、按钮等有限的几种，谁也无法想象，如果在《使命召唤》中玩家每次射击都需要单击界面上的某个按钮才能完成，情况会糟糕成什么样子。所以，要完成完整的人机交互接口设计，还应该考虑背景音乐、音效、非界面操作控制等因素。当然，某些操作控制方法可以同时用界面和非界面的方式实现。

在早期的文字游戏时代，界面上的文字就足以完成向用户传达游戏状态的任务。当游戏图形化尤其是 3D 化以后，游戏世界不再像原来那样需要靠想象去理解，它是实际存在并可观察的。由于图形在现代游戏中所处的特殊地位，当前游戏人机接口设计的一个首要任务就转变成为定义观察游戏世界的模式——视角。

综上所述，游戏人机交互接口设计的工作应该包括视角定义、界面设计、控制模式设计和音效设计等。

9.2 视角

人们在孩提时代玩打仗游戏时，游戏世界纯粹靠想象而存在于孩子们的大脑里；在文字游戏时代，显示屏上的文字加强了玩家对游戏世界的理解；到了图形游戏时代，显示屏上的 3D 游戏场景几乎真实地再现了那个本应靠想象才能进入的游戏世界，华丽的视觉效果为玩家带来了新的体验。虽然有很多观点强调虚拟游戏世界设计的关键是沉浸感而非美术效果，但现实表明可视的游戏世界对一个游戏的成功至关重要。

既然游戏世界是无法真正进入的，那么，发挥图形化游戏优势的关键就是观察。让玩家用最舒服、最适合的方式去观察游戏世界，获得心理暗示而提高沉浸感。如何定义视角是玩家观察游戏世界最重要的问题。

游戏视角是指玩家在游戏中观察游戏世界的角度。游戏主题不同，最适宜的游戏视角也不同。目前常用的游戏视角包括平面横向视角、俯视角、斜视角、第一人称视角、第三人称视角及全景视角。

9.2.1　平面横向视角

平面横向视角在传统二维动作游戏中更加常见，尤其是在 20 世纪 80 年代后期及 90 年代早期，如《超级马里奥》和《魂斗罗》等游戏，如图 9-2 所示 。

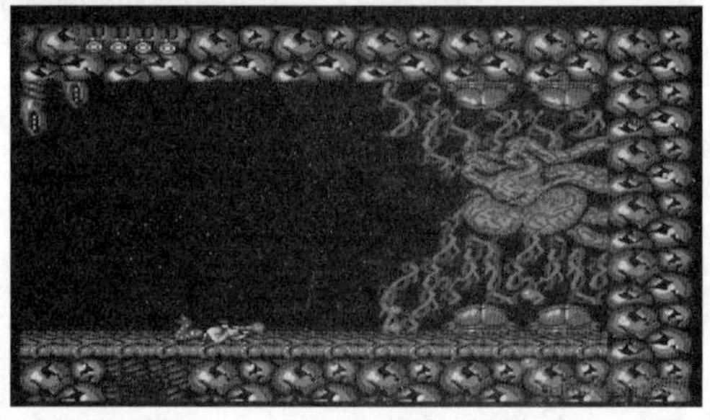

图 9-2

随着 3D 成为游戏的基准，使用这种视角的游戏变得越来越少，其中最重要的原因是横向视角不利于体现 3D 的优势，但在很多休闲过关、解谜类游戏中还是很常见的，包括《奥日和黑暗森林》《三位一体》《雷曼：起源》这些著名的游戏，优势就在于简洁、一目了然，如图 9-3 所示。

图 9-3

9.2.2 俯视角

图 9-4

俯视角是由上向下观察游戏环境，就像照相机停留在游戏者的正上方。使用这种视角最多的是策略类——回合制游戏，这是因为战斗场景中一切琐碎的管理细节和部队战术布置的需要，玩家必须能够控制大量单位，并一眼就能察看到形势，如网页游戏《霸域》就是使用俯视角的典型代表，如图 9-4 所示。

因为只能观察到大部分物体的顶部，所以垂直向下看一个物体多少有些不自然，而且无法体现游戏的细节。如今大部分游戏都已经不再使用俯视角，仅仅在观看地图和棋盘类游戏中使用这种视角，如围棋、象棋等。

9.2.3 斜视角

图 9-5

与横向视角和俯视角相对的是斜视角。一般意义上的斜视角是指斜向俯视，因为俯视最容易观察整体局势。斜视角避免了俯视角在表现力上的缺点，可以让玩家观察到游戏物体的侧面，又利用俯视角的优势，随时观察到游戏角色周边的状况，做出正确判断。《Diablo 3》是经典的斜视角游戏，如图 9-5 所示。斜视角的优势已经表现得很明显，目前几乎所有的 RPG 游戏和策略游戏大都采用斜视角。

9.2.4 第一人称视角

第一人称视角很受动作游戏设计师的追捧，它是一种直观的、带有主要人物情感的、让玩家一步步走入游戏中的视角。在这种视角下，玩家看到的游戏环境就如同角色眼睛所能看到的一样。与第一人称视角关系最密切的是第一人称射击游戏（FPS 游戏），大量 FPS 游戏都取得了成功，《生化奇兵 3》游戏画面如图 9-6 所示。

图 9-6

第一人称视角限制了玩家的视野，玩家无法了解全部情况和先决条件，制造了敌人可能潜伏在周围任何角落，甚至从后边逼近的可能，紧张和惊险的生动瞬间，增加了世界的可信度和全身心投入的因素，这些恰恰是游戏成功的条件。

此外，一些非FPS游戏也利用这种流行的游戏视角，其中包括多数的模拟游戏，如《游戏人生》等，如图 9-7 所示。

图 9-7

9.2.5　第三人称视角

第三人称视角是另一个深受游戏设计师追捧的视角，尤其是在 3D 游戏中。这种视角跟随在玩家角色的附近，直接反映旁边的情况，而不是直接进入他们的视线中。玩家可以在屏幕上看到自己所扮演的游戏角色，它的优势在于能够看见更多的游戏环境，以及可以看见角色所采取的措施——这在第一人称视角中是不可能的。

冒险类、运动类及其他依靠选择人物并控制其行动的游戏多倾向于使用这种视角，涌现了诸多著名、热门的游戏，如《古墓丽影》《波斯王子》《荒神》《重生边缘》等，如图 9-8 所示。

图 9-8

一些游戏，如《战地》（BattleField），可以在第一人称视角和第三人称视角之间切换。当玩家行走时，可以设置成第一人称视角。当玩家在一些运载工具里面时，可以切换到第三人称视角。这样玩家可以看到更大范围内的四周环境情况。

9.2.6　全景视角

全景视角是游戏 3D 化之后才出现的视角，也被称为自由视角。它最出众的一点是能够以玩家角色为中心进行 360° 旋转，甚至可以推进或拉远镜头。现在所有的 3D 类游戏中普遍采用了该视角，赢得了大量玩家的认可，如《魔兽世界》《原神》等经典游戏就是全景视角游戏，如图 9-9 所示。

图 9-9

9.2.7　视角的选择

视角选择问题的核心其实并非单纯的“观察角度”问题，它与游戏中的信息结构和规则有关。玩家是靠他能获取的信息进行决策的，而视角能影响他获取的信息量。所以，视角选择的关键其实是游戏设计师希望玩家在什么样的信息量下进行决策，或者说游戏设计师希望游戏信息被隐藏到什么程度。

经典的策略游戏，如国际象棋，由于其规则本身富于变化，在电子游戏还没诞生时，人们就规定游戏双方应当在完全看到全部棋子的状态下游戏，因为公开全部信息并不影响该棋的游戏性。当国际象棋被实现为电子游戏后，几乎所有的版本都采用了俯视角或斜视角，因为只有这两种视角才能在不增加操作复杂度的情况下最大限度地传递棋局信息。表现手段的进步并没有衍生出其他视角的国际象棋游戏。

射击游戏中的最大挑战是手眼合一的快速反应，要让玩家体会到设计师的理念就必须让很多游戏元素被提前隐藏起来，而后突然出现。在这种情况下，显然不能使用几乎可以洞察一切的俯视角，信息获取量有限的第一人称视角和第三人称视角就成为必然的选择。值得一提的是，射击游戏中可能会采用俯视角来表达小地图，但小地图上也经常会将对手信息隐藏起来，使玩家无法提前准备。

当然，俯、斜视角和第一、第三人称视角对信息的开放程度并不是绝对的。一般采用俯、斜视角的战略游戏为了强化冲突，也常通过黑幕等技术手段将部分信息隐藏起来，只有当玩家控制的单位到达相关区域后才可获得该区域信息，而离开后则依然隐藏。这种动态信息结构为设计师在进行策略设计时留出了巨大的弹性空间。

视角选择是人机接口设计的首要问题，而它的定义则取决于设计师对游戏规则和信息结构的定义。

9.3 界面设计

界面设计是游戏设计工作中的重要一环，要了解界面设计工作，首先应该清楚界面设计的目标和原则。界面设计可分为主菜单设计和 HUD 设计两部分。

9.3.1 界面设计的目标

在设计用户界面时，首先要考虑定义它的用途。最重要的三个主要目标是用户的交互、信息和娱乐。

1. 第一目标：提供交互手段

界面可以让玩家与游戏交互，无论游戏是由几行简单的文本还是 3D 图形奇景组成，界面的首要用途是在游戏逻辑和玩家之间转换数据。没有界面，就不能玩游戏，界面让玩家对游戏事件做出响应并影响游戏世界。

2. 第二目标：传达信息

界面显示了有关游戏中的环境、人物、对象和事件的信息，此信息可以让玩家做出决定。一般来说，一幅图片胜过任何语言的描述。对于界面而言，合并到游戏中的图像通常能够比文本更快且更有效地显示信息,通过图表或符号表示法就可以做到这一点(如某个人物还有多少条命)。

3. 第三目标：娱乐享受

如果界面看上去很有趣，那么能起到锦上添花的作用。一般人都喜欢那些有好的画面和迷人景色的游戏，因为视觉效果起到的作用甚至与最精彩的故事情节相同。此外，详细的插图可以让玩家很好地了解每个人物的图像或者环境的地方特色。如果没有插图，就会丢失这些虚构的细节。插图使游戏世界变得更加丰富多彩。

这三个目标（交互、信息、娱乐）很大程度上决定了界面设计的方法，而且从这三个目标可以很明确地得到界面设计的任务：必须创建一种使玩家与游戏交互的方法，它将以生动、有趣的方式提供所有必需的信息。

9.3.2 界面设计的原则

完成界面设计的主要原则是简易性、一致性和引人入胜。

1. 简易性

在网上搜索“理想界面”时，最常得到的回答是简易性。换句话说，应该构建易于理解且不需要指导手册的界面。

经过精心设计的游戏界面是易于理解的，表示无须一大堆中间步骤、命令或按键就可以访问和响应游戏中的信息。只要玩家需要，信息就会出现在屏幕上，而不必等很长时间并且费了好大劲才知道如何使用键盘、鼠标、游戏控制杆或其他工具来继续玩游戏。例如，将鼠标放置在一个对象上会改变箭头的外观；箭头的变化表示单击此对象会引发某些事；将箭头移到屏幕底部会弹出相应的菜单。

复杂的界面和操作将使所有努力付之东流。玩游戏就是为了娱乐，轻松就是目的，千万别指望玩家会像学习开飞机那样去学习游戏操作。游戏界面和操作设计有个有名的原则，叫作 Kiss 原则，这里的 Kiss 不是吻的意思，而是英文 Keep It Simple，Stupid（笨蛋，让它保持简单）。

简易性是针对界面设计的交互性目标而提出的，界面的简易性可以使玩家沉浸于可爱有趣的故事情节中，而不是被复杂的界面操作干扰。

2. 一致性

一致性对于界面设计非常重要。在尝试从一个画面切换到另一个画面之后，操作风格不要发生太大的改变。一般应在游戏各处以相同方式做相同的事，最好还能够始终在相同位置找到重要信息。对一致性的观点并不一定要求在整个游戏中都使用同样的屏幕布局，但建议在布局中使用的逻辑可以让玩家预感到可以在哪里找到信息，以及在游戏的不同部分如何执行命令。

例如，Blizzard 的《暗黑破坏神》系列非常注重界面一致性。游戏的一些基本命令可以从头至尾以相同方式使用。浏览各个菜单也非常容易，如装备、买入 / 卖出 / 交易、技能、属性等。这些菜单都符合相同的布局，因此易于浏览。在游戏的任何阶段，玩家还可以将鼠标放在对象、人物和位置上，以查看极其有用的简要描述，如图 9-10 所示。

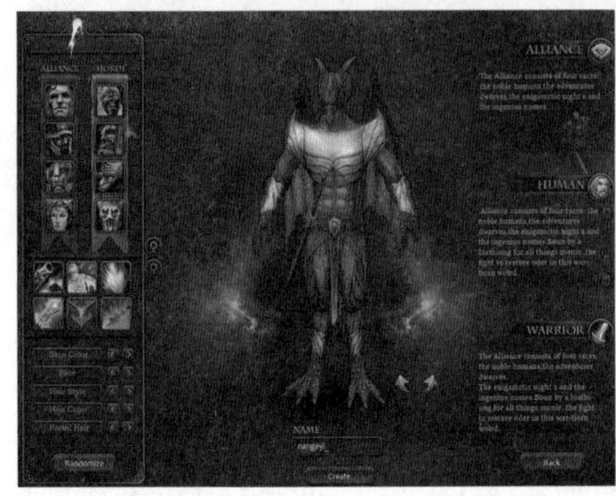

图 9-10

《暗黑破坏神》游戏系列在其视觉风格上也保持一致。画面、菜单和控制栏都有相同的中世纪幻想外观。这种视觉连续性并不是绝对必要的，但它对游戏经历添加了美学享受并增强了沉浸于游戏世界的幻觉。

一致性是针对界面设计的“信息传达”目标而提出的，因为人获取信息的模式带有很强的惯性。

3. 引人入胜

大多数人都有过完全被电影吸引的愉快体验。技术高超的电影摄制者会结合灯光和声音因素创建并维持逼真的虚幻世界，使观众在其中流连忘返。好的游戏也能具有如此吸引力，3D 图形元素可以让玩家在视觉上体验游戏世界的环境、活动和地方特色，音乐和声音效果创建了一种特殊情调，并使游戏的事件显得更栩栩如生，用户界面的各个元素有助于维持玩家直接参与游戏世界的幻想。

维持沉浸于游戏世界的幻想的一种特殊方法是将界面的元素伪装成游戏世界的一部分。影评家使用术语“情景”来描述影片情节或环境中看得见的人或物所产生的声音（通常是音乐）。情景元素的一个简单示例就是伴随钢琴或投币式自动电唱机的出现而响起的音乐。音乐仍是电影配乐的一部分，但它已不是背景音乐，因为它已经成为影片的一部分了。就界面设计而言，没有比情景更好的词能够描述装饰游戏一部分的工具、菜单或其他特性了。

看一下游戏中情景元素的示例。《机械迷城》是一款以独特的手绘风格著称的冒险解谜类游戏，被称为游戏里艺术的巅峰。在游戏中，许多道具的图标和操控按钮完美融入游戏画面，从而使游戏世界和现实世界之间的界限变得更加模糊，如图 9-11 所示。

图 9-11

9.3.3 主菜单设计

任何游戏在玩家享受过精美的片头动画后，让玩家做出第一个动作的地方就是主菜单，这也是玩家首次详细观察游戏的地点，从这一点来说，主菜单设计对于游戏成功的重要性是不言而喻的。

主菜单界面主要是指进入正式游戏场景前，供玩家选择游戏方式、进行参数配置的界面。遵循界面设计的三大原则，即简易性、一致性和引人入胜。

一般情况下，主菜单是级联菜单，也就是说它是分级的，即选择某个菜单项后，又会出现下级菜单界面。主菜单设计的简易性体现在菜单的级联关系一般不要超过 3 级，而且各级菜单界面应该方便返回上一级。

在主菜单界面中，不可避免地要使用到按钮、滚动条等界面元素。在各菜单界面里使用的界面元素应该尽量在功能上保持一致，甚至它们的常用位置也应该一致。关于位置一致的最典型范例是各级菜单界面中的返回按钮，这些都是菜单设计的一致性要求。

正如本小节开头所说，玩家首次详细观察游戏的地点正是主菜单界面，这是玩家进入游戏世界的开端，是建立沉浸感的起始。所以，主菜单的设计应该与游戏的整体风格一致，要做到引人入胜，其中包括色彩、图案、音乐等元素。次世代游戏大作《堕落之王》游戏背景设定在一个魔幻世界中，玩家扮演的人类需要反抗超自然邪恶力量的压迫统治。因此，游戏界面具有浓郁的西方魔幻风格，如图 9-12 所示。

图 9-12

9.3.4 界面设计文档

在明确界面设计原则和要求之后，接下来的设计工作就是以《界面设计文档》的形式，确定游戏的所有界面详细的内容设计。

任何一个游戏界面的设计都包括以下主要内容。

（1）界面标题：界面设计的第一步，首先需要确定界面的标题。可以是文字说明，也可以是某个 NPC 的头像，总之要体现出这是哪个界面。一方面是对玩家的信息提示，另一方面对于设计者来说也是首先必须明确的内容。很显然，不同的界面，设计功能和设计内容是远远不同的。

（2）界面大小：游戏中的各个界面大小一般是固定不变的，因此在设计时就要明确界面的大小，甚至各个显示窗口和按钮的大小也要确定。

（3）界面布局：顾名思义，是指界面的显示区域的布局，使用线框结构图将具体的布局规划出来。同时要使用注释性的文字，对各个区域进行必要的说明。而且要注意使用不同的底纹来区分固定内容和可变内容。

（4）按键排列：按键的设计是界面功能最主要的体现形式。一是界面的按键设置要完整，功能不能有遗漏；二是布局要合理、直观。

（5）功能实现：注释说明每一个按键，以及其他操作所对应的操作结果和功能实现，这对程序很重要。

（6）美术效果：说明整个界面的美术效果，所有的界面风格要统一，而且要与主题相吻合。

界面设计工具虽然很不确定，像 Visio、Word、Photoshop、PowerPoint 和 Flash 等工具都可以用来设计界面，也有公司自己开发的界面编辑工具，但是开发组内所使用的工具要统一。

对于界面设计的初学者来说，比较好的一种学习方法就是“界面的反推”，通过临摹已有的游戏界面设计，可迅速掌握游戏的设计方法。

下面就是使用 PowerPoint 软件来设计微缩地图界面的步骤。

首先在 PowerPoint 中打开“自选图形”菜单，如图 9-13 所示。

使用各类图形绘制界面的布局，如图 9-14 所示。

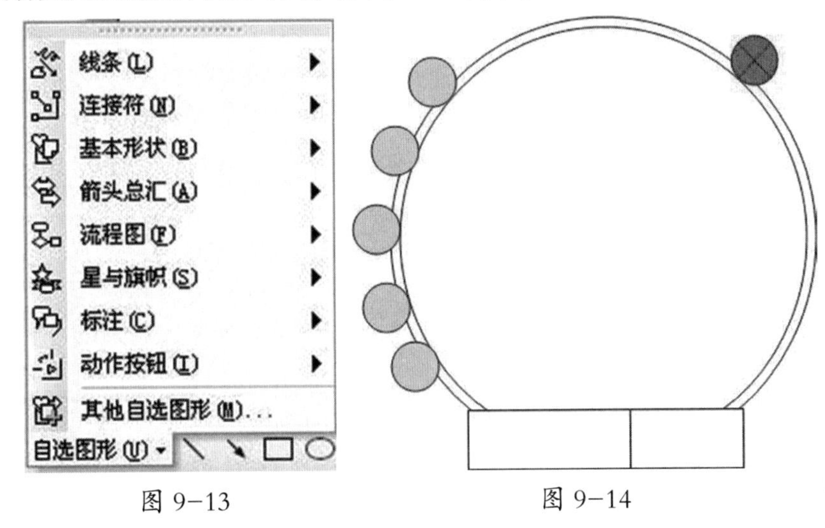

图 9-13　　图 9-14

使用注释符号或表格对界面的布局和操作进行说明，如图 9-15 所示。

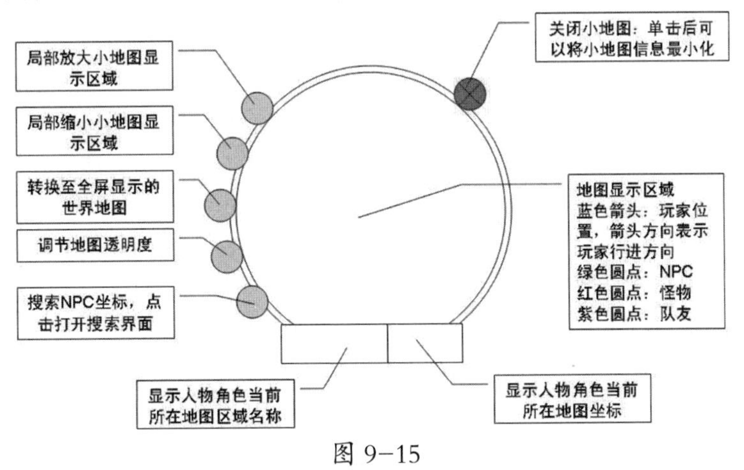

图 9-15

使用 PowerPoint 软件设计界面的好处是，当设计完的界面使用“播放”功能时，在全屏显示效果下，该界面的大小比例和玩家最终在游戏中看到的效果是一样的，便于设计者把握界面设计的布局和效果。

当然设计时使用其他软件的方法也是一样的，主要看个人的习惯以及开发团队的整体规定。

除了这些通用的设计软件外，现在越来越多的游戏公司基于引擎开发了针对当前开发游戏制作的“界面编辑器”，在设计布局的同时，也实现了界面的操作功能和数据库数据的调用功能。不仅在设计上可方便界面设计人员，而且也可在功能实现上进行测试和把握。

下面就是实现了操作功能的使用界面编辑器设计制作的角色属性界面，如图 9-16 所示。

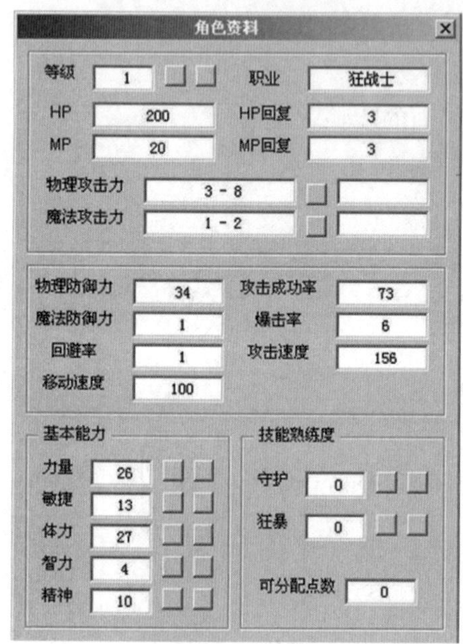

图 9-16

9.4 控制手柄

控制就是用户通过任何输入设备操作游戏。该术语最早来自电视游戏。1962 年由一些麻省理工学院的学生编制的《太空大战》（Spacewar）被认为是第一款数字游戏，在制作过程中，他们发现在 DEC PDP-1 主机上通过开关来控制游戏非常麻烦，因此他们设计了自己特有的控制器来操纵游戏。该控制器只有 4 种控制，即左转、右转、前进和开火。从 20 世纪 60 年代起，控制一直沿袭这一方法。一提到对电视游戏玩家的印象，很多人马上想到两手微握，两掌相对，手指频繁按动的形象，如图 9-17 所示。

如今的控制器包括键盘、鼠标、游戏棒、操纵轮、塑胶枪、感应手套、虚拟现实头盔等。任何一种控制器都有其适合的范围和游戏类型，而且控制方式相对固定，并不轻易改动，即便改动也只在方向键或选择按钮上做细微的变化。

在构思自己的游戏时，首先要确认掌握所设计游戏平台的标准控制器，这意味着了解玩家对控制器上每一个按键的期望。这些期望通常是由早期的游戏所决定的，如果标新立异采取相反的做法，只能使玩家感到混乱和困惑。最好坚持通用的方案，而不要试图将一些新的方案硬塞给用户。

图 9-17

在了解输入设备后，必须考虑在游戏中如何充分地利用它。检查一下实体原型操作清单，所有这些操作都需要转化为一个数控组合。例如，在第一人称射击原型中，有向前、向后移动，向左、向右转动等操作，同时还有武器发射、更换武器等操作。这其中的每一种操作都需要对应一个控制。某游戏的控制设计如图 9-18 所示。

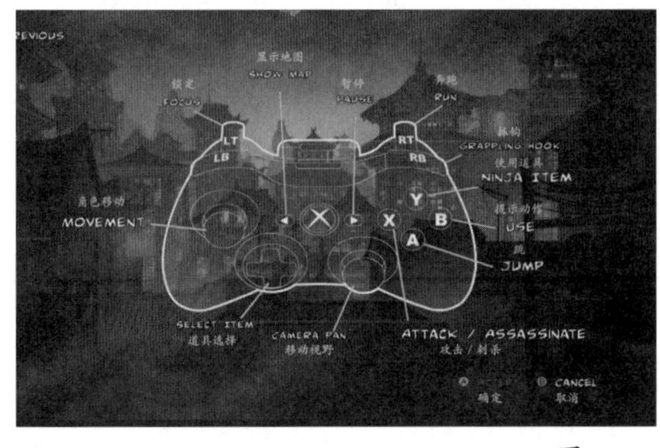

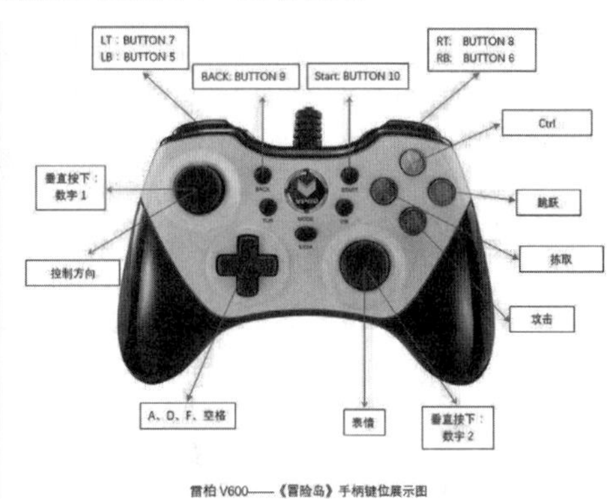

图 9-18

在确定控制如何工作之后，就需要建立一个控制表了。一栏列出控制，另一栏列出这个控制发生后游戏操作的反应。如果游戏是复杂的大型游戏，就可能需要做几张表，每一张表表示一个特定的游戏状态。例如，如果一个游戏包括驾驶汽车、开飞机和骑自行车，就有 3 个游戏状态，需要 3 张控制表。

在设计时应该区分基本控制和高级控制。基本控制应该尽可能少，一个明智的设计者会把基本控制限制在 7 个以内，因为大多数人不能同时操纵更多控制。基本控制的组合应该尽可能地容易，玩家在玩时并不想去思考，他们想凭直觉去控制，太复杂的组合会使一般玩家产生挫折感。做到这些以后，游戏将会被潜在玩家接受。高级控制对于延长游戏的生命力很有价值，因为高级玩家会去挖掘高级控制带来的效率和成就感。当前游戏界的通常做法是让高级控制可以自定义，虽然这可能会带来开发上的难度，但这种做法已经成为行业标准。

要注意设计有意义的控制。在游戏中，一个控制动作的完成对玩家或游戏本身是否重要，是衡量这个控制是否有意义的标准。射击怪物，或者逃离它们的攻击范围，这些就是有意义的控制行为。然而如果设计了一个控制，让玩家去擦洗他们的枪支，这对大部分玩家和游戏来说是不需要的。这种控制行为会使游戏界面或操作按钮变得更复杂，除非是对戏剧行为和交往行为要求很高的网络游戏；否则一般不要采用这种控制设计。

要注意设计有智能的控制。例如，在《帝国时代》中，右键单击是根据玩家所单击的内容来解释的，如果玩家单击的地方是一个作战单元，该命令将被解释为“攻击”；如果单击的是一个空位，它将被解释为“移动”，依此类推。

当人们谈到电影或电视的编辑艺术时，通常称之为“无形”的艺术，如果观众在观看电影时感觉到了编辑的痕迹，就说明编辑得不好，会被批评。游戏中控制的设计也像编辑一样，如果玩家能够坐下来就开始玩，而不用查询用户手册，那就是好的控制设计。

在设计 PC 游戏时，控制的设计主要以键盘和鼠标的设计为主。键盘以标准键盘的布局为主，鼠标以三键鼠标设计为主，确定各个按键在各种情况下的不同操作结果，然后以表格的形式形成操作文档即可，鼠标左键控制设计如表 9-1 所示。

表 9-1

<table>
<tr><th>键位定义</th><th>执行操作</th><th>操作结果</th><th>悬停状态图标</th><th>信息提示</th></tr>
<tr><td rowspan="4">单击</td><td>地面</td><td>移动</td><td>可通行则正常状态
如不可通行，鼠标为红叉</td><td>单击地点出现蓝色水波纹光圈</td></tr>
<tr><td>NPC、怪物、玩家</td><td>选中对象</td><td>情节 NPC：“对话”图标
怪物：“剑”
玩家：正常状态</td><td>主界面上“提示信息显示区域”显示相应的 NPC 头像名称</td></tr>
<tr><td rowspan="2">地面掉落物品</td><td>无物品保护限制拾取</td><td rowspan="2">小手状</td><td>主界面上“提示信息显示区域”显示获得物品名称及数量</td></tr>
<tr><td>属物品保护限制不可拾取</td><td>“该物品属于其他玩家，您不可拾取”</td></tr>
<tr><td>双击</td><td>怪物</td><td>攻击</td><td>剑</td><td>主界面上“提示信息显示区域”显示相应的怪物头像名称及血量</td></tr>
</table>

鼠标中键、右键的设计方法类似，键盘控制设计如表 9–2 所示。

表 9–2

快　捷　键	含　义	内　容
C	character	人物状态
I	item	物品装备
K	skill	技能菜单栏
Q	quest	任务界面
F	friend	好友
G	guild	公会
B	business	交易
T	talk	聊天开关
L	label	打开 / 关闭 NPC 功能标签
V	vs	PK 开关
M	map	世界地图开关
X		坐下 / 站起
H	help	帮助
Esc		① 优先关闭最新打开的窗口 ② 无操作界面状态下，弹出系统菜单

还有一种设计方法就是将游戏操作的设计完全交给玩家，使玩家完全可以按照自己的操作习惯来设定游戏的操作。例如，《冒险岛》中玩家将所有的操作使用拖动放置的方法来设置自己的操作规则，这样的设计就非常符合玩家的操作需求。

本章小结

界面与用户控制共同构成了人机交互的基础，其中，界面主要完成游戏信息向玩家的传达，而控制则完成玩家对游戏状态的改变，当然界面也可以通过按钮等手段完成部分控制功能。

本章习题

9-1　列举你所熟悉的5个游戏，分析它们的视角。

9-2　为你设想中的游戏选择视角并解释原因。

9-3　界面设计包括哪些内容？有什么目标？

9-4　界面设计应该遵循哪些原则？

9-5　控制设计应注意什么问题？

9-6　为你设想中的游戏进行控制设计，并解释你那样做的理由。

第10章 游戏编辑工具

由于早期的游戏内容比较简单，游戏的可玩性主要表现在玩法上，一个新鲜的创意就可以吸引很多玩家。但是，随着游戏的发展，玩家的期望也提高了，即使游戏有非常新鲜的创意，也要有华丽的画面、曲折的剧情、丰富的关卡等。游戏中使用了更多的元素、更多的内容，这就对游戏开发方式提出了更高的要求。如果游戏开发还像以前一样，所有的内容都由程序来完成，显然是不现实的。

因此，在现代游戏设计中，游戏编程工具更为专业化、更具有针对性。在开发中，不需要游戏程序开发人员为设计具体的游戏情节而去改动游戏程序代码，而是要求程序开发人员为了解决同类型的问题去编写制作工具。一旦这样的工具制作完成，程序开发人员就可以从繁重的具体游戏策划、剧情的实现开发中脱离出来，而策划设计人员也可以更轻松，因为对具体细节的调整可以更直接，不必依赖开发人员的帮助，这必然大大提高工作效率，提高游戏制作的质量。

“工欲善其事，必先利其器”，本章就讨论游戏制作工具应该是什么样子，以及熟悉现有的设计工具的状态，体验实际开发流程。

教学目标

- 了解游戏编辑器的类型。
- 掌握游戏编辑器和游戏开发的关系。

教学重点

- 触发编辑器的使用。
- AI 编辑器的使用。

教学难点

- ●选择英雄的设计方法。
- ●刷新怪物的设计方法。

10.1 游戏编辑工具的类型

游戏开发人员在实际工作中发现，为了更好地开发出内容丰富的游戏，不仅需要程序技术人员的编程开发和一些外在的设计工具，如 3ds Max、Photoshop 等，还应当进一步开发出与所使用的游戏引擎相关的设计工具。如果这些游戏制作工具设计精良、功能强大，必然会大大简化很多需要重复进行和调整的游戏内容开发工作，且可以由策划设计人员独立完成，而不需要程序开发人员的直接参与，从而会对制作出优秀的游戏大有帮助。

这些游戏制作工具不同于程序开发人员开发游戏引擎代码时使用的集成开发环境，也不同于美工设计师所使用的 2D 或者 3D 的图形图像设计工具，它是能够帮助策划设计人员实现游戏设计的编辑工具，如场景编辑器，又称为关卡编辑器。这种工具跟上面提到的编程或美工工具不同的是，它们是专门为某个特定的游戏或者特定类型的游戏而开发，而不是一种通用的工具软件。

一般来讲，要完成一个游戏，在开发过程中需要的不是单一的游戏编辑工具，而是各种各样的工具。有搭建游戏场景的，有处理游戏模型、动画的，有管理游戏声音、音效的。如果项目比较大，开发周期比较长，甚至有专门开发的资源与源文件的版本控制与管理工具。下面就以《魔兽争霸Ⅲ：冰封王座》的编辑器系统为例，来看一款成熟的游戏都需要哪些方面的编辑开发工具。

暴雪将它的《魔兽争霸Ⅲ：冰封王座》编辑器系统称为世界编辑器（World Editor），这个编辑器系统包含在游戏中一起发布给玩家，双击游戏目录下的可执行文件 World Editor.exe 即可打开它。

作为一个成熟的游戏开发工具系统，世界编辑器实际上可以看作一个集成开发环境。它将几个工具集成于一体，分别是地形编辑器、触发事件编辑器、声音编辑器、物体编辑器、AI 编辑器、战役编辑器、物体管理器和输入管理器。

这些编辑器功能简介如下。

（1）地形编辑器：配合工具面板可以设置地形、装饰物、单位、区域及动画镜头。

（2）触发事件编辑器：设置触发器来运行事件，大部分的任务和情节就是用它来实现的。

（3）声音编辑器：管理和运用《魔兽争霸》中使用的所有声音，也可以导入外部声音，加入游戏中使用。

（4）物体编辑器：编辑各种对象的属性，其中包括单位、可破坏物、物品、技能、升级。

（5）AI 编辑器：自定义计算机玩家的 AI 模式。

（6）战役编辑器：可以如同魔兽单人任务版那样制作出自己的一系列战役。

（7）物体管理器：可以统计和管理已放置在地图上的所有对象。

（8）输入管理器：管理所有导入地图文件。

10.1.1 地形编辑器

打开《魔兽争霸》的世界编辑器，最先看到的就是地形编辑器窗口，如图 10-1 所示，这也是世界编辑器的基础窗口，在上面可以即时看到地图制作的效果。

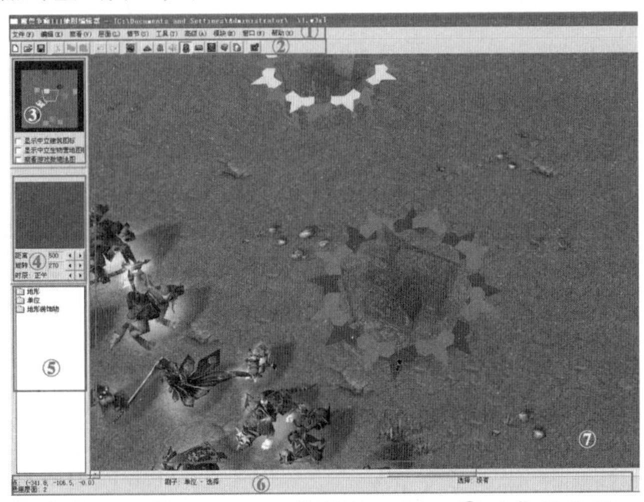

①菜单栏；②工具栏；③微缩地图；④对象信息区；
⑤对象数据；⑥地图编辑区；⑦状态栏

图 10-1

地形编辑器包括以下几个部分。

（1）菜单栏：包含文件、编辑、察看、层面、情节、工具、高级、模块、窗口、帮助 10 个菜单命令。

（2）工具栏：包含新建、打开、保存、剪切、复制、粘贴、撤销、恢复等常用按钮。对于这些按钮，其作用及使用方法和其他软件完全相同，这里不再赘述。

以下是世界编辑器特有的按钮。

① 选择刷子：使用它可以选择地形和各种对象，如同 Windows 的画笔一样，在地图上执行移动、复制、删除等操作，通常按 Esc 键就会自动恢复到选择刷子模式。

② 地形编辑器：用于打开地形编辑器。

③ 触发事件编辑器：用于打开触发事件编辑器。

④ 声音编辑器：用于打开声音编辑器。

⑤ 物体编辑器：用于打开物体编辑器。

⑥ 战役编辑器：用于打开战役编辑器。

⑦ AI 编辑器：用于打开 AI 编辑器。

⑧ 物体管理器：用于打开物体管理器。

⑨ 输入管理器：用于打开输入管理器。

⑩ 测试地图：立即进入游戏，开始测试地图。

（3）微缩地图：同游戏中一样，可以宏观察看整个地图的地表和物体设置。

（4）对象信息区：显示选中对象的模型或效果，可以改变距离及旋转对象来观察。

（5）对象数据：选中的对象数据会显示在这里。

（6）地图编辑区：即时预览地图，通过工具面板对地图做出设置。

（7）状态栏：显示对象坐标、显示当前工具、显示选择、地图时间、是否对战地图等。

地形编辑器需要工具面板的配合才能发挥其最大作用，工具面板会在世界编辑器启动时自动打开。工具面板分为 5 个，分别是地形面板、地形装饰物面板、单位面板、地区面板、镜头面板，如图 10-2 所示。

①地形面板：用于制作出高地、低谷、斜坡、水、起伏地面等各种地形地貌，包括地形高度和纹理工具。

②地形装饰物面板：用于在地图上放置各种地形装饰物，其中包括金矿及树木资源、建筑、物品道具、地图控制触发器等。

③单位面板：可以在地图上放置所有玩家及中立的各种建筑单位、生物单位及物品。

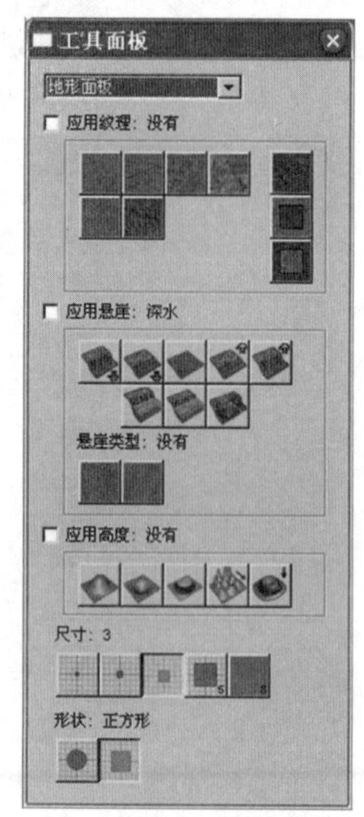

图 10-2

④地区面板：用于在地图上划分一块区域，设置区域的属

性，用于配合触发器的使用。

⑤镜头面板：在地图上放置镜头，结合触发器，可以利用这些镜头制作过场动画。

使用上面所提到的面板和工具，能够在地形编辑器上修改地形和放置所有游戏中的单位、建筑和装饰物等。

10.1.2　触发事件编辑器

游戏中的各种事件、任务、电影、声音等全都是用触发器制作的，如果想做一个有剧情的 RPG 地图就必须使用触发事件编辑器。一个触发器分为 3 部分，如图 10-3 所示，包括事件、环境、动作。

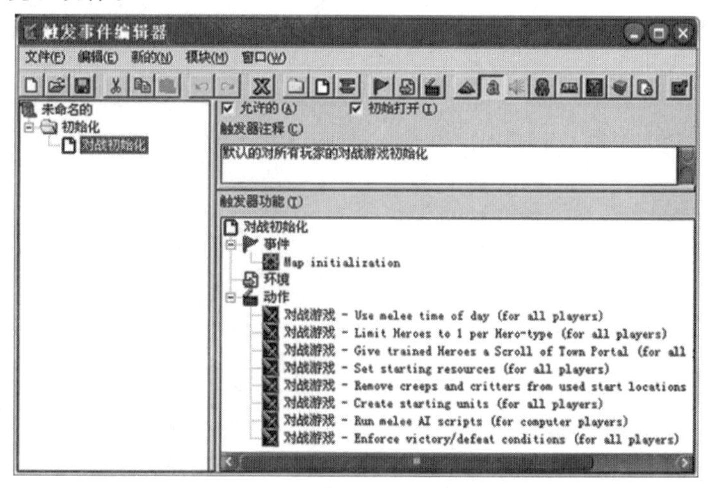

图 10-3

触发事件编辑器上的右键菜单命令有以下几个。

①新类：仅用作给触发器分类。

②新触发器：在分类中建立一个新的触发器。

③新触发器注释：仅用作分隔及注释触发器。

④允许触发器：允许使用此触发器。

⑤初始打开：初始触发器为打开的。

⑥分类是注释：将分类变成注释类型。

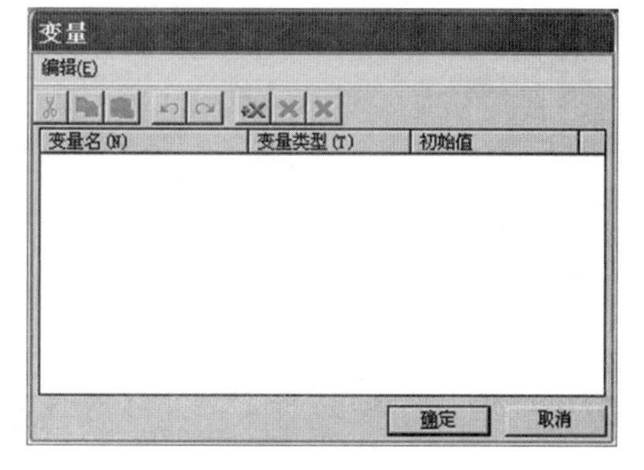

图 10-4

变量管理器按钮 用于打开变量管理器。变量管理器用于管理游戏中的变量，如图 10-4 所示。关于变量，可以这样理解：

变量是用一个名称指向的一个内存地址空间，内存空间中可以存储的数值内容是能够被随时改变的，只要调用这个变量名字，就是调用了变量相对应的地址中当前存储的内容。比如，变量 a = 10，那么 a+10 就相当于 10+10。

新增变量：新增一个变量并指定其变量类型。

修改变量：修改一个已有的变量属性。

删除变量：删除变量。

变量在触发器中起着重要的作用，了解了变量才能更轻松地使用触发器设计事件。在世界编辑器里，变量可以用来存储一个或多个对象。然后就用这个变量的名字来引用这些存储的对象。

图 10-5

为变量选择合适的类型是非常必要的，如果类型选择错误，便无法在触发器中使用所定义的变量。打开触发事件编辑器，再打开变量管理器，单击“添加变量”按钮，添加变量，如图 10-5 所示。

这些变量包括游戏的各个方面，不必记住，只要正确地选择它们就可以了。此处添加变量 PlayerUnit，如图 10-6 所示。

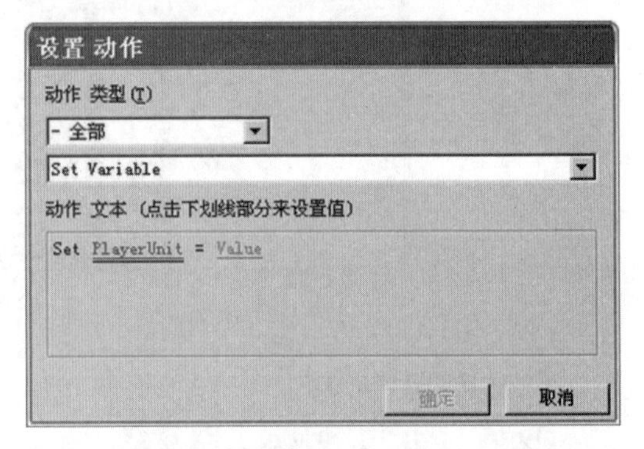

图 10-6

如果需要使用数组，选中“数组”，单个变量将成为一个变量数组，并且成为以下形式：变量名 [序号]。用序号来分辨数组中每个变量，这样做的好处是不必定义大量相同类型的变量，减少工作量的同时也不容易和其他类型的变量混淆。添加变量数组 PlayerUnit[索引]，如图 10-7 所示。

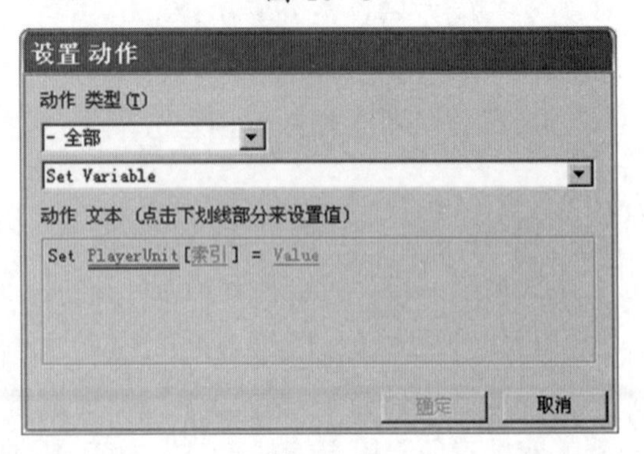

图 10-7

变量名应尽量根据用途取名，如存储玩家单位的变量就用 PlayerUnit，存储玩家英雄的变量就用 PlayerHero，这样可以使脚本程序易读，并且在使用变量时不容易出错。

10.1.3 声音编辑器

在声音编辑器中，能做的就是管理声音，实际的应用则是在触发事件编辑器中做的工作。但是要在触发事件编辑器中应用声音，就必须先在声音编辑器中选择声音。

通常声音是不需要特别设置的，使用较多的是在过场动画模式里，用于配合过场动画而播放。声音编辑器如图 10-8 所示。

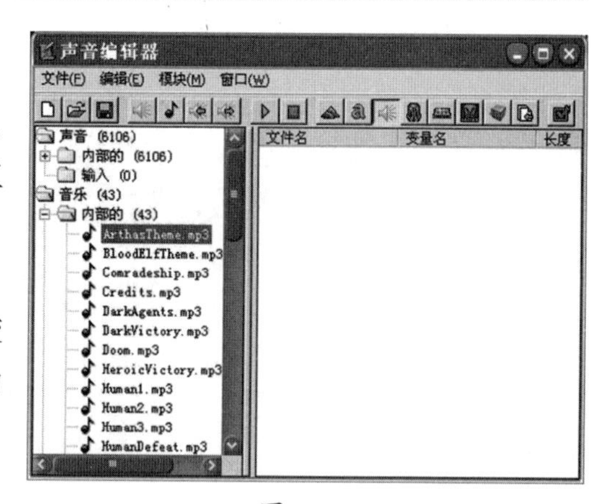

图 10-8

1. 菜单指令

（1）播放：播放当前声音。

（2）停止所有回放：停止当前正在播放的声音。

（3）用作声音：将声音用作声音。

（4）用作音乐：将声音用作音乐。

（5）替代内部声音：使用其他声音替代内部声音。

（6）输出声音：将声音另存为文件。

2. 按钮

（1）声音：当作声音 / 音乐来使用。

（2）导入 / 导出：导入 / 导出声音文件，可导入 .wav、.mp3 格式文件，导出为 .wav 格式文件。

（3）播放 / 停止：开始 / 停止播放声音。

10.1.4 物体编辑器

这种编辑器相对比较简单，通过它将制作好的道具按类放在分类的目录下，这主要是为了方便编辑管理。这种编辑器的主要作用是，通过该编辑器对游戏中使用的物体进行数值设定，在物体编辑器里设定的数值被用于游戏实现。

使用物体编辑器，在实际的游戏项目开发中，往往能够起到事半功倍的作用。游戏设计师可以操作物体编辑器的出现，改变了传统开发流程中，由游戏设计师在文档中设计装备、道具的作用、名称、说明，而后交给程序部门在程序中赋值的烦琐流程。这样的流程每增减一件道具，都要经过策划设计和程序两个部门的信息传递，不仅烦琐，而且出错率高，纠错难度较大。有了物体编辑器大大提高了工作效率，程序部门只需要把编辑器中涉及的物体数值和属性项目在程序中定义好就可以。而具体的物体属性值设定工作则可以完全交给策划部门，更利于游戏设计师自由地实现游戏设想。

魔兽物体编辑器，针对各种对象，其中包括单位、可破坏物、物品、技能、升级。编辑它们的所有属性，包括外形、图标、热键、攻击方式等。物体编辑器如图 10-9 所示。

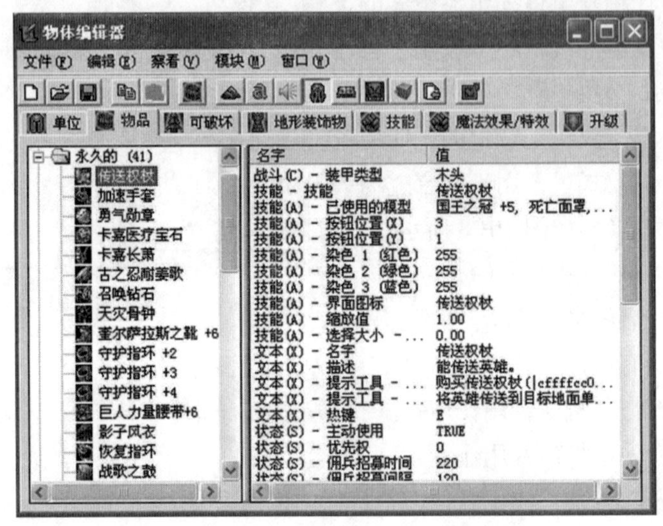

图 10-9

这里的物体，实际上指的是游戏中的各种对象，所以有时也叫对象编辑器。在物体编辑器窗口中，暴雪公司的设计师将对象分为以下几大类。

（1）单位：包括英雄、单位、中立生物等。

（2）物品：英雄使用的物品。

（3）可破坏物：这里包括所有可被破坏的东西，也包括建筑物。

（4）地形装饰物：那些放在地图上作装饰的物体。

（5）技能：包括所有英雄技能、单位技能。

（6）升级：包括建筑升级、技能升级、防御升级、攻击升级等可升级项目。

在快捷工具栏中的图标是新建对象按钮，可以以游戏中的对象为基础新定义一个对象。在物体编辑器中，所有对象的属性都可以修改，给游戏设计师一个发挥想象力的无限空间。

10.1.5 AI 编辑器

在 AI 编辑器中可以创造 AI 来指挥部队的发展和进攻战略。AI 编辑器如图 10-10 所示。

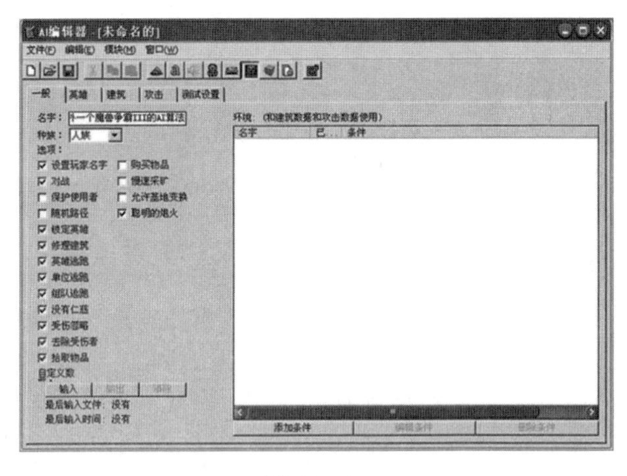

图 10-10

在这里并没有用到 AI 编辑器，所以就不再赘述了。要想详细了解可参阅暴雪官方说明文档 AI 编辑器部分。

10.1.6　战役编辑器

战役编辑器用于制作战役界面，让游戏设计师可管理战役的开始、完成，安排战役关卡的任务和顺序。当使用其他编辑器完成一系列的关卡地图后，可以用这个编辑器把这些关卡串联起来，形成一个完整的游戏故事。战役编辑器如图 10-11 所示。

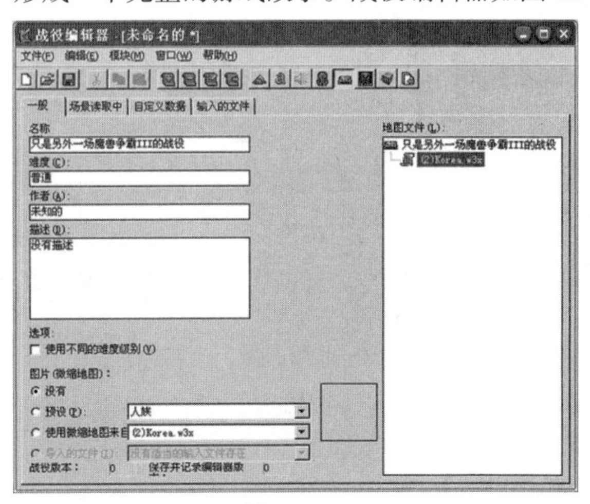

图 10-11

先制作好地图，之后将地图导入战役编辑器，设置好次序、剧情和属性后保存即可生成战役。

战役编辑器中的主要按钮有以下几个。

（1）添加地图：加入地图到战役中。

（2）去除地图：从战役中去除地图。

（3）编辑地图：在地形编辑器中打开地图编辑。

（4）输出地图：导出地图另存为地图文件。

详细介绍可参阅暴雪官方说明文档的战役编辑器部分。

10.1.7 物体管理器

物体管理器仅仅用于管理已放置在地图上的所有对象，可以得到对象的信息，或者选择使用物体编辑器编辑对象。

这里能够统计和管理已放置在地图上的所有对象，使用右键快捷菜单可以执行查看、编辑、选择、删除物体等操作。物体管理器如图 10–12 所示。

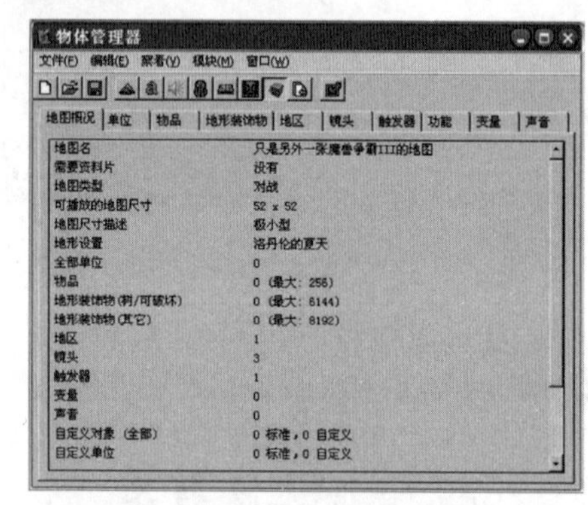

图 10–12

10.1.8 输入管理器

输入管理器类似于物体管理器，在这里不但可以管理所有导入地图的文件，同时也可以将一些新的模型文件导入地图编辑器中。输入管理器如图 10–13 所示。

图 10–13

在开发游戏过程中，如果有好的编辑工具，将会事半功倍。因而游戏的开发应该最先以设计、开发适合游戏的编辑工具开始，这就是“工欲善其事，必先利其器”。而且好的编辑器，在开发该游戏的续作，或者提供给玩家开发新的 MOD，提示游戏的可玩性和深度方面都是可以利用的。

10.2 编辑器基础操作

本节将介绍常用菜单指令和变量的基础知识，了解这些知识将对制作地图有很大帮助。

10.2.1　地图属性

首先介绍地图的属性，它包括以下内容。

（1）描述：修改地图名称、描述、建议玩家数、作者等信息，这些信息会在选择地图时显示在简介里，如图 10-14 所示。

（2）选项：修改地图环境设定，如图 10-15 所示。

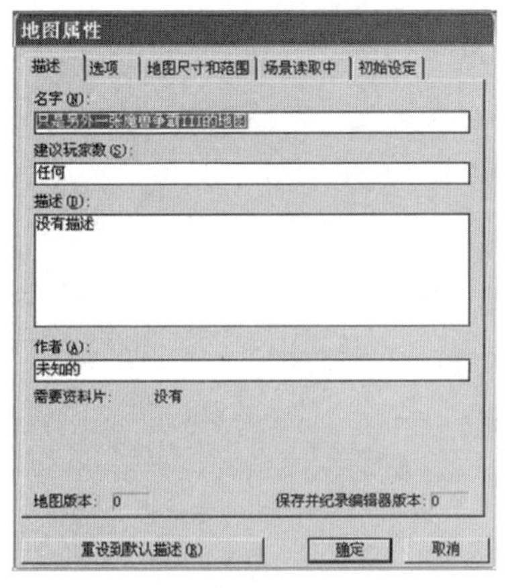

图 10-14

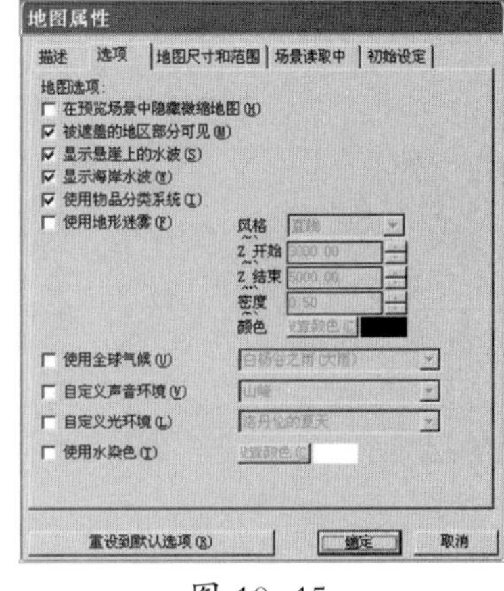

图 10-15

（3）地图尺寸和范围：修改地图的镜头范围，游戏中的镜头是不能超过这个范围的，如图 10-16 所示。

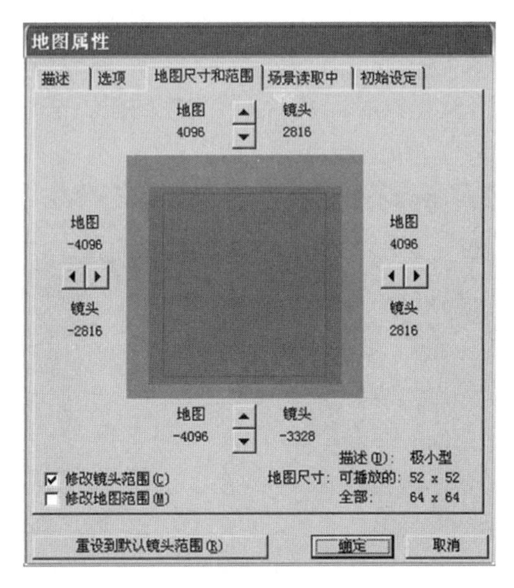

图 10-16

（4）场景读取中：修改当前地图的读取画面和读取时显示的信息，类似地图描述，但是这里的修改信息是显示在地图读取时的等待画面的，如图 10-17 所示。

（5）初始设定：设置地图天空显示效果、开始的游戏时间等，如图 10-18 所示。

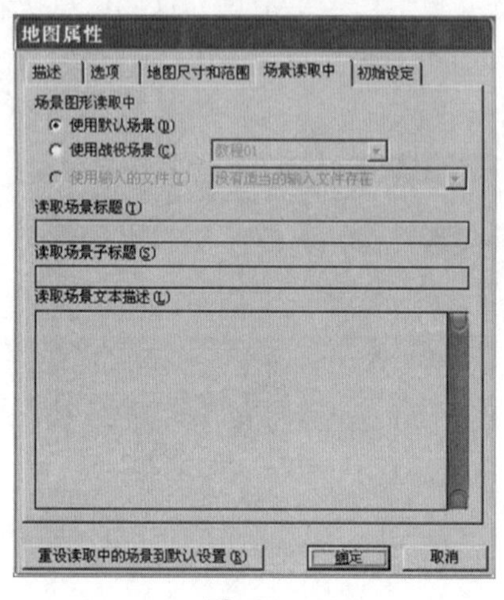
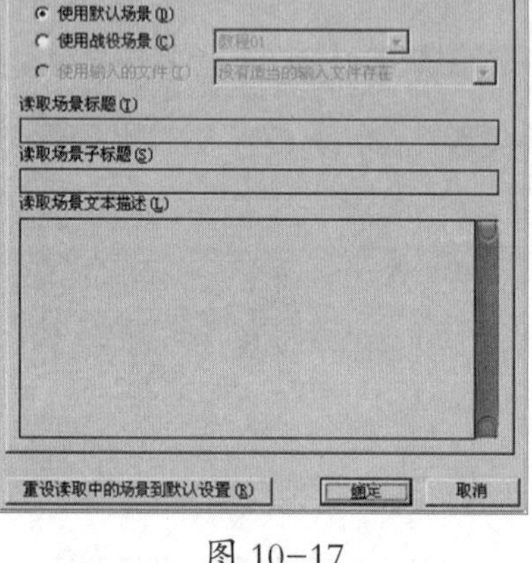

图 10-17

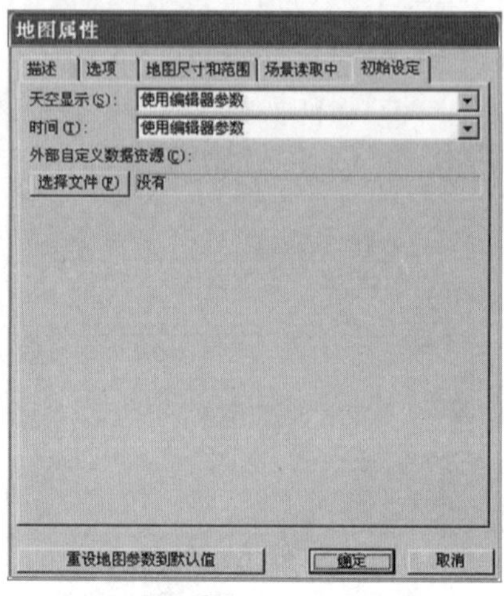

图 10-18

10.2.2 玩家属性

接下来是玩家的属性设置，包括以下内容。

（1）玩家：设置玩家名字，如图 10-19 所示，种族、控制者，选中固定开始地点后开始点将固定不变。

（2）结盟优先权：有优先权的玩家将会优先在同盟玩家旁边的开始点出现。设置界面如图 10-20 所示。

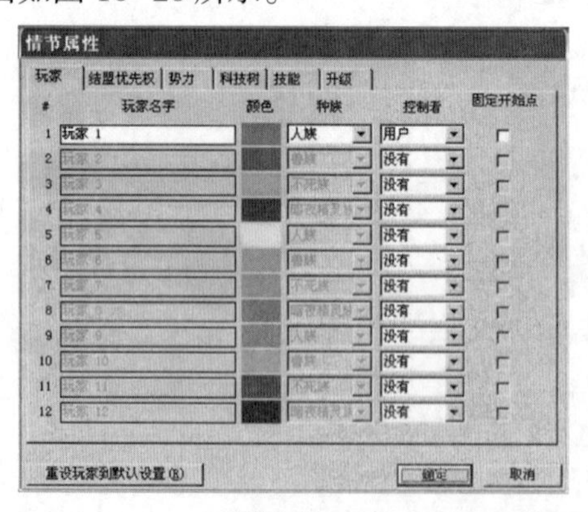

图 10-19

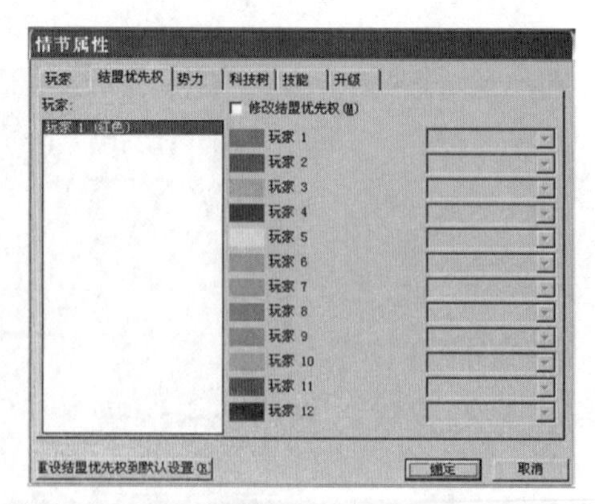

图 10-20

（3）势力：势力也就是同盟，这里可以固定在进入地图之前有多少个不同的势力，每个势力包含几个玩家。设置势力属性如图 10-21 所示。

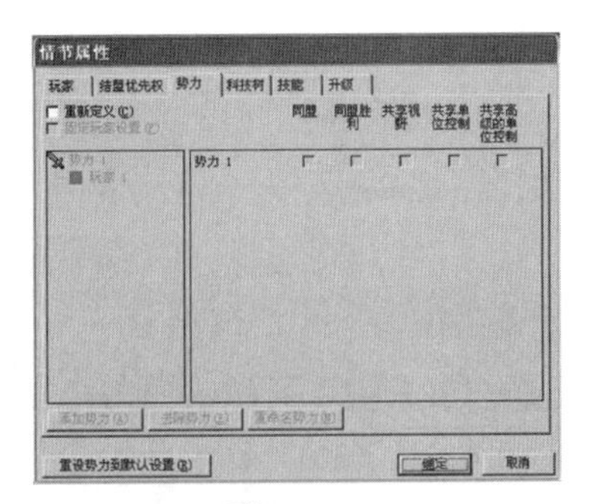

图 10-21

（4）科技树：每个玩家能够生产的单位，要改变它需要勾选“使用自定义科技树”复选框，如果把各单位名后的复选框取消勾选，在游戏中将不能生产此单位。设置科技树属性如图 10-22 所示。

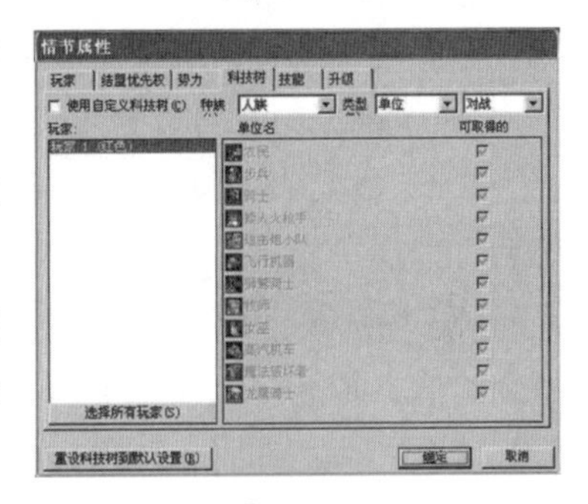

图 10-22

（5）技能：每个玩家能够研究的魔法技能，与科技树属性类似，去掉各技能后的勾选将不能在游戏中使用此技能。设置技能属性如图 10-23 所示。

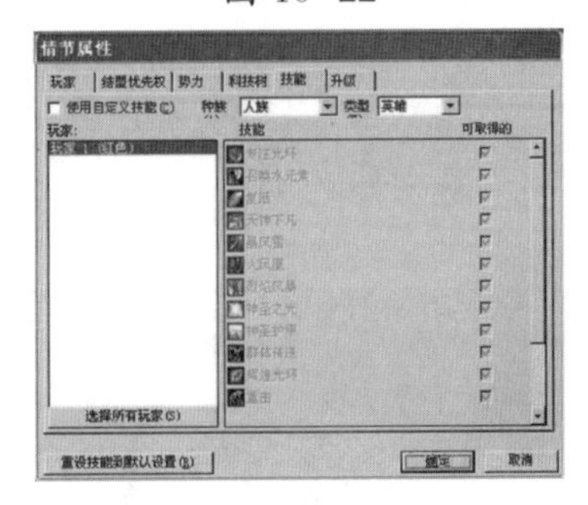

图 10-23

（6）升级：每个玩家能够升级的升级选项，可设定 3 种状态：“不可取得的”即不能够在游戏中升级；“可取得的”即可在游戏中升级；“已研究的”即进入游戏后就已经默认研究好了。注意，这里有父级和子级的概念，如果父级被禁止，那么子级也就会失效。例如，如果把升级铁甲禁止，那么之后的钢甲和重金甲也就无法升级。设置升级属性如图 10-24 所示。

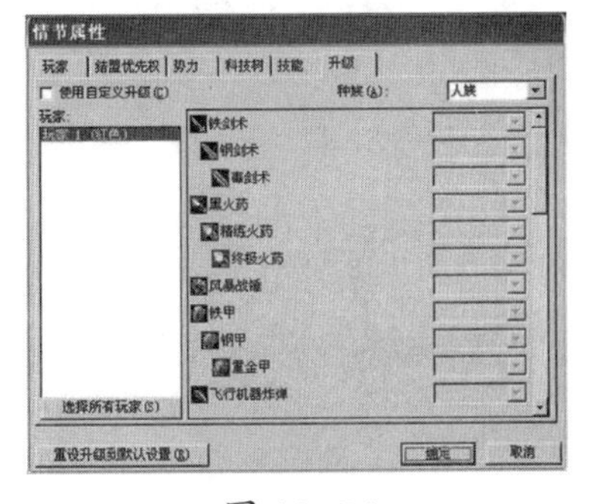

图 10-24

10.2.3 常用菜单

这里只介绍几个常用的、特有的和不容易理解的菜单命令，全部菜单介绍可参阅暴雪官方文档。

1. 文件

（1）优先选择：编辑器的属性设置。

（2）配置控制：这里可以修改地图编辑器的所有快捷键。

（3）测试地图：立即运行游戏，测试当前地图。快捷键是 Ctrl+F9。

2. 察看

这里基本都是打开 / 关闭地形编辑器的显示效果的，如果你的机器慢，那么关掉一些效果，可以起到提速的作用。

（1）光：因为新地图基本上一开始都是晚上，所以地图会很黑，把这项关掉就能保持在白天的光线状态了。

（2）栅格：打开/关闭显示地图上的网格，这对物体、地形的定位和放置非常有用，快捷键是G。

（3）地图边线：游戏中镜头是不能移出此边界的，把它打开有助于靠近地图边缘的镜头设置，快捷键是B。

（4）恢复到初始视角：在使用过观察镜头后用于恢复镜头到默认镜头视角，快捷键是Ctrl + Shift + C。

3. 高级

修改地形设置：如果不满意现在的地形纹理，可以在这里修改，也可以自定义纹理。

（1）随机组：可以自定义游戏中的随机单位、建筑、物品组。

（2）物品表：设定共同掉落物品的类型和概率，这在单位属性中也可修改，设定好后可以在单位属性中运用。

（3）游戏平衡性常数：可以修改游戏中的固定常数，包括英雄最高等级限制、所得经验值、技能跳级、野生单位警界范围等。设置游戏平衡性常数如图10-25所示。

（4）游戏界面：可以修改游戏界面。

（5）重设高度区域：可设定将地形变得凹凸不平。

（6）调整悬崖层面：通过选择数量，增加或者减少所有地形和悬崖之间的高度。

（7）替换地形：使用新的地形类型替换旧的地形类型。

（8）替换悬崖类型：使用新的悬崖类型替换旧的悬崖类型。

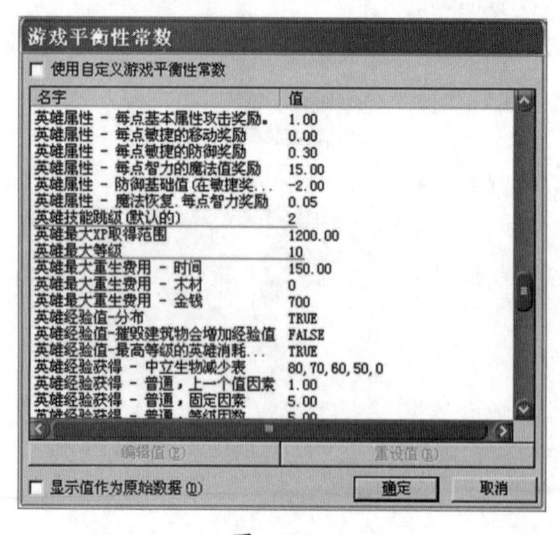

图 10-25

（9）替换地形装饰物：使用新的地形装饰物类型替换旧的地形装饰物类型。

（10）察看整张地图：调整视角，使其变为俯视整张地图，与微缩地图不同的是，可以看到放置在地图上的所有对象。

（11）重设纹理变化：恢复地形纹理到默认纹理。

（12）强制水的高度限制：强制进行正常的水流高度。如果不使用这个选项，可以制作飘浮在空中的水流。

（13）加强镜头范围：这项设置将镜头区域强行限制在地图边缘之内。

整个地图显示如图 10-26 所示。

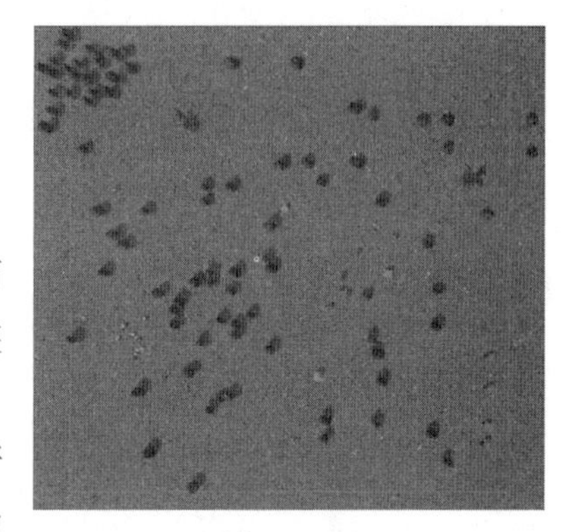

图 10-26

10.3　创建地形及装饰物

世界编辑器强大且易用，地形编辑器可以非常简单地做出你想要的地形，地形装饰物则是一些用来装饰地图的物体。

地形面板和地形装饰物面板的使用非常简单，所以这里主要介绍几个容易产生问题的地方。要注意的是，树木资源在“地形装饰物”中，而金矿和各种中立建筑都在单位面板的“中立无敌意”类别中。

10.3.1　创建斜坡

斜坡必须是相邻高度的两层，相邻两地块之间高度差超过两层的不能跨层制作斜坡。图 10-27 所示为制作相差一层的地形。

打开地形面板，单击图标，如图 10-28 所示，用斜坡刷子沿分界拖动。这样就做出了一个斜坡，如图 10-29 所示。

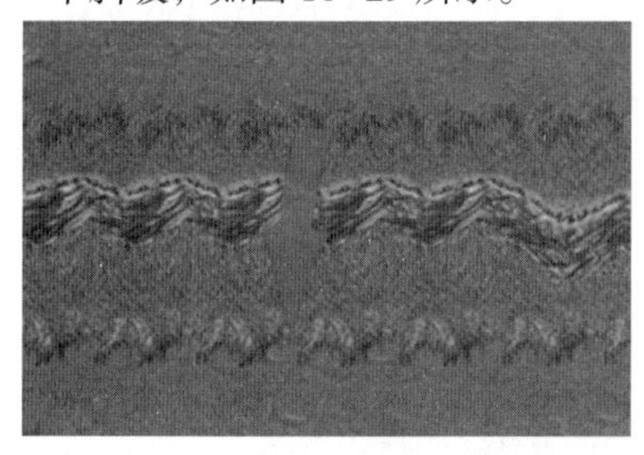

图 10-27

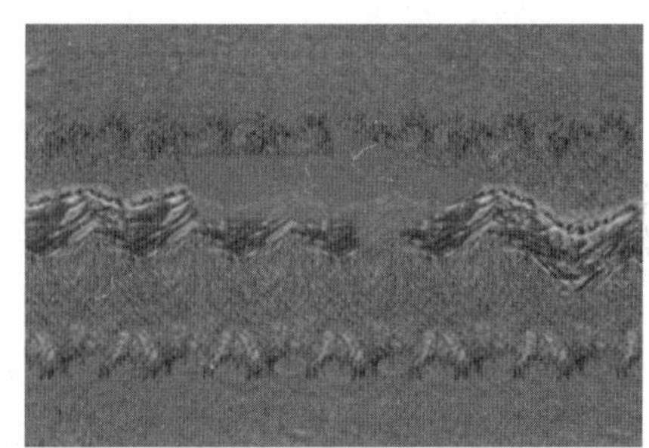

图 10-28

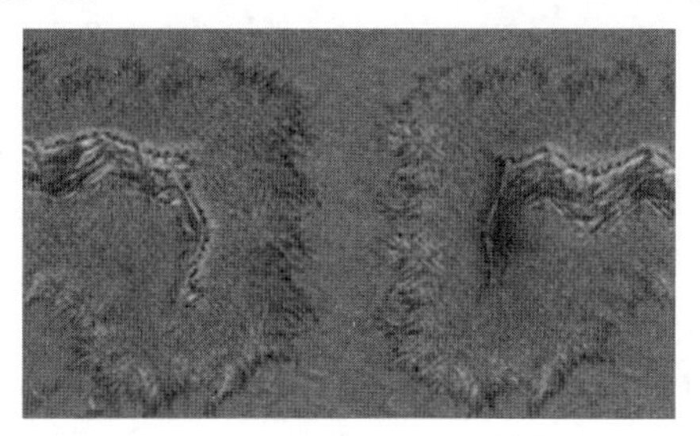

图 10-29

10.3.2 缩放物体

在地图中加入一个地形装饰物——木桶，如图 10-30 所示。

打开物体编辑器，找到要修改的木桶。在许多的物体列表中查找物体是很困难的，用物体管理器会容易很多。打开物体管理器，在它里面找到木桶，选择右键菜单中的“在物体编辑器中察看”命令，如图 10-31 所示。

图 10-30

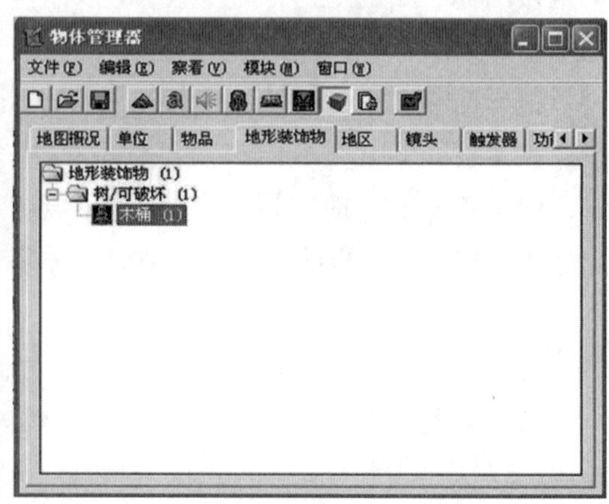

图 10-31

修改“编辑器 - 最大比例”和“编辑器 - 最小比例”参数，如图 10-32 所示。这里是按百分比计算的，1 表示 100%，把它改为 2.5 就可以在这个比例范围内自由地改变物体的大小。

现在，选中木桶并双击，在弹出的对话框中设置物体的 X、Y、Z 大小比例，如图 10-33 所示。

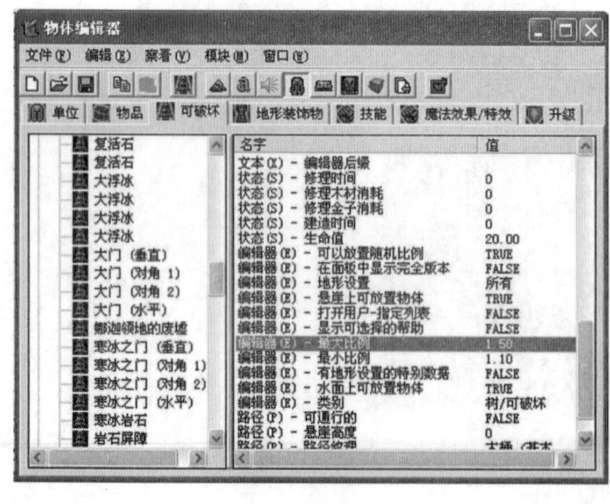

图 10-32

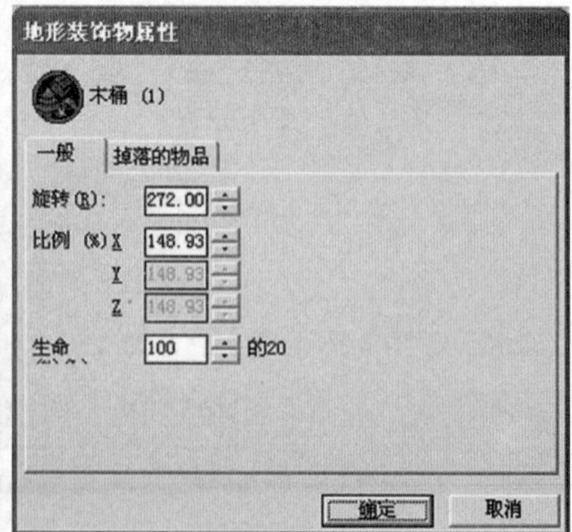

图 10-33

单击“确定”按钮可以看到物体的大小发生了改变，如图 10-34 所示。

图 10-34

10.3.3 制作瀑布

下面利用工具制作一个瀑布效果。

首先要把菜单中的“高级”→“强制水的高度限制”选项关闭，如图 10-35 所示。

用地形工具做出高地上的水域，就是在地图上做出高低地形，在地形上加上浅水，如图 10-36 所示。

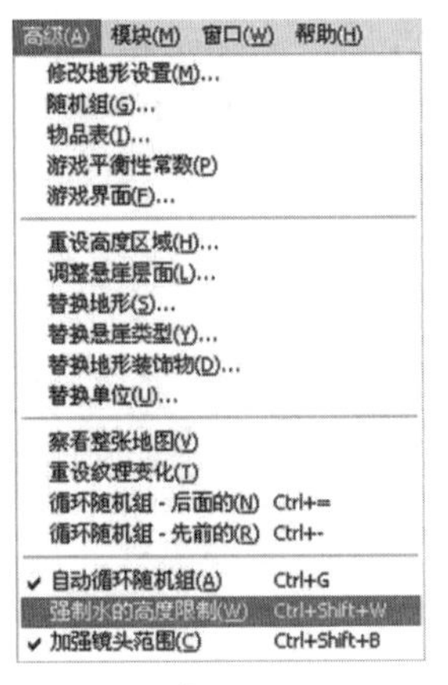

图 10-35

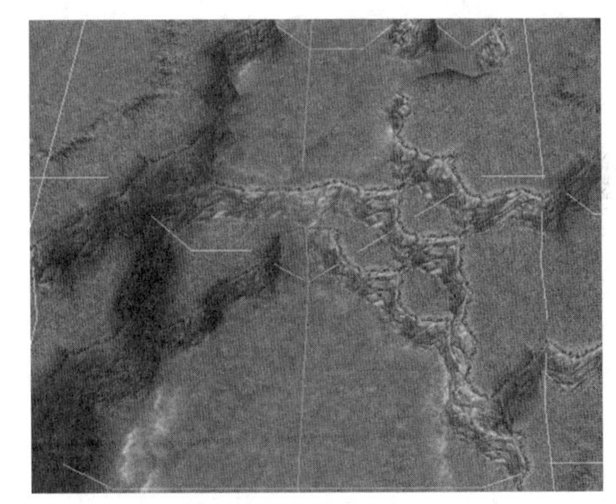

图 10-36

在“地形装饰物”面板中选择“洛丹伦的夏天”→“水”→“瀑布”，放到合适的位置。瀑布效果如图 10-37 所示。

按照 10.3.2 小节的方法，调整瀑布的宽度，使它符合水流的宽度，然后调整瀑布角度，对准水流的瀑布口位置，一个漂亮的瀑布就完成了。

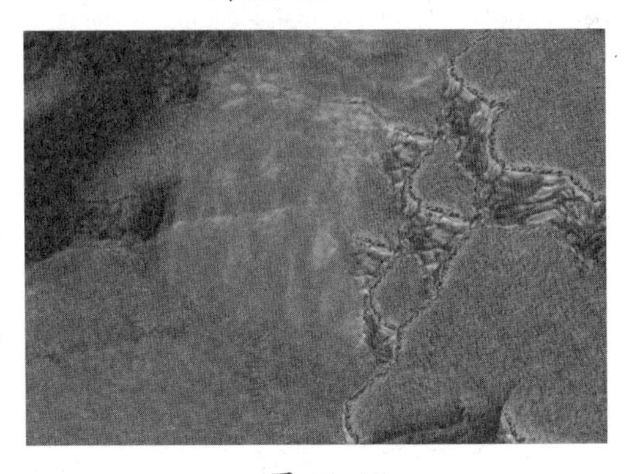

图 10-37

10.4 触发器

游戏中很多剧情都是通过预先写好脚本来实现的，在需要的时候执行这些脚本就可以了。但是，这些脚本在什么时候开始执行，则不是脚本本身所能决定的。一般程序执行的方法，如C应用程序，有一个唯一的入口点，是按照一定顺序执行的。但是，由于玩家动作的不确定性，脚本执行的入口点是不确定的。

设计师使用脚本事先编辑好剧本之后，将其存储在特定目录下。运行游戏时，游戏会在开始运行指定的剧情（开头动画）之后，在游戏中主角的触发下，在不同的时间、地点和不同事件下发生不同的故事。所以，脚本通常都是通过预定义的事件来触发的，当发生一定事件时，则执行对应的脚本。而这些事件的具体表现形式，则可以通过一种称为触发器的游戏元素来实现。

10.4.1　触发器概述

触发器就是指通过特定的事件导致新的事件发生的机制。特定的事件，具体所指可能是：和NPC或玩家对话、战斗胜利、完成任务、获得任务物品、经验值达到某个标准等。发生的新事件，由游戏制作者在相应的人物或地点所带的脚本中编辑。

触发器是事件编辑器的关键所在，游戏中多样的任务、不同的事件、胜利 / 失败的条件、天气的变化等这些全部都是触发器的功劳。

触发器一般都是使用已经固定好的模式，仅仅要求设计者在使用时设定触发器的控制变量和参数来控制触发条件。一般的游戏设计师通常并非专业的程序设计人员，因此这种通过编辑属性和构造触发器的方式对于非编程人员更为形象和方便。

通常，功能完整的游戏编辑工具会将触发器的编辑和脚本的编写集成在一起，以便很容易地进行事件设置和相应的处理脚本的编写。在关卡编辑工具中，触发器通常被放在场景中，作为一个特殊的对象，和其他对象一样用一个图标表示，以便设计师理解场景的形象。但是对于玩家来说，触发器是不可见的。

一段游戏内容的触发，是通过多种情况来实现的。就触发的介质来说，基本上可以归纳为人物触发、物品触发和地图触发3种。

人物触发通常是通过单击该人物，主角走到NPC人物对话范围等方式实现。单击一个人物，实际上就是触发了该人物身上所带的故事脚本，需要发生的事件就写在该人物所带的脚本上。

地图触发主要是人物走到特定地点后实现。

物品触发也有多种多样的方式，这里就不再赘述了。

当这些介质触发了某些触发器时，游戏程序通过逻辑判断来决定触发的不同结果，也就是产生游戏动作。逻辑判断的基本方式为数值与要求数值的大小关系，形式上可以表现得丰富多样。就数值逻辑判断而言，有大于、大于或等于、等于、小于或等于、小于、不等于几种形式。当然，这些形式可以简化为大于或等于、等于、小于或等于、不等于 4 种。

在一个完整的游戏过程中，游戏的开始往往是先发生一段交代相关背景的剧情，然后再让玩家自由活动，自由触发一系列的事件。也就是说，游戏由一个初始背景故事的剧本开始。之后的剧情，则建立在玩家与玩家交互、玩家与游戏中的单位交互的基础之上。当玩家与这些单位交互时，达到一定的条件就会发生下一步游戏动作。

10.4.2　触发器的使用

下面以《魔兽争霸Ⅲ：冰封王座》的游戏编辑器为例，来实际了解一般触发器的使用。

《魔兽争霸》编辑器中的触发器由 3 个部分组成，即事件、条件、动作。

事件：又称为触发事件，顾名思义，就是当某个事件发生时就运行触发器。

条件：判断是否达到指定的条件，如果没有达到条件将不执行动作。可以留空，表示直接执行动作。一般来说，条件越多越容易出错，所以要尽量只使用一两个条件。

动作：条件通过后所要做的事情。

用一个简单例子来说明，比如一个英雄进入地区后游戏胜利，那么就要像下面这样设置。

事件：一个单位进入地区。

条件：判断单位是否为一个英雄。

动作：如果是，游戏胜利。

在魔兽编辑器中使用触发器需要用到在编辑器里定义好的函数。在魔兽的地图编辑器里有许多内置的函数是固定不变的。它们通常被用于返回触发器，或玩家动作产生的结果值，如“Last Created Unit”返回最后创建的单位、“Triggering Unit”返回触发此触发器的单位等。下面介绍函数和变量的使用方法。

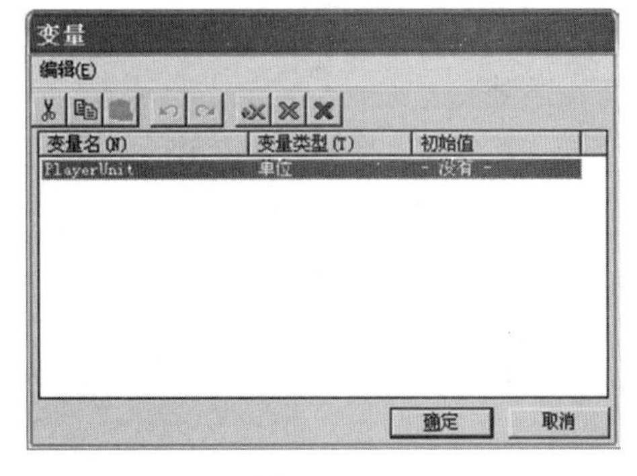

图 10-38

首先，打开变量编辑器新建一个变量 PlayerUnit，类型设置为“单位”，初始值设置为“空”。变量编辑器如图 10-38 所示。

然后，在地形编辑器中选择地区面板，在地图上添加 3 块区域，默认名字为“地区 000”“地区 001”“地区 002”。图 10-39 所示为添加触发区域。

在单位面板上选择“中立无敌意”，然后在“地区 001”和“地区 002”上各放置一个英雄，接着选择“玩家 1（红色）”，放置一个小精灵，如图 10-40 所示。

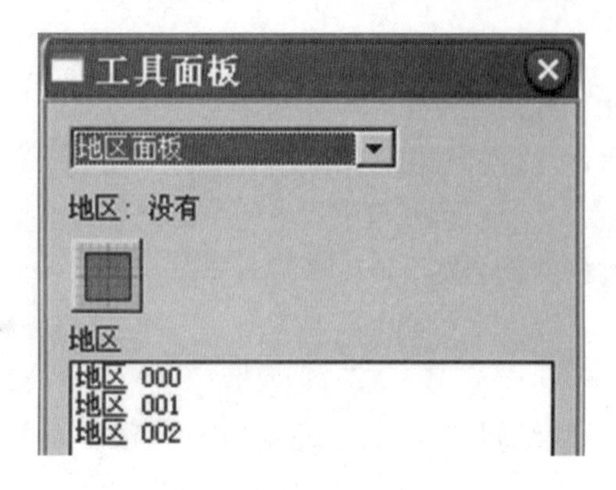

图 10-39

图 10-40

在触发事件编辑器里左边的“初始化”上右击，在弹出的快捷菜单中选择“新触发器”命令，增加一个新的触发器，命名为“ChooseHero1”。在触发器上右击，加入触发事件。

选择事件类型：单位。

事件：Unit Enters Region，如果单位进入某地区就运行触发器。设置事件如图 10-41 所示。

设置触发区域：单击 Region 出现图 10-42 所示对话框，选择“变量：地区 001”，注意要选中“变量”单选按钮，并设定事件区域为 001 地区。

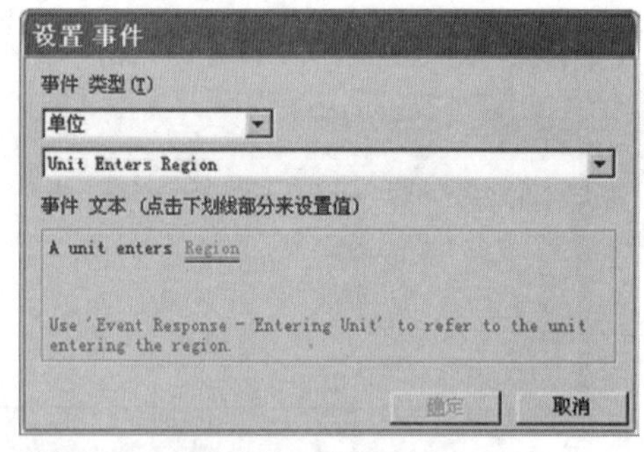

图 10-41

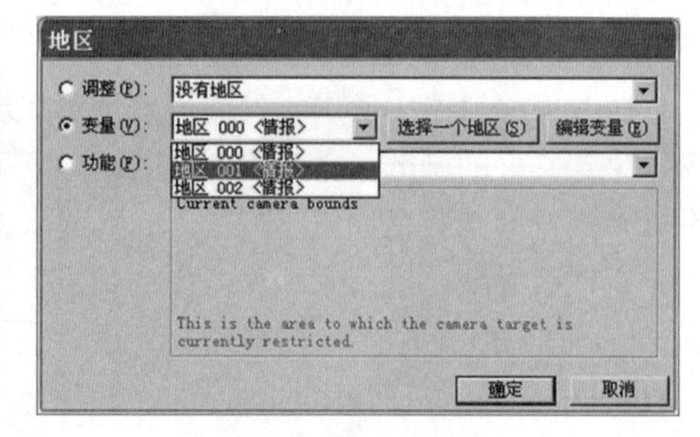

图 10-42

两次确定后完成事件的设置，现在新建一个判断条件。

条件：Unit-Type Comparison——比较单位类型，判断触发的单位类型是不是一个小精灵。设置触发条件如图 10-43 所示。

单击步兵，弹出“单位 - 类型”对话框，选择“暗夜精灵族”，再选择“小精灵”后单击“确定”按钮，如图 10-44 所示。

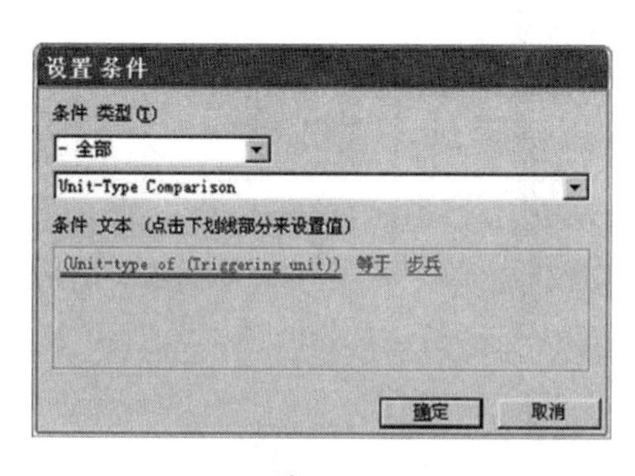

图 10-43

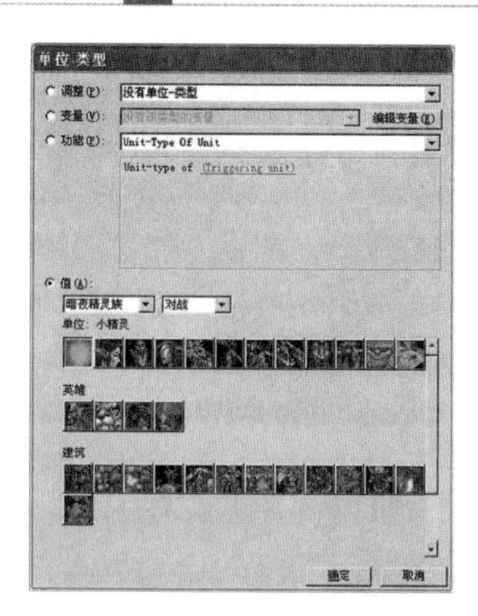

图 10-44

现在就要设置动作了，整个选择过程是一系列动作。如果小精灵进入了触发区，首先消除小精灵，给玩家创建所选择的英雄单位，并将这个单位记录到变量 PlayerUnit 中，以供后续的操作。

动作 1：单位 -Kill，杀死小精灵，Triggering unit 表示触发此触发器的单位，也就是小精灵，如图 10-45 所示。

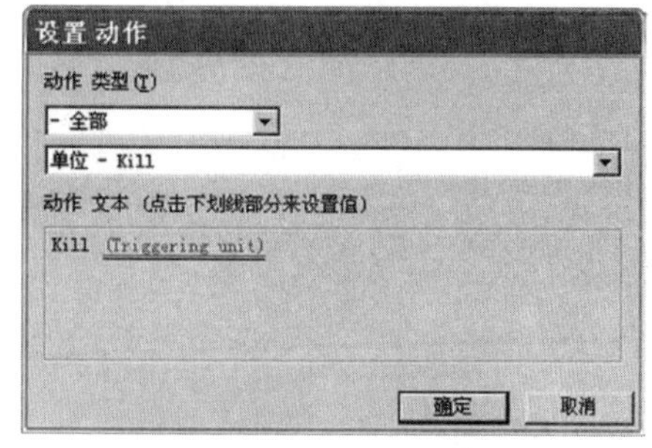

图 10-45

动作 2：单位 -Create Units Facing Angle，以指定的面向角度创建单位。在“地区 000”当中创建一个英雄给玩家 1，如图 10-46 所示。单击图 10-46 中的“步兵”，改变创建的单位，如图 10-47 所示。

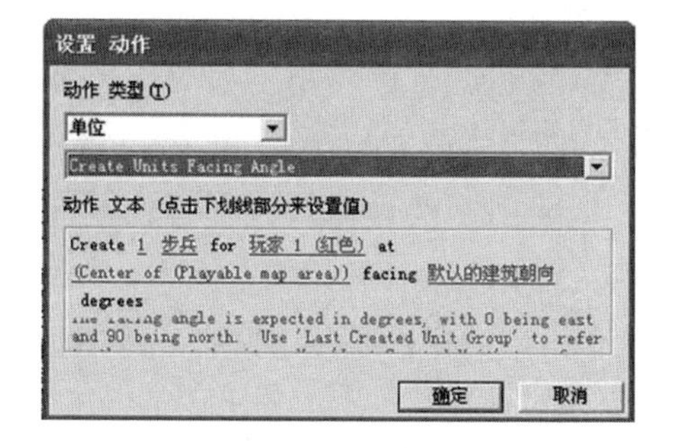

图 10-46

图 10-47

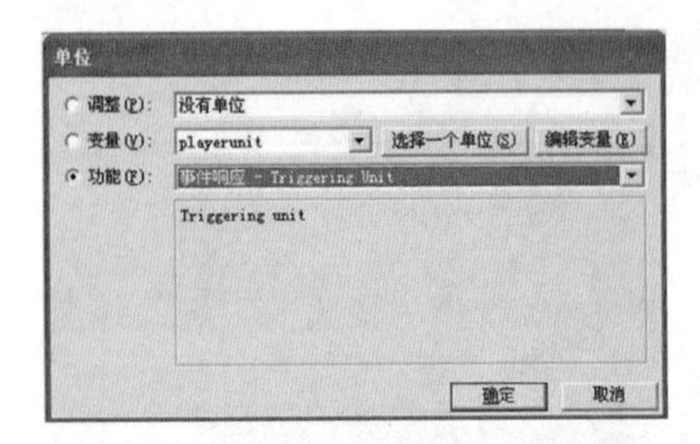

图 10-48

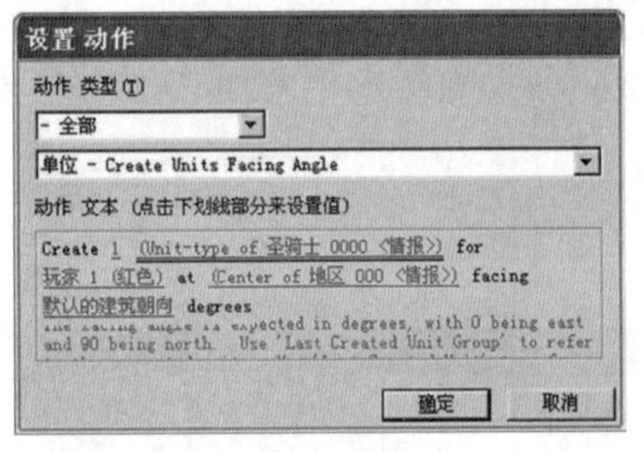

图 10-49

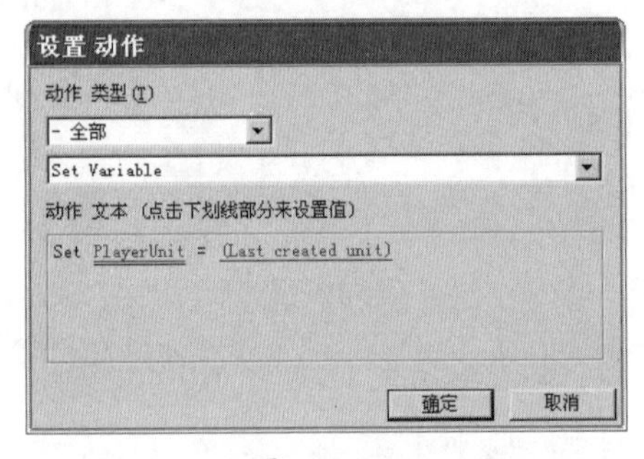

图 10-50

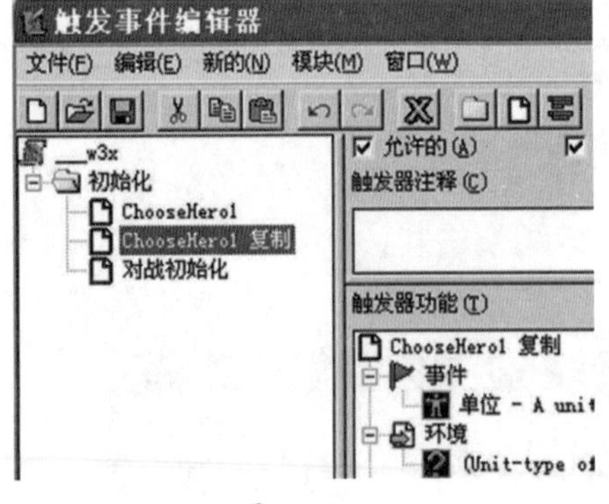

图 10-51

单击Unit-type of(Triggering unit),选择单位，如图 10-48 所示。

单击“选择一个单位”按钮，然后在地图上单击圣骑士，（Unit-type of 圣骑士 0000）这是创建给玩家的单位，玩家 1（红色）表示此单位给玩家 1，同样设定（Center of 地区 000），确定创建单位的位置在“地区 000”正中，默认的建筑朝向确定单位面向哪个方向。最终结果如图 10-49 所示。

动作 3：Set Variable。这条指令将最后创建的英雄赋值给变量 PlayerUnit。选择变量 PlayerUnit，然后将默认函数 Triggering unit 改为 Last created unit，Triggering unit 表示触发此触发器的单位，也就是已经被杀死的小精灵，Last created unit 表示最后创建的单位，这里就是指英雄。设置变量如图 10-50 所示。

现在要判断第二个英雄，这很简单，只需复制一份触发器，选择触发器“ChooseHero1”，复制后粘贴，就有了一份与“ChooseHero1”相同的触发器。复制的触发器如图 10-51 所示。

然后右击复制的触发器，将其改名为“ChooseHero2”，并修改其中的指令，只需把事件中“地区 001”修改为“地区 002”，然后再把 Create a Unit 指令中的“圣骑士”改为“山丘之王”就可以了。最终内容如图 10-52 所示。

从上面的介绍可以看出，如果想改变可选择的英雄，只要修改 Create a Unit 这条命令中的英雄即可。运用了变量以后，不管你选择的是哪个英雄，只要创建特效给变量 PlayerUnit 就行了，并且在以后操作英雄时也可以直接调用变量 PlayerUnit。

由此可以看出，为可能多次运用的对象创建

变量是个很好的习惯，合理运用将大大减少工作量。

按照上面的说法，如果在一个多人游戏中，有 10 个英雄可选，共 5 个玩家，则要设置 10×5 = 50 个触发器。这样设置很烦琐，事实上有一个起到关键作用的函数可以很好地解决这个问题。

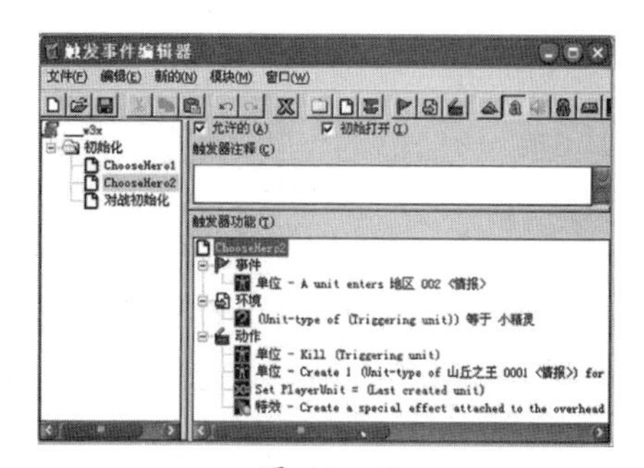

图 10-52

首先要把变量 PlayerUnit 下的“数组”复选框勾选，使其成为变量数组，如图 10-53 所示。

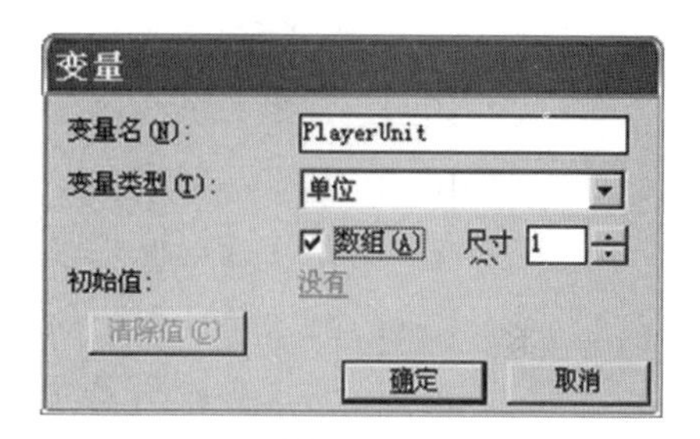

图 10-53

然后修改“单位 -Create a Unit”，将其中的“玩家 1（红色）”功能改为“转化 -Convert Player Index To Player”，然后单击“1”，把功能改为“游戏 -Number Of Players”，如图 10-54 所示，单击“确定”按钮。

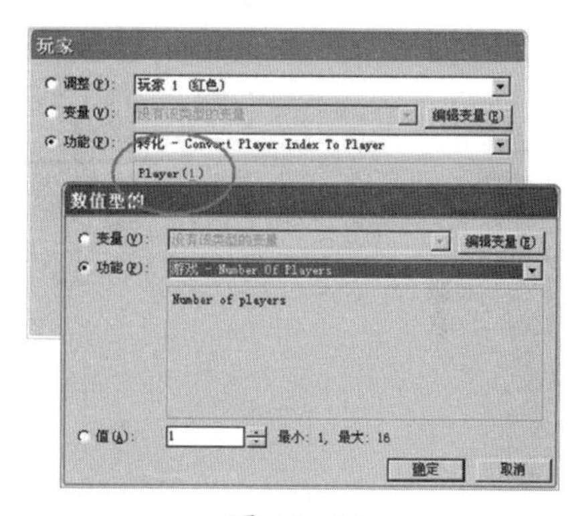

图 10-54

同样修改“Set Variable”，这时变量变成了“PlayerUnit [序号]”的形式，把“序号”也改为“游戏 -Number Of Players”就行了。

“游戏 -Number Of Players”表示是触发此触发器玩家的序号，所以“Player[游戏 -Number Of Players]”就是触发此触发器的玩家，这就使触发器能够自动判断是哪个玩家选择了这个英雄。在调用变量时只需选择数组的序号就行了。比如要调用玩家 2 的英雄，就只需调用对应的变量 PlayerUnit[2] 就行了。

如果你不想让玩家选择相同的英雄，只要选择“触发器 -Turn Off ”（关闭触发器）即可，如图 10-55 所示。

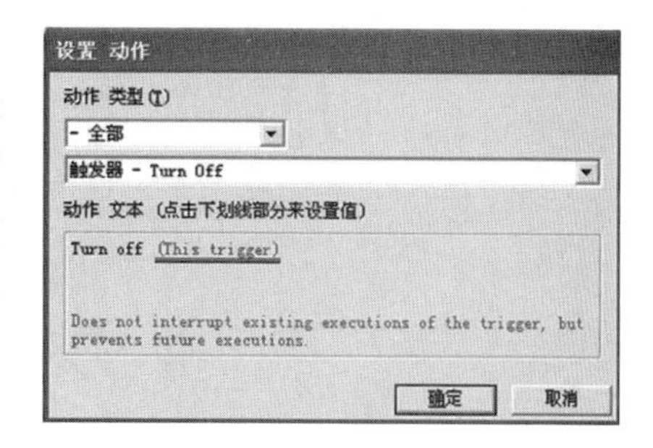

图 10 -55

这个触发器是指返回当前触发器，这条指令表示关闭当前触发器，触发器将不会再被触发。这句指令可以放在动作序列中任何位置，本动作序列不会因此中止，所以建议放在第一条运行，避免因为没有及时关闭而导致其他玩家再次触发此触发器。

本章小结

本章通过一套比较完善的编辑器，来讲解一般的游戏具体内容开发过程中所使用的工具。对工具的使用能力和策划设计能力是作为一个优秀游戏设计师必需的基本能力。各种游戏编辑工具的功能与使用实际上大同小异，应当在熟悉工具的同时，着重体会设计的实现，锻炼将设计想法通过工具实现的能力。

本章习题

10-1　常用的游戏编辑工具有哪些？

10-2　什么是触发器？它在游戏中有什么作用？

10-3　触发器的触发方式大致有哪几种？

10-4　魔兽编辑器中的变量主要在哪里被使用？

10-5　用魔兽编辑器设计你自己认为有意思的关卡。

游戏设计文档

游戏设计文档是游戏设计的最终体现。当然设计文档的形式不一，一个小游戏程序Demo（演示）的设计文档只存在于设计者的头脑中；大型商业游戏的设计文档由上百个文件组成，并且有版本控制系统跟踪设计文档的变更；其他大部分游戏的设计文档都在这两种极端情况之间，任何项目开发都需要文档。

在一个合格的团队中，游戏设计文档是不可缺少的一个环节。没有设计文档，自然就没有一个明确的目标；没有每天维护着的最新设计文档，也很容易造成团队开发进程管理的混乱。由此可见，设计文档在游戏开发中的重要性。

现在就来“整理”我们的设计文档，注意这里是说“整理”，结合前面的章节可以看出，设计文档就是将前面章节中所产生的想法、零散的文字，整理成一份系统文档，它不再是某一方面的只言片语，而是用来指导整个游戏后期开发的纲领性文件。

教学目标

掌握游戏设计文档的格式。

教学重点

●立项设计。

●用户分析在文档中的体现。

教学难点

游戏设计文档的细节设计。

11.1 设计文档的主要功能

设计文档属于功能性文件，它的存在对于游戏开发过程具有指导性意义。完善的设计文档就是游戏的蓝图和纸上版本。设计文档具有以下功能：

①指导游戏开发的顺利进行；

②确保游戏主题的连贯性；

③确保游戏项目的持续性。

更具体一点说，设计文档要满足以下各个游戏制作部门和人员的要求。

（1）编程人员必须理解游戏设计文档，并且根据它有效地起草游戏软件技术需求文档和软件技术设计文档。

（2）由艺术指导带领的艺术设计团队可以通过阅读游戏设计文档，理解游戏艺术内容的范围、外观和感觉。

（3）开发团队中的其他游戏设计者可以通过这一设计文档理解游戏的哪些部分需要他们细化说明，如3D关卡、界面及脚本。

（4）音频设计师可以通过该文档理解游戏需要什么音响效果、声音及音乐。

（5）市场人员可以通过设计文档理解他们在制订市场营销计划时应该围绕的游戏主题和相关信息。

（6）制作人员可以通过设计文档了解游戏的各个组成部分，以及怎样将游戏分解，制订开发计划。

（7）管理团队可以通过通读设计文档找出游戏的热点和值得投资开发的切入点。

11.2 常用设计文档的类型

虽然游戏设计人员主要涉及的是游戏设计文档，但是在开发游戏的过程中，仍然存在很多与设计相关的其他文档，如游戏剧情的设计文档，这些文档很可能只是描述设计工作的某一个方面，也有可能包含在游戏设计文档中，是游戏设计文档的一部分。但是因为这些文档可能需要独立撰写，因此就要更关心这个部分的细节，描述得更清楚些。虽然设计人员不一定会涉及这些文档的方方面面，但是了解这些文档都包含什么以及它们之间的相互关系是十分重要的。

因此，在深入研究设计文档的本质之前，有必要了解一下这些文档的基本类型。

11.2.1 概念设计文档

在第3章中已经讲过，一个确定的游戏通常要有一个正式的概念设计文档，同时这个文档也是立项报告，该类型文档的主要目的是为了让开发商同意支持这个游戏开发项目。

首先，概念设计文档对游戏设计的整体内容进行提纲挈领的描述，包括游戏设计思想、市场定位、预算和开发期限、技术应用、艺术风格、游戏开发的辅助成员和游戏开发初期需要的其他一些概括描述。其次，概念设计文档要包括游戏软件的可行性分析、对比分析市场同类产品、风险评估等。

概念设计文档通常比较简洁，一般由游戏开发小组的主要成员编写，这些成员应该包括游戏制作人、首席游戏设计师、首席软件工程师、美术总监和市场开发人员。

11.2.2 游戏设计文档

设计文档的实质是对游戏机制的逐一说明，在游戏环境中玩家能做什么、怎么做和如何产生兴奋的游戏体验，设计文档包含游戏故事的主要内容和玩家在游戏中所遇到的不同关卡或环境，同时也列举了游戏环境中对玩家产生影响的不同角色、装备。一个设计者对设计文档精华的理解程度应当与新闻撰稿人对新闻故事的理解相似，即玩家做什么？在哪里做？什么时间？为什么做和怎样做？

设计文档不涉及动画的脚本、技术设计文档的内容和美工艺术设计方面的大部分内容，特别提出的是，游戏设计文档不应该从技术角度去描述游戏的技术方向、平台、代码、系统要求、人工智能算法等，这些都是涵盖在技术设计文档中的典型内容，因此要避免出现在设计文档中。设计文档应描述游戏应该如何运行，而不是说明功能和如何实现。

同样，在设计文档中讨论游戏的市场销售也是不合适的，如如何进行市场定位和销售的策略；也不应该去考虑计划、预算和其他项目管理信息。

11.2.3 软件需求说明书

软件需求说明书相对于游戏软件开发的作用与游戏设计文档相对于游戏设计的作用一样，游戏设计文档阐述了游戏是怎样运行的，而软件需求说明书则讨论技术上怎样实现这些功能。

软件需求说明书通常由游戏的主程序员来完成，在这个文档中，要对游戏软件开发所必须使用的技术进行说明；要对代码采用的风格进行说明；要对系统的模块进行划分；要对具体模块的功能进行说明和相互之间的功能定义；使用什么样的开发方法，如快速原型法等。

11.2.4 测试计划与测试分析报告

测试是开发最重要的部分之一，所有的AAA级游戏大作，花在不断的测试和改进上的时间都超过前期的开发时间。所谓“慢工出细活”，也可以理解为为什么游戏业界的“跳票王”——暴雪会有如此多的拥护者。

在游戏开发过程中，每个测试都应该是有目的性的。这就需要有规范的测试计划来明确那些目的。测试计划应该标明测试人数、测试目的、测试方法、测试结果评估、修改办法等。比如：

第XX次测试

计划人数：200人

目的：测试国战系统效果

测试方式：在确定时间，测试人员到国战场景发起一次战斗

测试结果评估：国战持续时间可能为3~7分钟，时间太少，不符合要求

修改办法：……

……

测试分析报告明确哪些问题是属于哪个部门、由谁来负责、提出者是谁、时间、这个漏洞的优先级是多少、已经过了多少天没有解决等。测试分析报告的用处就是促使各个部门去完成修改，而不会遗忘，使测试真正起到作用。

11.3 游戏设计文档模板

对前面章节内容的学习是一个思考的过程，而一个游戏设计师思考的最终结果就是一份完善、详细的游戏设计文档。这里给出一个MMORPG类游戏策划文档模板例子，仅供参考。

11.3.1 标题页

标题页应当包含明确的游戏基本信息。

①游戏名称（设计文档名）：“XXXX游戏设计文档”。

②作者、开发小组、公司名及版权声明。

③文档版本号。

④文档写作或更新日期。

⑤游戏的类型，一句话的简介。

⑥标题图。

XXXX 游戏设计文档（XXXX 游戏策划案）

标题图

游戏的类型，一句话简介

例如，基于 PC 武侠题材 3D MMORPG

作者：

All work Copyright ©200? by　公司 / 开发小组

年　月　日

版本号：n . n

11.3.2　目录

目录是任何一份文档的重要部分，尤其对游戏设计文档而言。因为现在的大型游戏设计动辄上百页的设计文档，涵盖游戏的各个设计细节，而在游戏的开发过程中，各个人员的分工不同，详细的设计文档目录有助于各个方面的开发者找到他们所需要的内容。

现在，目录都可以通过 Microsoft Word 的自动生成功能来自动创建。但这样做的前提是设计文档要有一个好的文档结构，否则自动生成的目录也会混乱不堪。因此，建议在书写开发文档时从大纲模式开始，先确定文档的大纲结构。一份有条理的文档，对于设计思路的顺畅也是很有帮助的。不仅仅设计文档，实际上所有文档都应该是这样。在以后大量的文档写作中，每个人就会体会到，对 Word 的熟练使用是游戏设计师的基本素质。

11.3.3　立项说明

在制作游戏之前，策划首先要确定一点：到底想要制作一个什么样的游戏？要制作一款游戏并不是闭门造车或一个策划说了就算的简单事情，制作一款游戏会受到多方面的限制。

（1）市场：想做的游戏是不是具备市场潜力？在市场上推出以后会不会为大家所接受？是否能够取得良好的市场回报（即销售数量）？

（2）技术：想做的游戏从程序上和美术上是不是完全能够实现？如果不能实现，是不是有折中的办法？

（3）资金：是不是有足够的资金支持来完成游戏的整个开发过程？要知道，做游戏光有热情是不够的，还要有必要的开发设备和开发环境，而且后期的广告投入也是一笔不小的数目。

（4）周期：想做的游戏其开发周期是否长短合适？能否在开发结束时正好赶上游戏的销售旺季？一般来讲，学生的寒暑假期间都属于游戏的销售旺季。

（5）产品：想做的游戏在其同类产品中是否有新颖的设计？是否有吸引玩家的地方？如果在游戏设计上不能革新，是否能够在美术及程序方面加以弥补？如果游戏市场上已经有了很多同类型的游戏，那么你设计的游戏就需要有不同于其他游戏的卖点，这样才更有成功的把握。

以上各个问题都是需要经过开发组全体成员反复讨论才能确定下来。这种讨论往往以会议的形式进行。参与会议的人一般有公司的老总（资金提供者）、市场部成员（进行市场前景分析）、广告部成员（对游戏的宣传进行规划）、游戏开发人员（策划、程序、美工），大家一起集思广益，共同探讨一个可行的方案。如果对上述全部问题都能够有肯定的答案，那么可以说，这个项目基本上是可行的，但是即便项目获得了通过，在进行过程中也可能会有种种不可预知的因素导致意外情况的发生，所以项目能够成立，只是游戏制作的起点。

这部分通常要求制作成PPT的形式，以便在论证会中由主创人员进行演示和讲解。

在项目确立以后，下一步要进行的就是游戏的大纲策划工作。下面就是立项报告的大纲示例。

第01章：立项报告

1.1 网络游戏市场概述

1.2 各类代表游戏的市场运营情况

1.3 同类游戏的运营情况

1.4 同类游戏的优缺点分析及评论

1.5 申请立项游戏特点分析

1.6 开发资源列表及要求

1.7 开发进程规划

1.8 投资与收益估算

1.9 项目可行性总结

11.3.4　正文

这部分为游戏的主要设计内容，由概述到细节地设计游戏的方方面面。

第 02 章：游戏概述

2.1 游戏简介〔游戏类型、游戏简介、游戏主题、游戏背景概要、客户端类型、美术风格（场景、人物）、战斗类型等概要说明〕

2.2 游戏特点（概述部分的核心、创新点、卖点）

2.3 系统简介（分点说明角色、道具、场景、技能、经济、战斗、任务等所有核心系统体系的设计概要及特点）

2.4 游戏开发的特殊要求（人力资源、素材收集、技术创新等要求）

2.5 游戏的操作方式和界面结构

第 03 章：游戏背景

3.1 游戏设计理念

3.2 游戏的世界观

3.3 游戏故事背景

第 04 章：场景设计

4.1 世界地图及说明

4.2 场景结构（地图规格、地图类型、结构图、游戏世界的整体构成、风格的说明、区域的分类说明、场景的过渡方式等的说明）

4.3 片区的划分

4.4 场景的编号规则

4.5 游戏功能设计要求

4.6 各场景的具体设计

4.7 场景的扩充

第 05 章：主角设计

5.1 主角体系（主角的分类标准、分类内容、分类特点、分类衍生关系等）

5.2 主角形象设计（形象特点、头身比例、外形、动作等）

5.3 主角属性设计（属性分类、属性定义、属性关系、计算公式等，通常在 Word 中做属性定义和规则的说明，具体的属性数值及换算关系在 Excel 表格中建立数据模型

进行推演）

5.4 角色的建立（包括建立界面和操作的说明、调节选项）

第 06 章：NPC 设计

6.1 NPC 概述

6.2 NPC 功能的设定

6.3 NPC 的分类及体系

6.4 编号规则

6.5 属性定义

6.6 分类的详细设计（通常使用 Excel 表格详细列举并设定功能数值）

第 07 章：怪物设计

7.1 怪物体系

7.2 编号规则

7.3 属性定义

7.4 怪物刷新设定（刷怪点类型、刷怪点属性、刷新计时规则等）

7.5 分类详细设计（通常使用 Excel 表格详细列举属性项并确定具体数值）

7.6 AI 设计（分类或单一详细设计怪物的 AI 体系）

第 08 章：道具设计

8.1 道具的设计要求

8.2 道具的分类体系

8.3 编号规则

8.4 属性定义

8.5 分类详细设计

第 09 章：升级系统

9.1 角色等级的设定

9.2 各等级升级所需经验值设定

9.3 升级曲线图

9.4 经验值的获取方式及规则

第 10 章：战斗系统

10.1 游戏战斗方式分类

10.2 战斗类型的特点说明

10.3 游戏战斗控制方式

10.4 各类型战斗方式的详细设计（设计核心，按照打怪、PK、国战、组队、比武

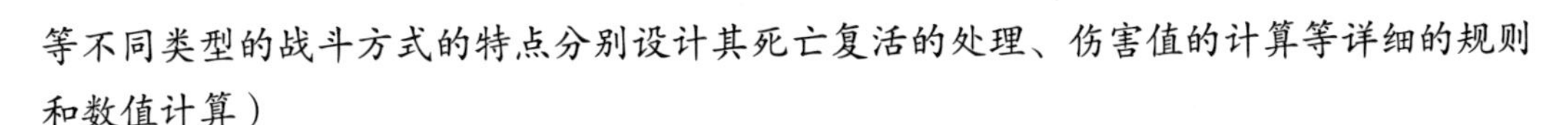

等不同类型的战斗方式的特点分别设计其死亡复活的处理、伤害值的计算等详细的规则和数值计算）

第11章：技能系统

11.1 技能设计要求

11.2 各类主角的技能设计特点

11.3 技能体系（技能树）

11.4 技能的属性定义

11.5 分类详细技能设计（通常使用Excel表格详细列举并设定功能数值）

第12章：互动系统

12.1 系统的整体设计要求

12.2 互动系统的结构

12.3 聊天系统

12.4 好友系统

12.5 组队系统

12.6 帮会系统

12.7 结婚系统

12.8 其他互动系统（在具体设计时，完全可以按照游戏的整体规划，选择适当的分类系统单独详细设计）

第13章：任务系统

13.1 任务系统的设计要求

13.2 任务的分类和体系结构

13.3 分类任务的详细设计（由任务链到各个步骤的详细设计）

第14章：其他系统

不同游戏所设计的其他系统或特色系统

第15章：界面操作设计

15.1 操作设计要求及体系结构

15.2 鼠标操作设计

15.3 键盘操作设计

15.4 界面体系

1. 界面结构

2. 主界面的设计

3. 登录界面

4. 系统界面

5. 人物建立、选择界面

6. 属性界面

7. 装备界面

8. 技能界面

9. 其他相关界面（界面设计要求包含所有游戏相关界面，结构图配合操作说明。可结合在各相关系统中设计，也可单独设计）

第 16 章：异常情况处理

游戏上线、退出及中断等异常情况的处理

16.1 状态说明

16.2 游戏退出

16.3 游戏断线处理

16.4 上线处理

第 17 章：音乐音效设定

17.1 整体风格要求

17.2 音乐清单

17.3 音效清单

17.4 制作流程

第 18 章：后续开发计划

18.1 后续开发思路

18.2 开发内容的要求及特点

18.3 开发计划表

18.4 线上活动设计

附录

1. 资源清单：美术资源、动作、特效等

2. 设计参考资料

3. 进度规划表

11.4 游戏设计文档的格式和风格

原则上，编写游戏设计文档并没有固定的格式，每个设计人员可以按照自己喜欢的方式进行编写，只需将要表达的内容陈述清楚就可以了。具体到每个公司，各公司都会对自己的文档格式建立一定的模板和要求，以便更好地进行文档管理。这时应当严格遵照公司内部的文档模板来编写，这样团队才能够有序地进行合作。

游戏设计文档的编写和我们编写其他软件的需求设计文档一样，要求清晰、有条理、易于理解和维护。因此，要注意文档的目录结构、不同层次的标题、一些清单、表格、图片等内容。最重要的是能让读者非常清楚地明白文档要表达的内容。

设计文档中的内容应该尽量避免重复，当你在第二次提到一个元素时，不应该重复描述它，最多让读者参阅之前的定义就可以了，这样一旦需要修改，也只需要修改一个地方。对于重要的内容和专门的词汇，可以单独在一个部分进行说明。

设计文档属于一种应用文体，因此没有必要进行过多的华丽修饰，要避免有歧义的词汇和表达方式，而应该采用简洁、明确的方式来传达必要的信息。特别是因为设计文档中会包含游戏的创意和背景故事，很容易采用文学创作的方法去描述，但是这并不是太重要，让读者快速理解其内容更有意义。使用过多的艺术手法进行润色，丝毫不能改变游戏本身的设计，甚至对于一些表达方式和语法、字词的问题，设计文档的要求也并不严格，只要能做到文理通顺、表达清晰就可以了。

本章小结

本章分析了游戏设计文档的重要性，列出了与游戏设计有关的一系列文档，并用大量的篇幅给出了游戏设计文档的模板。当读者用前面章节所学习的知识完成自己游戏的设计后，就可以开始把全部内容用游戏设计文档记录下来了。

游戏设计师的工作是严谨的，如果本章介绍的工作让你感到畏惧，那么这里有一个建议：写一个现有游戏的设计文档来练习撰写游戏设计文档的技巧。能够完成一个现有游戏的设计文档也是一种成功。

本章习题

11-1　游戏设计文档的主要功能是什么？

11-2　常用设计文档有哪些？

11-3　为你熟悉的某个现有游戏编写游戏设计文档。

11-4　为你想设计的游戏编写游戏设计文档。

11-5　游戏设计文档有固定格式和风格吗？为什么？

第12章 帮会系统

在游戏中，新、老玩家通常会组成一些群体组织，通过协作、分工完成游戏中的任务和目标。这些组织的称谓不一，如公会、联盟、战队等，但在本质上仍属于帮会系统。成员们通过游戏结识，线下也会保持一定的联系。游戏中的帮会有着明确的管理人员和组织结构，带领玩家不断赢得胜利，分享所得利益，从而可以提高玩家的归属感、荣誉感和黏着度，促进了玩家成长的欲望，也带动了游戏中的消费。因此，对带有交互功能的游戏来说，帮会系统是不可或缺的组成部分，也是一款游戏能否成功的关键因素。

教学目标

- 了解游戏中帮会的基础框架。
- 了解帮会系统的构成及帮会管理体系。

教学重点

- 帮会组建及帮会构成体系，掌握帮会功能分类。
- 掌握帮会升级系统及组织构成。

教学难点

帮会组织结构及帮会各个模块的功能分解。

12.1　帮会概述

1. 基本玩法

游戏中的帮会基础系统有创建帮会、升级帮会、非正式帮会功能及正式帮会功能。玩家达到 35 级便可申请创建非正式帮会，发展自己的势力。

2. 目的

增加玩家之间的交流，促进玩家之间的团队合作，共同提升游戏乐趣。

3. 目标群体

创建帮会：35 级以上玩家。

加入帮会：20 级以上玩家。

4. 收益性

运营时可出售帮会卡片，一张帮会卡片可换取帮会基金、材料、家具、特殊道具。虽然不用帮会卡片也可以正常管理帮会，但发展速度很慢，卡片则为玩家提供了一个快速发展的途径，而我们也将有较大的收益。

12.2　帮会属性说明

帮会属性有声望、等级、友好度。

1. 帮会声望

（1）帮会声望是表现帮会强弱的数值，也是帮会升级所需要的重要属性。

（2）声望是帮会成员通过做相关任务而获得的。

2. 帮会等级

帮会等级分为非正式帮会、正式帮会、中级帮会及高级帮会。

注：详情见帮会功能。

3. 友好度

（1）友好度表示帮会和帮会之间的友好程度。

（2）友好度来自外交手段。

12.3　创建非正式帮会

入口

各大城市（咸阳、临淄、成皋、扬州、吴郡）——帮会老大。

“我年轻的时候，也是纵横江湖的老大！你找我有什么事？”

创建帮会

加入帮会

升级帮会

解散帮会

没事，打声招呼。（离开）

条件

（1）玩家等级达到35级；

（2）玩家没有创建和加入帮会；

（3）做完创建帮会任务（详情见帮会基础相关任务）；

（4）拥有游戏币：银子500两；

（5）帮会的名称不能与其他帮会名称重复。

判定

当玩家不足35级时，提示：

你的能力不够，请达到35级再来吧。

玩家已经创建帮会，提示：

你已经是帮会之主了，请好好管理你的帮会吧。

玩家已经加入帮会，提示：

你已经有帮会了，想要单干？那必须退出你的帮会才行。

玩家没有做完帮会任务，提示：

你我素未谋面，我不知你是善是恶，请恕我不能帮你（请先到即墨老渔夫那里完成创建任务）。

玩家资金不足500两银子，提示：

招兵买马，可都是需要钱的，等你凑足500两银子再来吧。

帮会名称与其他名称重复，提示：

帮会名称重复，请重新设定。

流程

玩家单击“创建帮会”按钮，弹出提示：

创建帮会需要花费500两银子，确定要创建吗？

确定　取消

玩家单击“确定”按钮，消耗游戏币500两银子，弹出提示：

请为你的帮会命名。（限制为12字符，不得有特殊符号）

输入名称后，提示：

请设定帮会之主的名称。（限制为 12 字符）
输入帮会之主名称后，提示：
现在你已经创建了非正式帮会，以后就看你的努力了。

12.4　升级帮会

帮会按等级依次是非正式帮会、正式帮会、中级帮会、高级帮会。

12.4.1　升级为正式帮会

入口
各大城市（咸阳、临淄、成皋、扬州、吴郡）——帮会老大。
“我年轻的时候，也是纵横江湖的老大！你找我有什么事？”
创建帮会
加入帮会
升级帮会
解散帮会
没事，打声招呼。（离开）
条件
（1）操作人必须是帮会之主；
（2）玩家已经创建非正式帮会；
（3）帮会不是正式帮会；
（4）帮会成员人数达到 10 人以上或拥有帮会地图。
判定
当玩家不是帮会之主时，提示：
只有帮会之主才能升级帮会，请回吧！
玩家未建立非正式帮会，提示：
你还没有自己的帮会！请先创建非正式帮会！
帮会已经是正式帮会，提示：
你的帮会已经是正式帮会了！下一级是中级帮会。
帮会成员未达到 10 人或未拥有帮会地图，提示：
你的帮会不符合升级条件。（条件：帮会人数达到 10 人或拥有帮会地图）

流程

玩家单击“升级帮会”按钮，弹出选项：

升级为正式帮会　升级为中级帮会　升级为高级帮会

玩家单击“升级为正式帮会”按钮，弹出提示：

帮会已升级为正式帮会，将开启新的功能，继续努力吧。

12.4.2 升级为中级帮会

入口

各大城市（咸阳、临淄、成皋、扬州、吴郡）——帮会老大。

“我年轻的时候，也是纵横江湖的老大！你找我有什么事？”

创建帮会

加入帮会

升级帮会

解散帮会

没事，打声招呼。（离开）

条件

（1）操作人必须是帮会之主；

（2）做完升级为中级帮会的考验任务；

（3）帮会已经是正式帮会；

（4）帮会不是中级帮会；

（5）帮会拥有帮会地图；

（6）帮会人数达到 20 人；

（7）帮会声望达到 500 点。

判定

当玩家不是帮会之主时，提示：

只有帮会之主才能升级帮会，请回吧！

没做完升级为中级帮会的考验任务，提示：

我交代给你的事情你好像还没办完，办完了再来找我吧。

帮会不是正式帮会，提示：

贵帮不是正式帮会，无法升级到中级帮会。

帮会没有帮会地图，提示：

贵帮还没有自己的领土吗？请先去购买帮会地图吧。

帮会人数未达到 20 人，提示：

贵帮人数不足 20 人，无法升级到中级帮会。

帮会声望不足 500 点，提示：

贵帮声望不足 500 点，无法升级到中级帮会。

流程

玩家单击“升级帮会”按钮，弹出选项：

升级为正式帮会　升级为中级帮会　升级为高级帮会

玩家单击“升级为中级帮会”按钮，弹出提示：

恭喜你的帮会已经升为中级帮会，又有新的功能等待你去探索，加油！

12.4.3 升级为高级帮会

入口

各大城市（咸阳、临淄、成皋、扬州、吴郡）——帮会老大。

“我年轻的时候，也是纵横江湖的老大！你找我有什么事？”

创建帮会

加入帮会

升级帮会

解散帮会

没事，打声招呼。（离开）

条件

（1）操作人必须是帮会之主；

（2）做完升级为高级帮会的考验任务；

（3）帮会必须是中级帮会；

（4）帮会不是高级帮会；

（5）帮会人数达到 30 人；

（6）帮会声望达到 2000 点；

（7）拥有帮会基金 10000 两银子。

判定

当玩家不是帮会之主时，提示：

只有帮会之主才能升级帮会，请回吧！

没做完升级为高级帮会的考验任务，提示：

我交代给你的事情你好像还没办完，办完了再来找我吧。

帮会不是中级帮会，提示：

贵帮不是中级帮会，无法升级到高级帮会。

帮会人数未达到30人，提示：

贵帮人数不足30人，无法升级到高级帮会。

帮会声望未达到2000点，提示：

贵帮声望不足2000点，无法升级到高级帮会。

帮会基金未达到10000两银子，提示：

贵帮的基金不足10000两银子，无法升级到高级帮会。

流程

玩家单击“升级帮会”按钮，弹出选项：

升级为正式帮会　升级为中级帮会　升级为高级帮会

玩家单击“升级为高级帮会”按钮，弹出提示：

恭喜你的帮会已经达到最高等级。

12.5 解散帮会

入口

各大城市（咸阳、临淄、成皋、扬州、吴郡）——帮会老大。

“我年轻的时候，也是纵横江湖的老大！你找我有什么事？”

创建帮会

加入帮会

升级帮会

解散帮会

没事，打声招呼。（离开）

条件

操作人必须是帮会之主。

判定

当玩家不是帮会之主时，提示：

只有帮会之主才能解散帮会，请回吧！

流程

玩家单击“解散帮会”按钮，弹出提示：

你真的要解散帮会吗?

确定　取消

玩家单击“确定”按钮，弹出提示：

你的帮会已经解散了，看来你和我一样，想享享清福了。

12.6　帮会面板

入口

游戏界面下方按钮区，即帮会面板。

条件

玩家已创建帮会或加入帮会。

判定

当玩家没创建或加入帮会时，该按钮呈灰色不可使用状态。

流程

玩家单击界面中的“帮会”按钮，弹出帮会面板，如图 12-1 所示。

图 12-1

帮会面板简要说明。

界面标签——帮会：表示该界面的名称。

帮会序列号：按创建帮会的顺序而依次排序的数值，便于玩家查找。

等级颜色：位于帮会面板左上方的一个玻璃状球体。当帮会为非正式帮会时，球体呈灰色；当帮会为正式帮会时，球体呈红色；当帮会为中级帮会时，球体呈蓝色；当帮会为高级帮会时，球体呈白色。

帮会名称：位于帮会面板顶端中央，显示帮会名称，可更改。

帮会声望：显示帮会声望的数值，随着声望值变化而变化。

帮会基金：显示帮会基金的数值，随着基金的变化而变化。

成员表：显示成员的名字、等级、职位、帮会贡献度。成员在线名字为白色，不在线为灰色。

添加成员：用于添加玩家为帮会成员，只有帮会之主才可使用。

开除成员：用于删除该帮会成员，只有帮会之主才可使用。

贡献基金：成员可使用此按钮捐献金钱作为帮会基金。非正式帮会状态下不开启。

离开帮会：成员可使用此按钮离开帮会。

册封官职：用于赋予帮会成员职位，只有帮会之主、副帮主才可使用，非正式帮会状态下不开启。

赋予称号：用于赋予成员称号，只有帮会之主才可使用，非正式帮会状态下不开启。

赋予权限：用于赋予成员权限，只有帮会之主才可使用，非正式帮会状态下不开启。

罢免官员：用于罢免官员，只有帮会之主、副帮主才可使用，非正式帮会状态下不开启。

更改称号：用于更改成员称号，只有帮会之主才可使用，非正式帮会状态下不开启。

解除权限：用于解除成员权限，只有帮会之主才可使用，非正式帮会状态下不开启。

帮会议事：用于打开帮会成员之间的聊天面板。非正式帮会状态下不开启。

帮会公告：此处显示帮会之主、副帮主、军师的留言。只有帮会之主、副帮主、军师、护法身份才可使用。

留言板：此处显示成员的留言。

12.7 非正式帮会功能

说明：非正式帮会功能包括申请加入帮会、添加成员、招募成员、开除成员、离开帮会、帮会公告、留言板。

12.7.1 申请加入帮会

入口

各大城市（咸阳、临淄、成皋、扬州、吴郡）——帮会老大。

“我年轻的时候，也是纵横江湖的老大！你找我有什么事？”

创建帮会

加入帮会

升级帮会

解散帮会

没事，打声招呼。（离开）

条件

（1）玩家等级达到35级；

（2）玩家目前没有帮会；

（3）玩家离开上一个帮会后满24小时。

判定

当玩家等级不足 35 级时，提示：

你的等级未达到 35 级，不能加入帮会。

玩家目前已经是某帮会成员，提示：

你已经有帮会，请先离开目前的帮会。

玩家离开上一个帮会未满 24 小时，提示：

离开 24 小时后才可加入另一个帮会。

流程

玩家单击“加入帮会”按钮，弹出当前帮会列表，如图 12-2 所示。

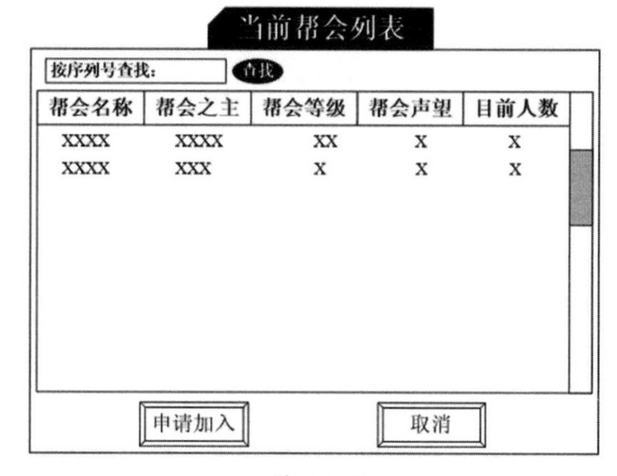

图 12-2

玩家可在列表中直接选择帮会，也可在序列号框中输入序列号查找帮会。

选定帮会后，玩家单击“申请加入”按钮，弹出提示：

确定要申请该帮会吗？

确定　取消

玩家选择单击“确定”按钮，弹出提示：

你已经申请了加入该帮会，请等待该帮会官员处理。

系统将以个人信息的方式自动提醒该帮会的帮会之主、副帮主、军师：

有人申请加入贵帮，请马上受理。

12.7.2　添加成员

入口

游戏界面下方按钮区，即帮会面板按钮区（见图 12-3）。

图 12-3

条件

（1）玩家是帮会之主或副帮主、军师身份；

（2）已经有玩家申请加入帮会。

判定

当玩家不是帮会之主或不是副帮主、军师身份时，提示：

你不能进行此项操作。

没有玩家申请加入帮会，提示：

当前并无玩家申请加入帮会，无法添加成员。

流程

玩家单击 添加成员 按钮，弹出玩家申请列表，如图 12-4 所示。

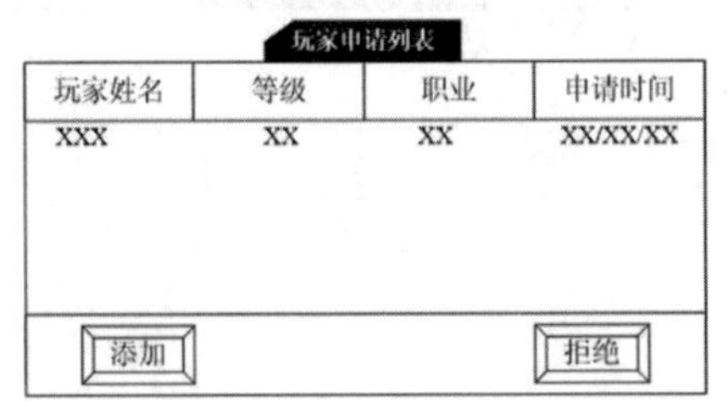

图 12-4

玩家单击 添加 按钮，弹出提示：

成功添加 XXX（玩家姓名）为贵帮的成员。

系统将以个人信息方式自动提醒被添加的玩家：

恭喜你已经成为 XXXX（帮会名称）帮会的成员。

12.7.3 招募成员

入口

玩家头像——招募成员。

条件

（1）玩家是帮会之主或副帮主、军师身份；

（2）被招募玩家等级达到 35 级；

（3）被招募玩家目前不属于任何帮会；

（4）被招募的玩家不是在战斗状态；

（5）被招募玩家离开上一个帮会后满 24 小时；

（6）被招募人不能是自己。

判定

当玩家不是帮会之主或不是副帮主、军师身份，提示：

玩家头像招募成员功能为灰色不可使用状态。

被招募玩家等级不足 35 级，提示：

该玩家未到 35 级，不能加入帮会。

被招募玩家已经是其他帮会成员，提示：

该玩家已经有帮会了。

被招募的玩家在战斗状态，提示：

该玩家在战斗状态中，不能执行此命令。

被招募玩家离开上一个帮会后未满 24 小时，提示：

该玩家刚刚离开一个帮会，目前不能被招募。

流程 1：招募者流程

玩家右键单击想要招募的玩家头像，弹出如图 12-5 所示的界面。

图 12-5

玩家单击 招募成员 按钮，弹出提示：

招募信息已经发出，等待该玩家回应。

流程 2：被招募者流程

被招募的玩家得到提示框，如图 12-6 所示。

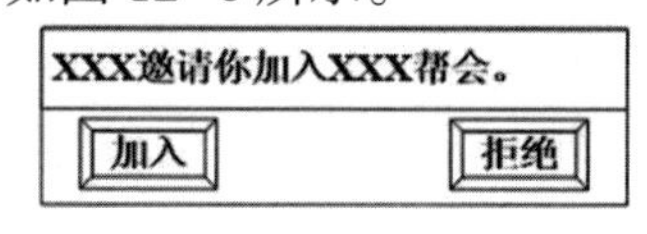

图 12-6

玩家单击 加入 按钮，系统将以个人信息方式自动提醒被添加的玩家：

恭喜你已经成为 XXXX（帮会名称）帮会的成员。

12.7.4 开除成员

图 12-7

入口

游戏界面下方按钮区，即帮会面板按钮区（见图 12-7）。

条件

（1）操作人必须是帮会之主；

（2）被开除人不能是自己。

判定

玩家不是帮会之主，提示：

只有帮会之主才能开除成员。

被开除人是自己，提示：

不能开除自己。

流程

玩家首先在帮会成员表上选中要被开除的成员名字，单击 开除成员 按钮，弹出提示：

确定要开除此成员吗？

确定　取消

玩家单击“确定”按钮，弹出提示：

该玩家已经被开除。

12.7.5 离开帮会

图 12-8

入口

游戏界面下方按钮区，即帮会面板按钮区（见图 12-8）。

条件

操作人不是本帮帮会之主。

判定

当操作人是本帮帮会之主时，提示：

你是本帮会之主，怎能离开？要解散帮会的话请到帮会老大处。

流程

玩家单击 离开帮会 按钮，弹出提示：

离开后 24 小时无法加入其他帮会，确定要离开帮会吗？

确定　取消

玩家单击“确定”按钮，弹出提示：

你已经离开了该帮会，24 小时之内无法再加入帮会。

12.7.6　帮会公告

入口

游戏界面下方按钮区，即帮会面板中的帮会公告（见图 12-9）。

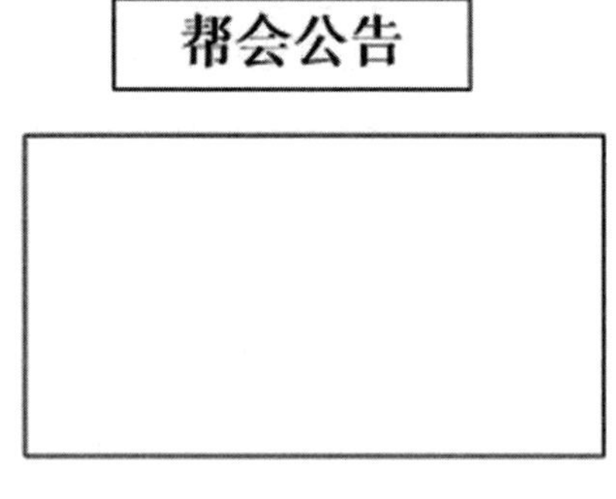

图 12-9

条件

操作人是帮会之主或副帮主、军师身份。

判定

当玩家不是帮会之主或不是副帮主、军师身份，提示：

你不能进行当前操作。

流程

玩家单击 帮会公告 按钮，弹出输入框，如图 12-10 所示。

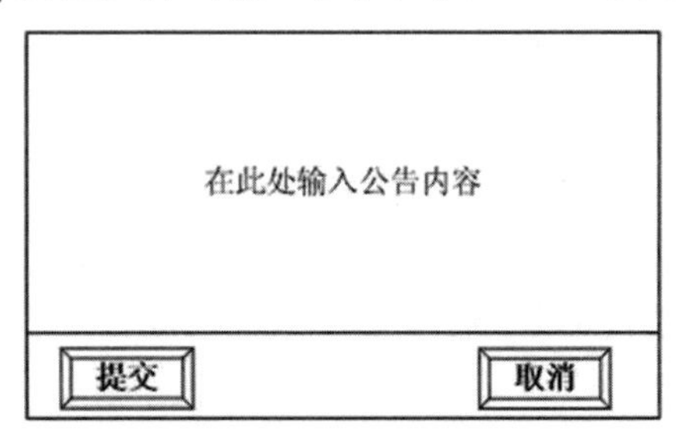

图 12-10

输入文字后，玩家单击 提交 按钮，公告发表完毕。

在不输入的情况下也应该有提示：你还没有输入内容。

12.7.7 留言板

入口

游戏界面下方按钮区，即帮会面板中的留言板（见图 12-11）。

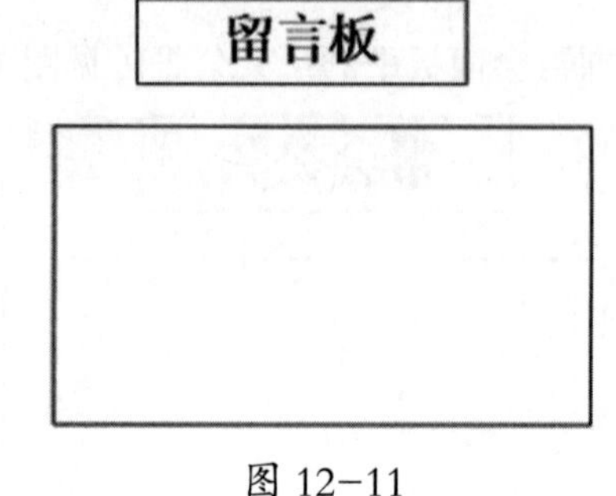

图 12-11

条件

任何帮会成员皆可发表留言。

流程

玩家单击 留言板 按钮，弹出文字输入框，如图 12-12 所示。

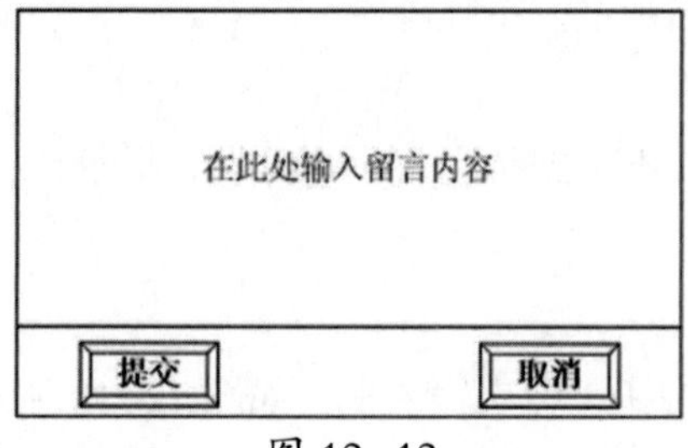

图 12-12

输入文字后玩家单击 提交 按钮，留言发表完毕。

在不输入的情况下也应该有提示：你还没有输入内容。

12.8 正式帮会功能

说明：正式帮会将具备一切非正式帮会功能，此外还增加了册封 / 罢免官职、赋予 / 更改称号、赋予 / 解除权限、帮会基金（贡献基金、发放基金）、帮会基础外交（送礼、查看友好度、结盟、解盟）和帮会议事。

12.8.1 册封官职

入口

游戏界面下方按钮区，即帮会面板按钮区（见图 12-13）。

图 12-13

条件

（1）操作人必须是帮会之主或副帮主；

（2）副帮主只能任命副帮主以下的官职；

（3）不得超过官职限定的人数；

（4）被册封人目前在帮会中没有官职；

（5）被册封人不能是帮会之主；

（6）被册封人不能是自己。

判定

当操作人不是帮会之主或副帮主时，提示：

你的身份不能够册封官职。

当副帮主身份的玩家册封其他成员为副帮主时，提示：

你的权限只能册封副帮主以下的官职。

册封某官职时人数已满，提示：

该官职人数已满，册封请先罢免其中一位官员。

被选中人目前在帮会中已经任官职，提示：

请先罢免该成员现在的官职才能进行册封新官职。

被选中人是帮会之主，提示：

这是帮会之主，怎么册封官职？难不成你要造反？

被选中人是自己，提示：

不能册封自己。

如被册封成员目前在帮会中已经有称号，官职名称将代替称号。

流程

玩家先在帮会成员列表中选择想要册封的成员名字，单击 册封官职 按钮，弹出帮会官职列表，如图 12-14 所示。

帮会官职列表

官职名	限制人数	当前人数	权限
副帮主	1	X	招募成员，册封/罢免官员，发布任务，领取仓库物资，制造/开动木甲
军师	2	X	招募成员，发布任务，开动木甲。
护法	4	X	发布任务，开动木甲。

册封　取消

图 12-14

玩家选择其中一个官职，单击 册封 按钮，弹出提示：

XXX（玩家名字）被册封为 XXX（帮会名称）帮会的 XX（官职）。

12.8.2 罢免官员

入口

游戏界面下方按钮区，即帮会面板按钮区（见图 12-15）。

图 12-15

条件

（1）操作人是帮会之主或副帮主；

（2）被罢免的玩家目前必须在帮会中担任官职；

（3）被罢免的玩家不能是自己。

判定

当操作人不是帮会之主或副帮主时，提示：

你的身份不能够罢免官职。

被选中人没有任何官职，提示：

该玩家并不是官员。

被选中人是自己，提示：

不能罢免自己。

流程

玩家先在帮会成员列表中选择想要罢免的成员名字，单击 罢免官员 按钮，弹出提示：

XXX（帮会名称）帮会的 XXX（玩家名字）的官职已经被罢免。

12.8.3　赋予称号

入口

游戏界面下方按钮区，即帮会面板按钮区（见图 12–16）。

图 12–16

条件

（1）操作人必须是帮会之主；

（2）被选中人目前在帮会中没有称号；

（3）被选中人目前在帮会中没有官职；

（4）被选中人不能是自己。

判定

当操作人不是帮会之主时，提示：

你的身份不能够赋予称号。

被选中人在帮会中已经有称号，提示：

该成员已有称号，如要更改请单击“更改称号”按钮。

被选中人目前在帮会中已经有官职，提示：

该成员已经有官职，不能再赋予称号。

被选中人是自己，提示：

不能给自己赋予称号。

流程

玩家先在帮会成员列表中选择要赋予称号的成员名字，单击 赋予称号 按钮，弹出输入框，如图 12–17 所示。

图 12–17

玩家输入称号后，单击 提交 按钮，弹出提示：

XXX（帮会名称）帮会的 XXX（玩家名字）被赋予 XXX 称号。

在不输入的情况下也会有提示：你还没有输入内容。

12.8.4 更改称号

入口

游戏界面下方按钮区，即帮会面板按钮区（见图 12-18）。

图 12-18

条件

（1）操作人必须是帮会之主；

（2）被选中玩家已经拥有称号；

（3）被选中玩家不能是自己。

判定

当操作人不是帮会之主时，提示：

你的身份不能够更改称号。

被选中玩家目前没有称号，提示：

该玩家目前无称号，无法更改。

被选中玩家是自己，提示：

不能为自己更改称号。

流程

玩家在帮会列表中选择所要更改称号的成员名字，单击 [更改称号] 按钮，弹出输入框，如图 12-19 所示。

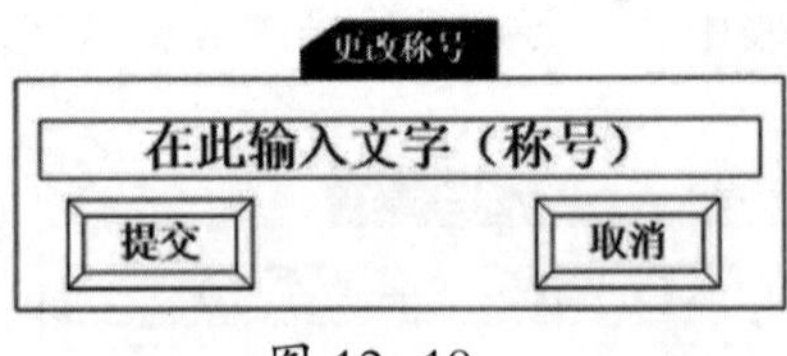

图 12-19

玩家输入要更改的称号后，单击 [提交] 按钮，弹出提示：

更改称号成功。

在不输入的情况下也会有提示：你还没有输入内容。

12.8.5　赋予权限

说明：所赋予的权限全部是官职中没有的权限。而一个成员只能被赋予一种权限。详情见流程——特殊权限列表。

入口

游戏界面下方按钮区，即帮会面板按钮区（见图 12-20）。

图 12-20

条件

（1）操作人必须是帮会之主；

（2）被选中玩家目前没有被赋予权限；

（3）被选中玩家不能是自己。

判定

当操作人不是帮会之主时，提示：

你的身份不能够赋予权限。

被选中玩家已经拥有一种权限，提示：

一个成员只能被赋予一种权限。

被选中玩家是自己，提示：

不能为自己赋予权限。

流程

玩家在帮会成员列表中选择要被赋予权限的成员名字，单击  赋予权限 按钮，弹出特殊权限列表，如图 12-21 所示。

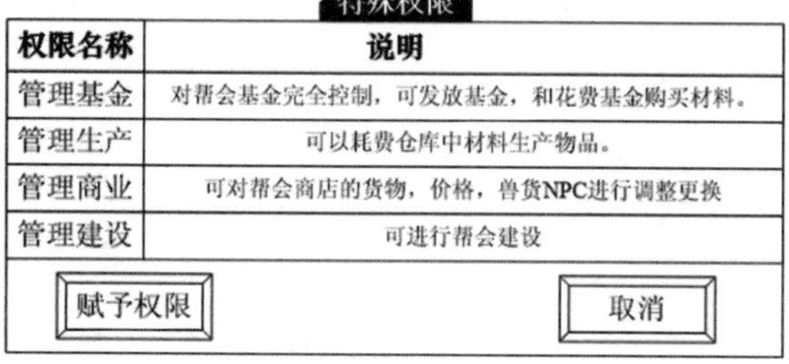

特殊权限

权限名称	说明
管理基金	对帮会基金完全控制，可发放基金，和花费基金购买材料。
管理生产	可以耗费仓库中材料生产物品。
管理商业	可对帮会商店的货物，价格，兽货NPC进行调整更换
管理建设	可进行帮会建设

赋予权限　　取消

图 12-21

玩家选择其中一项权限，单击 [赋予权限] 按钮，弹出赋予权限时间单选按钮，如图 12-22 所示。

图 12-22

玩家选中 某个单选按钮，设定时间，弹出提示：

XXX（玩家名字）被赋予 XXXX 权限 X 小时 / 天。

12.8.6 解除权限

入口

游戏界面下方按钮区，即帮会面板按钮区（见图 12-23）。

图 12-23

条件

（1）操作人必须是帮会之主；

（2）被选中玩家目前正拥有权限。

判定

当操作人不是帮会之主时，提示：

你的身份不能够解除权限。

被选中玩家目前不拥有权限，提示：

该玩家现无权限，无法解除。

流程

玩家在帮会成员列表中选择要被解除权限的成员名字，单击 [解除权限] 按钮，弹出提示：

XXX（玩家名字）已经被解除权限。

12.8.7 帮会基金——贡献基金

入口

游戏界面下方按钮区，即帮会面板按钮区（见图 12-24）。

图 12-24

条件

输入贡献的基金数量时，角色身上必须有大于或等于所输入数量的金钱。

判定

当角色身上的金钱数量小于输入基金的数量时，提示：

你身上没有这么多钱!

流程

玩家单击 按钮，弹出输入框，如图 12-25 所示。

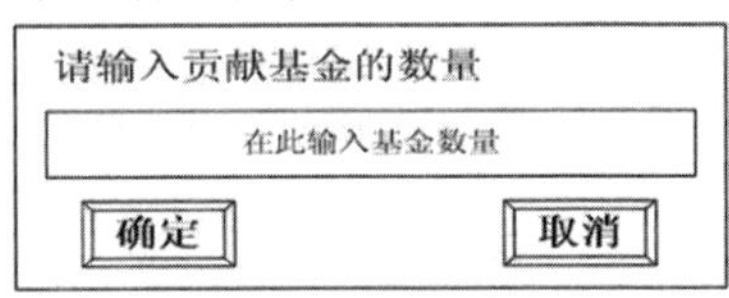

图 12-25

输入基金后，玩家单击 按钮，弹出提示：

你已经成功为帮会贡献了 XXX 两白银 / 黄金，得到帮会贡献度 X 点。

12.8.8 帮会基金——发放基金

说明：发放基金就是将帮会中的基金平均分给成员。

入口

游戏界面下方按钮区，即帮会面板按钮区（见图 12-26）。

图 12–26

条件

（1）操作者是帮会之主或被赋予管理基金权限的人员；

（2）输入的每个成员发放基金数量的总和不得大于帮会基金总数；

（3）发放基金时，在线的成员才能得到基金。

判定

当操作者不是帮会之主或不拥有管理基金权限的人员时，提示：

你的身份不能发放基金。

输入的每个成员发放基金数量之和大于基金总数，提示：

贵帮没有那么多基金。

如果发放基金时成员不在线，则无法得到基金。

流程

玩家单击 确定 按钮，弹出输入框，如图 12–27 所示。

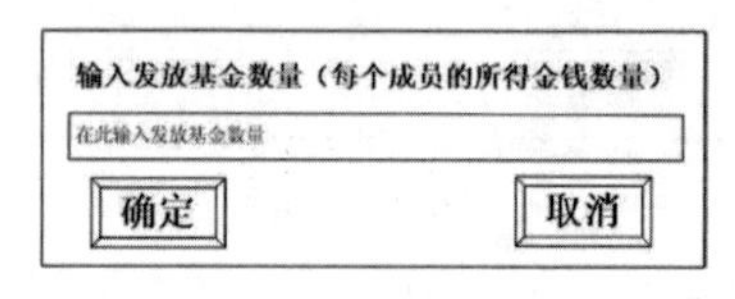

图 12–27

输入基金后，弹出提示：

发放基金完毕，在线成员 X 人，总计发放基金 XXXX 两。

12.8.9　帮会基础外交——送礼

送礼规则说明：

（1）外交送礼可增加两帮会之间的友好度；

（2）送礼的方式有两种，即送金钱、送礼物，两种也可同时送出；

（3）外交的金钱需消耗帮会基金；
（4）礼物是由帮会之主亲自购买的；
（5）礼物道具类型为古董、珠宝、工艺品；
（6）送的金钱越多，两个帮会间友好度提升越高；
（7）送的礼物价格越贵，两个帮会之间友好度提升越高。

入口

各大城市（咸阳、临淄、成皋、扬州、吴郡）——帮会使节。
治理帮会和治国一样，一定要重视外交手段！你找我有何贵干？
查看友好度
帮会基础外交
当前帮会联盟列表
创建帮会联盟
解散帮会联盟
加入帮会联盟
退出帮会联盟

条件

（1）操作人必须是帮会之主；
（2）帮会必须是正式帮会；
（3）如送金钱，帮会基金必须大于输入的金钱数；
（4）如送礼物，操作者包裹中必须有礼物道具；
（5）所送物品必须在礼物道具类型范围内。

判定

当操作人不是帮会之主时，提示：
只有帮会之主才能施行外交手段。
帮会不是正式帮会，提示：
你的帮会不是正式帮会，不拥有外交功能。
送金钱时，帮会基金数量小于输入的金钱数量，提示：
贵帮没有那么多钱。
送礼物时，没在交易框中放入礼物道具，提示：
请先放入礼物。
送礼物时，若放入交易框中的礼物不是礼物道具范围内物品，提示：
此物品不能作为礼物赠送。

流程

玩家单击“帮会基础外交”按钮，弹出选项：

送礼　　结盟　　解盟

单击“送礼”按钮，弹出当前帮会列表，如图 12-28 所示。

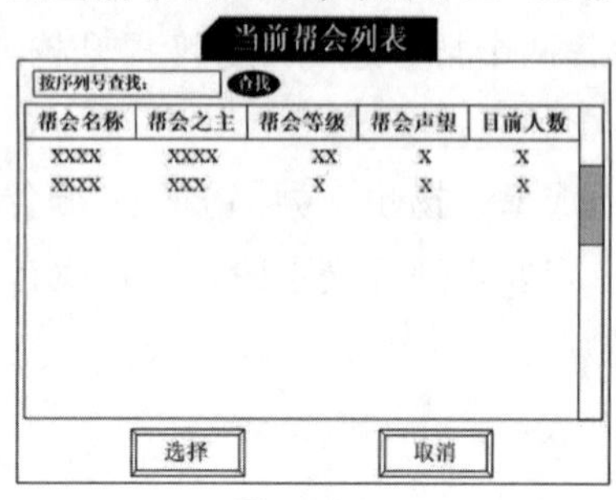

图 12-28

玩家可在列表中直接选择帮会，也可在序列号框中输入序列号查找帮会。

选定要送礼的帮会后，弹出交易框，如图 12-29 所示。

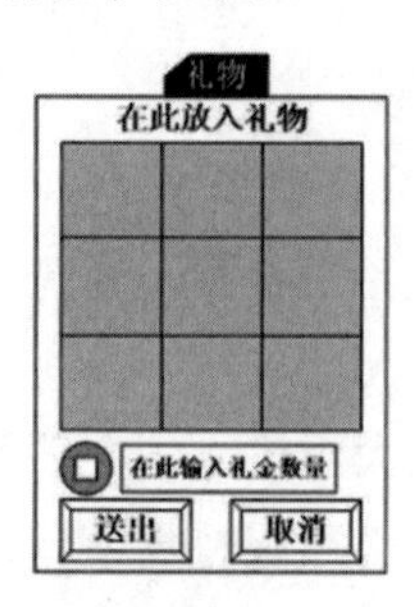

图 12-29

玩家在 在此输入礼金数量 框中输入礼金数量，单击 送出 按钮，弹出提示：

礼物已安全送到 XXX 帮会，贵帮和 XXX 的友好度上升 X 点。

若输入的金钱数值为 0，提示：礼金不能为 0。

12.8.10　帮会基础外交——查看友好度

入口

各大城市（咸阳、临淄、成皋、扬州、吴郡）——帮会使节。

治理帮会和治国一样，一定要重视外交手段！你找我有何贵干？

查看友好度

帮会基础外交

当前帮会联盟列表

创建帮会联盟

解散帮会联盟

加入帮会联盟

退出帮会联盟

条件

（1）操作人必须是帮会之主；

（2）贵帮已经和其他帮会进行外交，有了一定的友好度。

判定

当操作人不是帮会之主时，提示：

只有帮会之主才能施行外交手段。

目前并没有和其他帮会进行外交，提示：

贵帮还没有朋友，请先施行外交手段。

流程

玩家单击查看友好度，弹出友好帮会列表，如图 12-30 所示。

图 12-30

此列表显示当前友好帮会的友好度，可单击 ⊗ 按钮关闭。

12.8.11 帮会基础外交——结盟

结盟说明：

（1）结盟由一方发起，另外一方同意方可成功；

（2）结盟后，两帮会成员在一起组队时所有二级属性提高 10%；

（3）结盟后，一方帮会被攻击，另外一方可进行援助；

（4）结盟后，两个帮会可开启盟友任务。

入口

各大城市（咸阳、临淄、成皋、扬州、吴郡）——帮会使节。

治理帮会和治国一样，一定要重视外交手段！你找我有何贵干？

查看友好度

帮会基础外交

当前帮会联盟列表

创建帮会联盟

解散帮会联盟

加入帮会联盟

退出帮会联盟

条件

（1）操作人必须是帮会之主；

（2）选择发起结盟的帮会友好度必须在 75 以上；

（3）对方必须选择同意结盟才能成功；

（4）对方必须是非盟友关系；

（5）帮会目前未超过 3 个盟友；

（6）对方帮会目前未超过 3 个盟友。

判定

当操作人不是帮会之主时，提示：

只有帮会之主才能施行外交手段。

选择的帮会友好度不足 75，提示：

该帮会和贵帮之前的友好度未满 75，无法结盟。

对方不同意结盟，则结盟失败。

对方已经是盟友，提示：

该帮会已经是你的盟友了。

帮会已经超过 3 个盟友，提示：

一个帮会只能拥有 3 个盟友。贵帮的盟友已经满了，无法再和其他帮会结盟。

对方帮会已经超过 3 个盟友，提示：

该帮盟友已满。

发起者流程

玩家单击“帮会基础外交”按钮，弹出选项：

送礼　　结盟　　解盟

单击“结盟”按钮，弹出友好帮会列表，如图 12-31 所示。

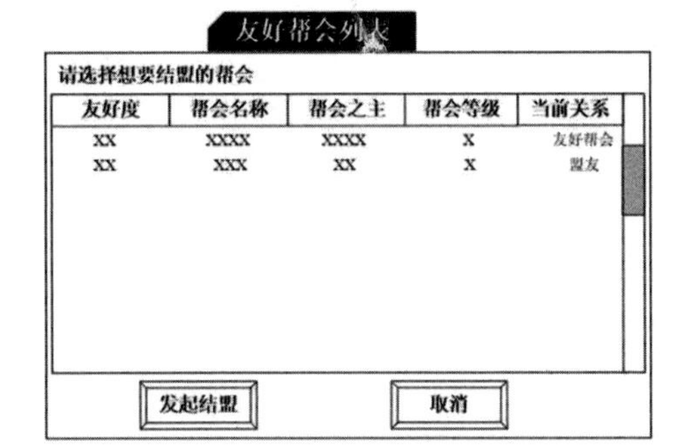

图 12-31

玩家选择要发起结盟的帮会，单击 发起结盟 按钮，弹出提示：

发起成功，请等待对方回应。

接受者流程

发起方发起结盟后，接受方会得到系统通知，弹出对话框，如图 12-32 所示。

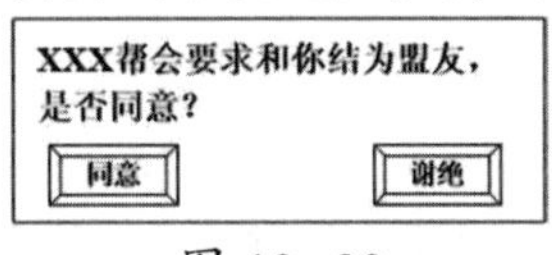

图 12-32

玩家单击 同意 按钮，弹出提示：

恭喜 XXX 帮（发起者帮会名称）和 XXX 帮（接受者帮会名称）结盟成功，以后同心协力，共创辉煌。

12.8.12　帮会基础外交——解盟

解盟说明：

（1）解盟后，双方友好度为 0，对方将不在友好帮会之内；

（2）解盟后，一切特权全部消失。

入口

各大城市（咸阳、临淄、成皋、扬州、吴郡）——帮会使节。

治理帮会和治国一样，一定要重视外交手段！你找我有何贵干？

查看友好度

帮会基础外交

当前帮会联盟列表

创建帮会联盟

解散帮会联盟

加入帮会联盟

退出帮会联盟

条件

（1）操作人必须是本帮帮主；

（2）选中的帮会必须是盟友关系。

判定

当操作人不是帮会之主时，提示：

只有帮会之主才能施行外交手段。

选中帮会不是盟友关系，提示：

对方不是你的盟友，不能解盟。

流程

玩家单击“帮会基础外交”按钮，弹出选项：

送礼　　结盟　　解盟

单击“解盟”按钮，弹出友好帮会列表，如图 12-33 所示。

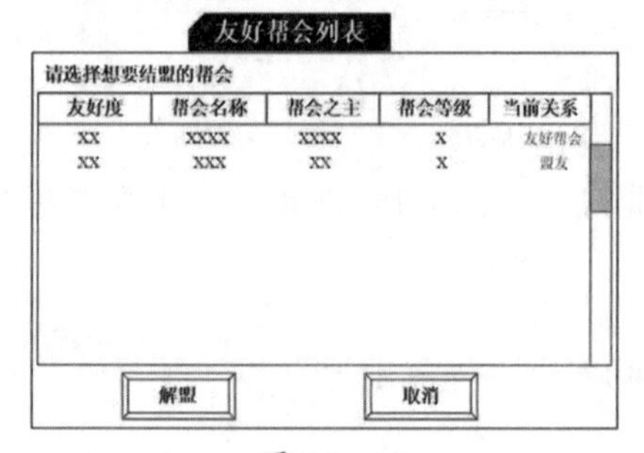

图 12-33

玩家选中想要解盟的帮会，单击 解盟 按钮，弹出提示：

解盟后将取消一切特权，两帮会之前友好度变为 0，确定要解盟吗？

确定　取消

玩家单击“确定”按钮，弹出提示：

贵帮已经和 XXX（目标帮会）解除盟友关系。

12.8.13　帮会议事

说明：帮会议事实际上就是帮会聊天面板，任何帮会成员均可使用。

入口

游戏界面下方按钮区，即帮会面板按钮区（见图 12-34）。

图 12-34

条件

帮会必须是正式帮会。

判定

当帮会不是正式帮会时，提示：

非正式帮会不能使用此功能，请先升级为正式帮会。

流程

玩家单击帮会议事按钮，自动跳转到帮会议事面板，如图 12-35 所示。

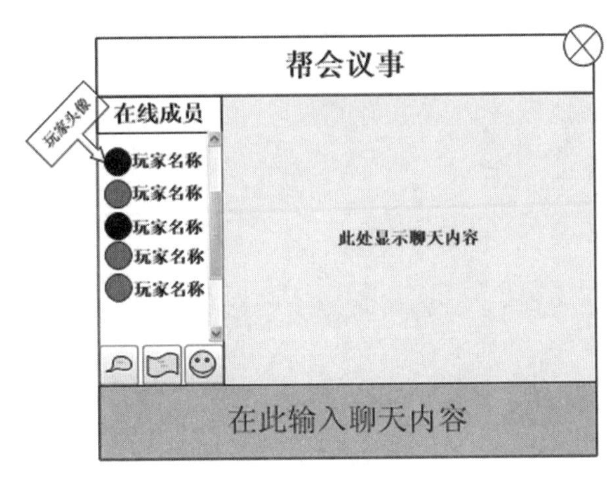

图 12-35

本章小结

在此帮会基础系统中，介绍了帮会的一些基本功能。这份帮会基础系统，只是随写的一份作品，并不能称为真正的策划文档，但也条理清晰。如果给我施行的机会，我想我会做得更出色。

本章习题

12-1　游戏帮会系统在游戏中的作用是什么？

12-2　游戏帮会系统的基础框架有哪些？

12-3　游戏帮会系统的主要功能有哪些？

12-4　从你熟悉的几款游戏中，找出与帮会功能类似的系统。

12-5　参照本文内容，从你熟悉的某款游戏中选择一个系统，尝试撰写系统设定。

游戏策划书

教学目标

- 了解游戏商业计划书的基本类型。
- 掌握作为商业产品的游戏现况。

教学重点

商业计划书的含义及其必要性。

教学难点

商业项目分析。

13.1 撰写商业计划书

13.1.1 PM 策划的基础

PM 所做的工作中最重要的内容是商业计划书的制定。商业计划书是引进资金的基本文件，是游戏宣传的战略性文件，也是进入开发后作为基础的文件。制定商业计划书时应始终将介绍作为考虑内容。

1. 作为商业的游戏

游戏开发不是单纯的创作活动，因此要重视商业价值的评估。商业运作的失败对开发公司和开发者来说，都是不希望看到的结果。游戏产业是高附加值产业，也是资本和人力集约型产业，是世界上竞争最激烈的产业之一。

当策划者带着伟大的梦想投入到游戏行业时，会体会到游戏的商业性一面，在其巨大或意想不到的困难面前会不知所措，甚至受挫。

与其他产业相比，游戏产品的生产过程充满了挑战性和趣味性，但商业化的本质决定了它同样要面对来自市场优胜劣汰的残酷性，对此体会最深的就是策划者。

简单举例，策划者要对竞争对手进行分析；要寻找盈利模式；要制定预算；要根据预算调整开发时间。此外，还应了解国内外市场的走势；要组建开发团队；要将这些书面化，从而实现融资等。

2. 游戏的商业魅力

游戏的商业运作如此之难，为什么那么多人还投入到游戏行业中呢？这是由游戏本身具有的商业魅力所决定的。

游戏是高附加值产业，有赚大钱的机会，但这不是它的魅力所在。开发公司很多，但能成功的只有少数。在这一点上它与其他产业没什么区别。

但是，游戏不要求高学历，也没有年龄上的限制，它只承认实力。凭借自己的毅力和热情，20 多岁也可以成为引领者，这是游戏的最大魅力。此外，在开发者中，这种可能性最高的领域就是策划者。

3. 将市场分类的必要性

从商业的角度分析游戏的类型、素材、主要玩家阶层、主要消费者阶层等，是为了选择销售方式和销售渠道。

销售方式与游戏的质量无关，它是根据游戏的分类而定的。如果对销售方式不了解，要选择适合的销售方式是很困难的，在与竞争对手的销售竞争中也会败下阵。

4. 游戏的人力管理

游戏是人力集约型产业，人力是中心，核心技术也是由人力所左右。通常，与生产相关联的产业是由技术和原材料决定产业的盈利或胜败。在游戏中，人力既是技术又是原材料。因此，在商业计划书中人力的履历事项是一个重要因素。

因人力所占比例大，作为管理人员的策划者应重视人力管理。如果人力管理不善而出现空缺，开发时间将被延迟，对开发产生很大影响，甚至会发生开发受阻的情况。

13.1.2 商业计划书

1. 商业计划书的含义

一般商业计划书是经营活动的核心。

① Planning（策划）：制定商业目标及实现目标所需战略。

② Organizing（组织化）：将计划付诸行动的准备过程（职务活动 / 经营单位）。

③ Staffing（引进 / 安排）：引进并维持符合各个岗位的相应素质的人员。

④ Leading（指挥）：与职员进行沟通、激励、指导与监督 。

⑤ Controlling（控制）：业务能力测评 / 评估。

⑥ Benefit（收益）：针对投入资金，进行收益价值评估 。

商业计划书不是单纯的研究计划书，还应涉及将什么产品怎么进行开发 / 生产 / 销售而实现盈利等内容。商业计划书不仅对新的创意进行阐述，还需说明该创意在市场上所被接受的程度。

2. 游戏商业计划书

（1）商业计划书是经营活动和开发活动的核心。游戏商业计划书应包括有关开发的所有计划，还应包括有关盈利模式和营销的内容。

① Planning（策划）：制定工作目标及实现目标所需战略。

② Organizing（组织化）：将策划付诸开发的准备过程。

③ Staffing（引进 / 安排）：引进资金，向投资者说明游戏的基础性文件；安排人员，向投资者说明适合各领域人员的安排及组织图。

④ Leading（指挥）：有关开发环境及时间的指挥性文件。

⑤ Controlling（控制）：开发阶段中出现问题时可以得到答案的文件（预算、开发时间、人力管理）。

⑥ Benefit（收益）：盈利模式的研究、有偿化方案的研究。

（2）应成为经营与开发的基础性文件。

（3）应成为确保开发正常运行的基准。

（4）从收益的角度和与竞争公司的关系上，应为可持续修改的文件。

（5）应明确阐述技术方面的竞争优势。

（6）应阐述确保竞争优势所需的人员拥有情况。

（7）应描述市场上的可行性。

（8）尤其是对游戏特性的说明，应尽量减少专业用语，使没有游戏专业知识的人也能看懂，如果没有代替专业用语的词时，应对专业用语加以说明。

3. 制定商业计划书的必要性

（1）大部分经营者或者规模较大的公司是由策划组来制定商业计划书。对于策划者来说，是将工作的构思转化为具体设计的机会。

（2）它不应是主观的工作构思，而应该是客观地、系统地研究工作的合理性。

（3）检查工作所需的所有要素，以了解不足之处，从而有效地完成开发过程，提高商业运作的成功率。

（4）项目运作中要采取哪种战略可以分析和选择。

（5）如果工作计划需要从外部筹集资金时，为投资作系统说明需要商业计划书。

（6）为正确传递工作的核心内容，明确说明该项目的机会，为怎样利用这个机会等进行合理说明，需要制定商业计划书。

4. 项目的合理性

如果项目的合理性只是含糊地说游戏产业能赚钱，或是其中某个类型更赚钱，这种商业计划书恐怕很难获得投资人的认可。一般来说，项目的合理性应满足下列3个要素。

（1）为开发组建人力。

（2）确保个性化的技术能力。

（3）开发的具体计划及日程。

驾驭一个商业项目，单凭热情是不够的。首先应对团队自身有正确的判断。撰写商业计划书之前需考虑可以引进多少资金，所策划的游戏规模是否超出了公司团队的能力承受范围，如何以最低的成本创造出最大的经济效益等，都应该最先考虑。

无论商业计划书制作得多么漂亮和精美，如果无法实现，那它只是一张废纸。

5. 商业计划书的项目

1）市场分析

（1）国内外市场环境分析。

（2）竞争领域、竞争企业、可进行合作企业分析。

（3）入市的可行性，占领市场优势要素。

（4）预期的市场份额。

（5）开发公司的消费者知名度分析。

2）技术分析

（1）人力的保障。

（2）开发技术的优势要素。

（3）素材及类型的优势要素。

（4）开发期限的缩短可能性。

（5）将开发与服务难题最小化的可能性。

（6）对技术模仿的防止对策可能性。

3）收益分析

（1）为判断正常收益率保障与否，分析投资收益及盈亏平衡期。

（2）资金筹集结构及费用分析。

（3）有偿化模式方案。

（4）预算的制定及不足部分的筹集可行性分析。

4）经验分析

（1）人力的开发经验分析。

（2）开发公司的开发经验分析。

（3）开发公司的销售网络确保可行性分析。

5）市场调查及分析

（1）消费者：目标市场、市场细分、主要消费阶层分析。

（2）市场规模：开发结束时的市场分析。

（3）市场增长性：实施服务之后 5 年的国内外市场的增长可能性。

（4）竞争程度及竞争力：竞争公司的成长变化和竞争优势要素。

（5）预期市场份额及预期销售规模：在整个市场中所能占的比例及规模。

（6）持续的市场调查 / 评估：着手开发之后也继续调查。

6）收益调查

（1）预期收益：针对所需费用的利润及纯利润分析。

（2）收益潜力：直接收益之外的间接收益及投资回收期分析。

（3）收益模式的创造：探求与现有盈利模式不同的收益模式。

（4）费用结构：开发的固定费用及变动费用。服务的固定费用及变动费用。

（5）盈亏平衡点：现金收入比现金支出多的时期。

（6）现金流向：收益和支出的变化趋势。

7）技术调查

（1）人力方面的保障：保障开发所需人员。

（2）技术力量方面的保障：保障从服务器、引擎等硬件到核心人力的技术。

（3）开发技术的优势要素：开发公司的人力适合于开发工作的理由。

（4）素材及类型的优势要素：创意的创新性。

（5）开发时间缩短可行性：改善技术的开发或业务过程。

（6）将开发及服务的难题最小化的可行性：与服务相关的运营方案。

（7）技术模仿预防对策的可行性：防火墙、防黑客入侵工具等系统的稳定性。

8）经验调查

（1）人员的开发经验：对同类型游戏开发经验的分析、开发经验不足时制定补救方案（硬件的发展、薪金的差异）。

（2）开发公司的开发经验：开发经验不足时制定补救方案（资金的稳定性、类型的特殊性等）。

（3）开发公司的销售网络保障可行性分析：许可保障及销售结构。

9）营销计划

（1）全面的营销战略。

（2）服务及产品保证策略。

（3）价格策略。

（4）销售网络及销售策略。

（5）广告及宣传方案。

10）开发计划

（1）游戏开发现状及相关业务。

（2）开发风险分析：可能发生的风险因素。

（3）开发所需硬件筹备计划（开发所需计算机、程序、网络）。

（4）开发人力及开发费用。

（5）有关知识产权、专利权等法律限制的解决方案。

11）管理团队的组建及组织运营计划（由策划者制订或由经营者亲自制订）

（1）管理团队：管理团队的组织图及履历事项。

（2）核心开发力量：开发团队组织图及履历事项。

（3）经营能力及经营权：经营者的经营权限（所持股份）。

（4）人事策略 / 计划：雇佣合同、股票及激励相关事项。

（5）理事的组成及外部咨询 / 支援人力。

（6）有关其他投资者、股东的权利 / 制约条件事项。

12）财务计划

（1）收益业绩：损益表及资产负债表（如有业绩）。

（2）预估损益表。

（3）预估资产负债表。

（4）预估资本变动表。

（5）盈亏平衡点计算。

（6）费用管理等。

13）投资条件

（1）需要筹集的资金规模。

（2）投资邀请细节及投资条件。

（3）资金运用计划及投资家的预期收入。

14）参照项

（1）在本文中介绍内容的专业知识参考资料。

（2）专利或知识产权等的证明文件。
（3）原有的有关收益的合同副本。
（4）协作及合作企业状况。

13.1.3 商业计划书制定准备

（1）制作成游戏是否具有商业价值？
（2）与其他游戏相比在什么地方更好？
（3）开发目标是否明确？
（4）是否有克服危机的决心？
（5）根据目标制定的战略是否准确？
（6）主要的目标玩家是谁？
（7）主要的目标消费层是哪个？
（8）开发及供应方是谁？
（9）该游戏提供的商品是什么？
（10）该游戏提供的服务是什么？
（11）竞争企业是谁？
（12）是否对潜在的竞争对手进行了充分调查？
（13）我们的资产是技术还是人力？
（14）是否有可以向我们提供帮助的合作企业？
（15）是否预料到投资者的反对意见？
（16）是否对市场趋势有充分了解？
（17）是否充分参考了类似的商业计划书？
（18）是否充分利用了能利用的其他媒体？

13.1.4 商业计划书的制定

如果策划者不重视商业计划书的制作过程，只是想轻易地得到商业项目的资金，那么商业计划书多数情况下会沦为吸引资金的手段。这样吸引资金方面可能没什么问题，但在项目实施过程中，多数情况是无法按计划推进工作的。

制定商业计划书应从长远的观点多角度看问题。为解决眼前的问题而制定的商业计划书不能向决策人准确地传递意图。连自己都不能说服还怎么说服别人呢？不要认为自己熟悉的对方也熟悉，在制定过程中需要系统的检查，制定完后也需要再做一次检查。

商业计划书不应单纯地罗列开发过程和计划，至少要获得看商业计划书的人的认可才行。

为此，商业计划书应该在目标和准备过程、实施过程、服务、利润的分配上目标一致；过程的可行性应具有普遍性，从而能得到认可。

虽然程序是固定的，但从体现商业计划书的方式上，比起生硬的氛围来说，根据游戏的氛围制作会更有效。

例如，成人用 Casino 游戏的开发计划书中使用可爱的卡通形象并不合适，而儿童用 Arcade 游戏开发计划书中用成人游戏的背景当然也不合适。

（1）不应错误地理解商业计划书的作用和目的。

（2）不应将重点放在过于专业的技术上。

（3）如果商业计划书是为投资人提供，那么营销和盈利结构方面要求更具体的资料。

（4）如果作为公司的内部资料，应该将营销和运营方案也包括进去。

（5）不应过于强调资金方面的困难。

（6）应避免目标过于简单而没有具体目标或者目标很多而选择其一的这种没有计划的目标。

（7）过于乐观，不考虑其他方法也是不可取的。

（8）制定的目标必须是可以用普通方法衡量成功与否的、有时间概念的、可以进行修订的；还应有中期所要达到的过程中的目标。如果制定的目标跨度时间过长，该项目结束很难判断成功与否，要进行修改也是不可能的。

（9）商业计划书多数情况是含有开发公司的（商业）秘密。因此，必须由内部人员制定，不能交付给外部专家（也有一些专门代写商业计划书的公司，但是将有成功可能性的商业计划书要卖的商人是不会有的）。

（10）给人看的商业计划书和要发表的商业计划书应该区别制定。

（11）给人看的商业计划书应抓住核心，要简洁；为发表需要自己练习的商业计划书应尽量添加可以作为例子的内容，以提高其说服力。

（12）将收集资料分类，以便容易查看。

（13）在资料上必须注明逻辑的依据（研究机构、报纸新闻、科学依据等）。

（14）不要认为自己的商业计划书很完美。最完美的商业计划书是随时都可以修改的、留有修改空间的商业计划书。

13.1.5 商业计划书检查

（1）不具备专业知识（的人）是否也可以看懂？

（2）是否只概括了核心?

（3）参考资料或细节内容是否有遗漏?

（4）是否需要简化商业计划书?

（5）是否需要将内部使用和外部使用的分开制定?

（6）按常识检查内容（内容的前半部分和后半部分是否一致）。

（7）与原来的游戏相比是否更具有商业价值?

（8）一般不容易证明的情况，是否附加了可以证明的内容?

（9）是否有应对风险的方案?（风险防范分析）

（10）财务或者预算等直接与钱有关的数字是否有错字或与事实有出入?

13.1.6　商业计划书的提交及发表

（1）使投资决策人信赖开发公司及其员工。

（2）投资者往往会先想到负面的东西，如果对负面内容表现得过于激动或做出过激反应，则会降低信任度。

（3）投资者关心的是钱。如果发表时间有限，应将多数时间放在有关盈利的问题上。

（4）制定商业计划书的人一般要花费很多时间制定计划书，而听计划书的往往是没有时间的人。如果只能发表要点的话，应事先安排好主次顺序，以免漏掉核心内容。

（5）一份商业计划书一次就能获得认可的概率是很小的。如果没有得到认可，则需要分析自己的制定方法和依据材料是否有不足之处，然后加以修改以获得再次发表的机会，这很重要。

（6）应按照最终确定的商业计划书进行开发。

①筹集的资金应按照预算计划使用，资金要用在该用的地方。

②引进所需人才，正确安置人才。

③尽可能减少运营计划中的变数，事先安排先后顺序，按顺序处理业务。

<投资人常问的问题和答案>

1. 贵公司的商品是什么?

回答：以武侠为题材的 MMORPG，有在线收费服务及免费服务利用券的 Retail 商品和点卡结算流通。

2. 贵公司的主要消费阶层是哪个?

回答：喜欢武侠的 20 岁到 40 岁是主要的消费阶层，目前占整个武侠 MMORPG 的

80%。

3. 如何进行销售？

回答：可以通过网上结算方式进行销售。目前国内销售网最多的 A 公司承担销售，作为新的销售方案，制定了 B 方案。

4. 目标市场份额是多少？理由是什么？

回答：包括我们公司在内，目前在本行业中 2004 年 12 月之前计划上市的游戏有 8 个，其中除了新成立的 5 个公司外，3 个公司占 70% 以上，这些公司在引擎开发能力和顾客认知度方面占上风。所以，将目标定为 30% 以上。

5. 是不是开发费用太少？

回答：游戏（开发费用）由技术和人力所决定。以技术力量缩短（开发）时间。虽然人数少，但他们都是在业界中受到认可的有实力的人。虽然开发费用低，但质量不会下降。

6. 开发费用是不是太多？

回答：最近的市场走势是要求高质量的游戏和大规模的营销。在游戏质量方面我们有信心，但市场营销由钱所左右，可能会认为投入大，但是两年的开发时间和像本游戏的 Graphic 水平一般需要 XX 元。与之相比，本公司的游戏开发费用是少的……

7. 是不是服务费用过高，影响了销售？

回答：采用了比目前市场上更为高级的画面，因新鲜要素的注入，成本提高了。但是，根据市场情况可以做调整。为各种活动和手头紧的人制定了特别结算方法。

8. 何时能达到盈亏平衡点？

回答：请翻开商业计划书 XX 页，如果包括游戏的直接收益和角色销售等间接收益，实施产业化 2 年之内可以达到盈亏平衡点。如果在营销方面加大投资，缩短到 6 个月左右也是可能的。

此外，投资者会提出很多意想不到的问题。因为要把自己的钱投到未知领域本身就是有风险的事情，而且游戏获得成功的可能性事实上是很小的。

策划者应培养可以应对这些提问的敏捷性。面对对游戏开发一窍不通的人进行模拟发表也是好的方法。

<错误商业计划书的例子>

（1）赶时间制作的资料不够全的商业计划书。

（2）有虚假内容的商业计划书。

（3）未经专家指导的财务报表。

（4）基础创意策划者独自制作的商业计划书。

（5）在内部收集的资料不可靠的商业计划书。

（6）一味地说市场规模大的夸大其词的商业计划书。

（7）没有投资回报战略的商业计划书。

（8）投资费用的使用依据不明确的商业计划书。

（9）出现很多错别字的商业计划书。

（10）一概地坚持世界最初技术和创意的商业计划书。

（11）只强调公司历史或获奖细节的商业计划书。

13.2　市场分析的写法

13.2.1　市场结构

了解市场结构是商业计划书的最基本要求，需要分析自己的游戏在哪个市场上发行，然后根据该市场进行开发和实施服务。正确了解市场结构需要投入很多时间和精力。

1. 类型分析

（1）PWs —— Persistent World。

MMORPG（MMORPG 全称为 Massively Multiplayer Online Role Playing Game，是多名网络游戏玩家同时在线游戏的形式。因 PWs 类型的游戏占大部分，与 PWs 几乎看成是同一个意思）是大家都熟悉的游戏类型。直译就是“持久的世界”，即可以译成永无结局的故事。生活在该游戏世界中的角色，除非开发公司停止服务，否则会永远有事可做。代表性游戏有《魔兽世界》《剑三》《完美世界》等，这一领域是韩国在全世界最具竞争力的网络游戏领域。在美国及欧洲，主要采用购买游戏后，支付一定的网络服务费用的形式；韩国及亚洲国家主要采用通过免费下载客户端后支付一定的网络服务费用的形式。

（2）Retail Hybrid 一般也称为 PC 游戏。

Retail 是指完全零售的销售方式，而 Hybrid 是混合的意思，程度上比 Fusion 稍微弱一些。直译就是以复合形式的零售方式销售的游戏，简单说就是打包形式销售。一般 FPS 或 RTS 类型占多数。因实现单人闯关模式，多个玩家可以通过网络一起打游戏。购买游戏后网络服务可以免费利用的形式占多数。在韩国有只提供在线服务的 FPS，免费下载客户端后支付包月额或选择其他盈利模式。

（3）传统游戏。

一种也称为在线棋牌游戏的类型。指国内外的国际象棋、Poker，韩国的 Gostop 或象棋、围棋等人们很熟悉的、不需要特别指南就可以玩的游戏。此类游戏制作时间短、费用低，因此很多大型门户网站都提供免费服务，这种游戏不是以盈利为目的，而是作为宣传或内容的补充进行制作。

< PWs 的风险性 >

因 PWs 领域盈利最高，游戏的生命力也长，很多制作公司都想尝试。从收益上看，远远超出 Retail 方式的游戏。一个新成立的公司通过一个大制作就能成为主流公司。例如，Webzen 公司就是通过《奇迹》这款产品，一跃成为韩国甚至海外的 Major 公司。但是 PWs 投入大，开发时间也长，如果说能成功获利多，那失败了其代价也很大。而且，开发之后的服务阶段也需投入很多资金。因需求少，相关的专业人力也少，因此，开始阶段大都没有经验。游戏产业是人力集约产业，用没有专业技能的人力进行开发，恐怕走完开发阶段都很难。

PWs（开发）有利因素多，但不利因素也很多。因此，应正确判断自己公司的情况，做决定应慎重，因为游戏并不只有 PWs。

2. 主要用户群体 / 主要消费群体分析

在游戏行业中待的时间长了，会有一种自己已经对用户需求很了解了的错觉。用户对不同游戏类型的需求是不同的，据此游戏的服务形式也有变化。如果对用户群体做出错误的分析，那开发出来的游戏是自己喜欢的，而不是玩家所期待的游戏。

还有一种错误是将主要用户群体和主要消费群体等同看待。玩家并不一定就是消费者，所开发素材没有多样性而不能形成群体的细分化可能是其原因之一，但游戏的主要用户群体——青少年在经济上并不富裕是最主要的原因。因此，也会发生无偿服务期间受欢迎的游戏进入商业运作后遭遇失败的情况。为解决这种问题选择的方法是以成人作为目标用户开发游戏，其代表作是《A3》。

可以看到，初期的网络游戏市场因成人用户群体对游戏经验不足而导致理解度或适应度降低，反而是青少年群体通过非法方式接入成人游戏的情况较多。 结果是谁都没能获利，群体的分化没能形成。用户群体分类有多种方式，但为了便于说明，做以下分类，说明新的群体细分化。

（1）Mania—— Retail 或 PWs 中都有痴迷者（Mania）。

以前，Mania 侧重于 Retail 的各种素材上，但 PWs 的中毒性一下推翻了 Retail 的堡垒。在韩国被称为“废人”的 Mania 在整个玩家人数中占少数，但这些人会在游戏中消耗很多时间和金钱，有时可以影响整个玩家群体，在游戏中占据主导地位。因此，在游戏开发的后半期，应考虑为 Mania 提供便利，因为他们是牵动策划者情绪的具有决定权的人群。

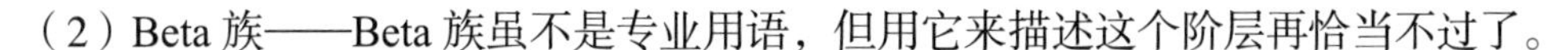

（2）Beta 族——Beta 族虽不是专业用语，但用它来描述这个阶层再恰当不过了。

这是韩国网络游戏开发进入饱和状态，开发时间缩短，开发游戏数量增多而出现的现象。Beta 族指的是在 Closed Beta 或 Open Beta 等免费服务阶段玩游戏，到收费阶段移到其他免费服务游戏的玩家。开发公司可能认为他们是不掏钱的常客，但他们能发现很多漏洞，他们是实行商业运作前衡量游戏成败尺度的玩家群体。

（3）普通玩家。

这类群体要求游戏构成是非常简单的界面和熟悉的游戏方式。加入网络世界比较慢的这类群体大多数是因游戏勉强摆脱了电脑盲。但是，这类群体的网络利用率在提高，正发展成为新的用户群体，而且这类群体具有较强的消费能力，发展为 Mania 的可能性很大。

通常将玩家分为青少年群体、20~30 岁和 30 岁以上等。但这种分类方式产生的青少年游戏和成人游戏，结果大部分是重蹈前面所述覆辙。成功的游戏大部分是被 Beta 族宣传，吸引 Mania 群体后，让普通玩家掏钱。这样，商业运作成功的话，Beta 族也会成为消费群体（但如果是传统游戏，普通玩家会占较大的比例）。

13.2.2　中国游戏市场结构

中国的游戏市场就如同游戏行业的教科书。自 2015 年以来，中国游戏市场经历了从端游、页游、手游再到 VR 游戏的快速发展及迭代过程。随着硬件性能的不断更新，游戏行业技术创新层出不穷，玩家水平也有了相当提高，与之相适应的是，开发公司需要不断提高知识、技术的储备，陆续推出更为吸引人的、具有高度创新的游戏产品，走在发展的前沿，如此才能在日益激烈的竞争中谋得一席之地。

1. 中国游戏市场

中国是全球第一人口大国，据中国互联网络信息中心（CNNIC）发布的第 49 次《中国互联网络发展状况统计报告》显示，截至 2021 年 12 月，我国网民规模达 10.32 亿人，较 2020 年 12 月增长 4296 万人，互联网普及率达 73.0%。在网络基础资源方面，截至 2021 年 12 月，我国域名总数达 3593 万个，IPv6 地址数量达 63052 块 /32，同比增长 9.4%；移动通信网络 IPv6 流量占比已经达到 35.15%。在信息通信业方面，截至 2021 年 12 月，累计建成并开通 5G 基站数达 142.5 万个，全年新增 5G 基站数达到 65.4 万个。同时，我国 60 岁及以上老年网民规模达 1.19 亿人，互联网普及率达 43.2%。

从中国网络游戏整体市场发展趋势来看，中国游戏用户数量保持稳定增长，2021 年用户规模达 6.61 亿人，同比增长 0.22%，如图 13-1 所示。随着我国人口结构的变化，未来游戏市场竞争会更加激烈，对企业和产品的要求也将水涨船高。

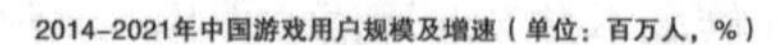

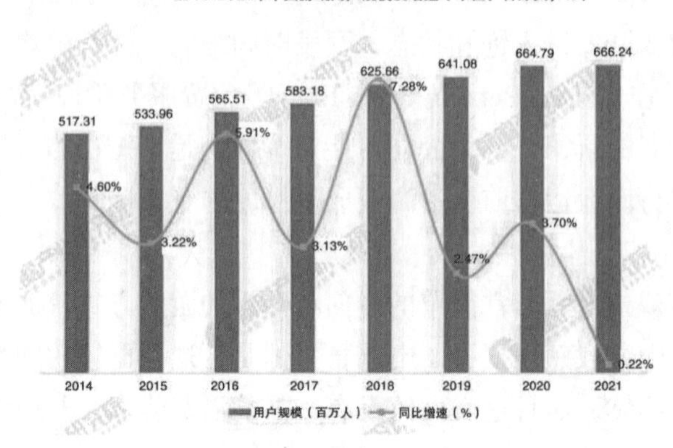

图 13-1

从游戏市场实际销售增长率变化趋势看，2015 年以来，中国客户端游戏市场实际销售增长率变化较为平稳，网页游戏市场实际销售收入增长率整体呈下降趋势，移动游戏市场目前的实际销售收入增长率虽然有所放缓，但明显高于游戏产业实际销售收入增长率，说明移动游戏市场销售收入的增长对整个游戏产业规模的增长产生了巨大的拉动作用。

据前瞻产业研究院分析，2021 年我国游戏市场销售收入 2965.13 亿元，较 2020 年增长了 178.26 亿元，同比增长 6.4%。2021 年随着疫情缓解，宅经济影响减弱，我国游戏市场销售收入增速有所下降，如图 13-2 所示。

图 13-2

具体来看，2014—2015 年我国客户端游戏市场规模占比仍高于移动游戏市场。2015 年后智能手机不断普及，移动设备由于易于携带等便利成为休闲的首选，并且随着 4G、5G 技术及云游戏的发展，移动游戏市场规模占比逐渐超越其他市场。2020 年，我国移动游戏市场规模占比达 75%，市场规模占比达 76%。2021 年中国游戏市场实际销售收入 2965.13 亿元，较上年增收 178.26 亿元，同比增长 6.4%。虽然收入依然保持增长，但在宅经济效应逐渐衰减、爆款产品数量下滑的影响下，增幅较上年同比缩减近 15 个百分点。据《2021 年中国游戏产业报告》数据显示，2021 年中国游戏市场实际销售收入 2965.13 亿元，国内游戏用户规模达 6.66 亿人，同比增长 0.22%，用户数量渐趋饱和。而移动游戏依然占据国内游戏市场主流，总收入占比为 76.06%；客户端游戏占比 19.83%，基本保持稳定；网页游戏仍在萎缩，占比仅为 2.03%，销售收入和市场占比均继续下滑，如图 13-3 所示。

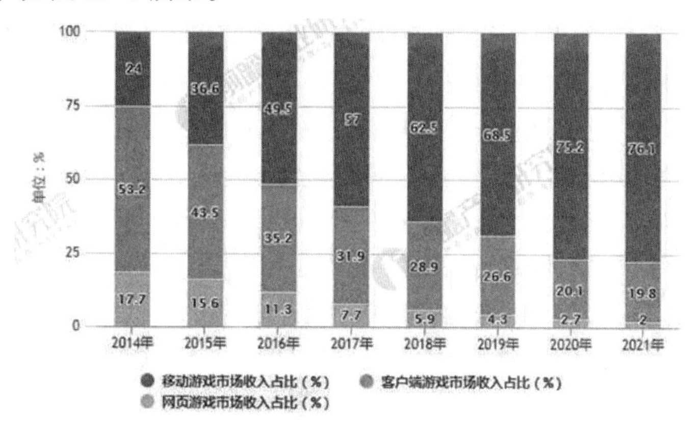

图 13-3

2021 年中国移动游戏市场实际销售收入 2255.38 亿元，较上年增收 158.62 亿元，同比增长 7.57%。此外，腾讯、网易持续占据中国游戏市场 50% 以上的市场份额。腾讯的《王者荣耀》《和平精英》为其主要营收贡献产品。

2. 未来中国网络游戏市场发展趋势

（1）新技术驱动产业链更加丰富。

随着游戏企业在研发领域的加大投入，5G、云游戏、VR/AR 等前沿技术在游戏领域陆续得以应用，未来游戏通过技术推动新功能、新玩法、新业态将使游戏产业链更加丰富。目前，针对 5G 技术在游戏领域中的应用，产业链各方力量通力合作，共同推进云游戏研究、应用和试点示范。云游戏在弱化游戏用户端硬件要求的同时，对游戏企业的技术能力提出了更高层次的要求。高品质的游戏，借助云游戏的平台，将更易触达更广泛的玩家群体。

但 VR 游戏目前仍面临安装复杂、硬件配置要求较高等瓶颈。AR 游戏在移动端较为灵活，顶级企业纷纷拥抱 AR 技术。未来，随着 5G 技术和云游戏的发展契机，VR/AR 游戏将有望再度崛起，走向无线化、轻薄化，解决设备限制和沉浸体验之间的矛盾。

伴随人工智能、虚拟现实、云计算等技术的成熟，更多游戏企业会更加注重自身硬实力的提升，将面临新的机遇与挑战。

（2）知识产权生态推动游戏产业发展。

近年来，我国游戏知识产权保护生态逐步完善，除传统保护手段外，部分游戏企业开始尝试利用区块链、大数据等新技术，加强对自有知识产权保护和侵权监测。进一步加强网络版权领域重点问题的制度建设，推进知识产权保护工作，完善知识产权保护体系，促进游戏自律，推动游戏产业健康发展，也是净化游戏产业市场环境的重要保障。

与此同时，企业通过知识产权产品，横跨游戏、影视、文学、动漫、音乐及相关衍生品市场等领域，进行跨领域商业化运作，可以取得较好经济回报和社会效益。使游戏从业企业逐渐认识到，保护游戏知识产权，等于保护企业获得商业回报的合理权益，从而保护游戏企业增加前期投入信心，提高创新力度的热情。据华经产业研究院报告分析，近年来，企业、用户均对 IP 改编游戏抱有较高关注度，IP 改编游戏尤其在移动游戏领域的优势最为显著。IP 加持下的移动游戏产品在研发、获客等多方面具备优势，2017—2020 年我国 IP 改编移动游戏市场规模逐年上升。2020 年我国 IP 改编游戏迎来了高速发展，市场规模增至 1243.2 亿元，同比上升高达 25.91%，如图 13-4 所示。未来，通过进一步加强立法保护，发挥司法效能，强化执法力度，使知识产权保护生态将更加健全，为行业持续、稳定和健康发展注入新动能。

图 13-4

（3）电竞市场继续繁荣，移动电竞市场快速增长。

我国已经成为世界上具有较强影响力和发展潜力的电子竞技市场。电子竞技赛事不但有效带动了游戏核心玩家社群的运营，同时延长了游戏生命周期和整体游戏产业链的产品形态。与此同时，在政策扶持与鼓励下，电子竞技人才的培养，就业体系的不断完善、成熟，加上游戏硬件厂商推出专有硬件设备，都将进一步优化电子竞技活动的体验。

作为游戏产业新的利润增长点之一，电子竞技商业化价值日益凸显，在游戏用户向电竞赛事观众大量转化的背景下，观赛用户规模逐渐扩大，赛事传播领域将进一步拓展，电子竞技内容消费市场潜力进一步释放，从而推动电竞赛事城市主场化进程。

电子竞技赛事的主场化将改变以往集中在单一城市举办赛事的局面，使电竞俱乐部主场馆为城市文化提供了一种展现方式，以城市为载体将俱乐部品牌价值沉淀到线下，为俱乐部搭建了更加多元化的传播渠道。此外，近年来随着元宇宙概念的火热以及 VR、AR、NFT 等相关技术的发展，有望推动电竞产业生态革新，拓展虚拟数字人、数字藏品等商业模式。此外，电竞与线下场景如城市地标、文旅的业态融合及电竞企业践行社会责任并助推公益传播等，均是电竞产业进一步发展的方向。

（4）游戏直播产业将更加规范发展。

游戏直播丰富了群众的文化精神生活，是一种全新的游戏参与方式，直播的出现给游戏带来了新的发展机遇，促进了相关产业的整合，构建了多元的行业盈利模式，成为文创领域重要的经济增长点。

未来几年，推动游戏直播行业主动承担社会责任，营造健康的竞争环境，是游戏直播行业发展的主要任务。激烈的竞争压力加速了游戏的发展，将会促使相关企业和管理部门共同反思游戏直播涉及的各种经济、法律问题，更有效地发挥游戏直播对社会的影响作用，尤其是对青少年的正面引领价值。加强游戏直播产业链条规划，促进游戏产业的发展。游戏直播带动周边产业的迅速发展，游戏直播产业链的深度融合导致商业模式不断出现，促进盈利模式的重新发展。在深挖与完善现有的业务盈利模式基础上，整合周边的产业资源，提高运营水平，游戏直播与公会 / 经纪公司、游戏公司、赞助商等合作，将进一步完善和规范游戏的生态环境。

13.2.3　游戏市场规模划分

作为目前全球第一游戏大国，中国移动游戏市场在经历了 2009—2011 年的探索期，2012—2013 年的启动期后，2014 年起进入高速发展时期，到 2015 年稳定发展，再到 2016 年人口红利逐步消失，游戏市场增长开始放缓，目前中国的游戏市场已经由增量市场逐步转入存量市场，整个行业的竞争也愈演愈烈，中小厂商批量死亡将成为现实，或者中小厂商与大企业合作共生将成为市场常态。

据中国音数协游戏工委和中国游戏产业研究院发布的《2022 年上半年中国游戏产业报告》显示，2022 年 1-6 月，受疫情等因素影响，中国游戏市场发展受阻，销售收入和用户规模同比均有小幅下降。中国游戏市场实际销售收入为 1477.89 亿元，游戏用户规模约 6.66 亿人，同比下降 0.13%，如图 13-5 所示，其中移动游戏用户规模约 6.55

亿人。2022 年 1–6 月，中国游戏市场实际销售收入为 1477.89 亿元，同比减少 1.8%，如图 13–6 所示，其中手机游戏的销售收入占 74.74%。移动游戏实际销售收入有所减少。游戏行业用户增长红利近乎消退，进入存量竞争时代。

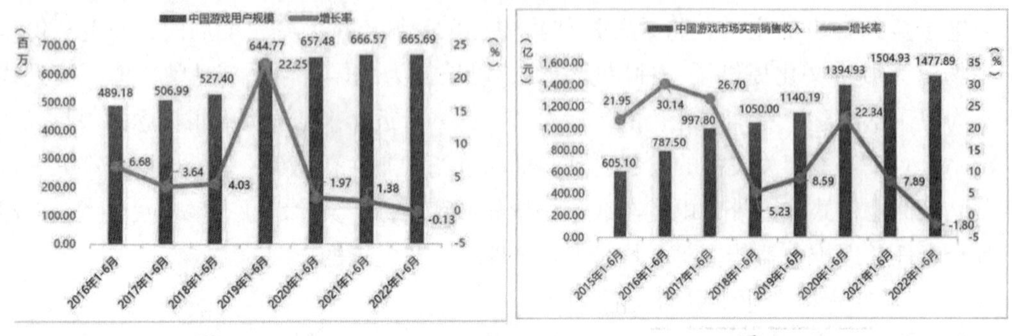

图 13–5　　　　　　　　　　　　　　图 13–6

整体看来，虽然受疫情影响，中国游戏市场在实际销售收入和用户规模等方面同比都有所回落，但游戏产业整体依旧正朝着精品化、多样化的方向不断前行，国产游戏在海外市场的销售收入依旧实现了增长，2022 年上半年，国产自主研发游戏在海外的实际销售收入达到了 89.89 亿美元，同比增长 6.16%，如图 13–7 所示，其中美国（31.72%）、日本（17.52%）、韩国（6.39%）三大手游市场依然是国产手游海外收入的主要来源，但英国、德国等欧洲国家正在缩小与韩国的差距。

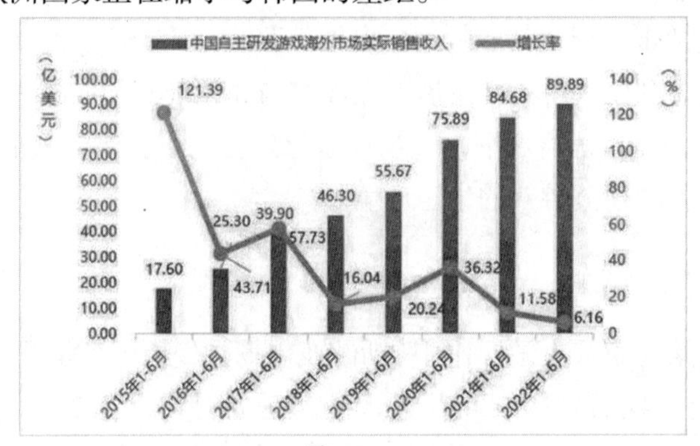

图 13–7

具体到热门游戏种类上，在国产手游海外市场收入前 100 的游戏中，策略类游戏占比 35. 81%、角色扮演类游戏占比 16.38%、射击类游戏占比 11.33 %，这 3 类游戏合计占比达到 63.52%，如图 13–8 所示。

需要注意的是，由于全球经济发展放缓的大环境以及游戏海外市场竞争的加剧，国产游戏在海外市场的实际销售收入增速呈现放缓态势。

细分市场方面，2022 年上半年，中国游戏市场中，虽然收入占比有所下降，但手游市场（74.75%）依然是主流；其次客户端游戏市场实际销售收入持续升高，占比增加至 20.8%；至于网页游戏，则依旧处于收入占比持续萎缩的状态之中，收入占比仅剩 1.83%，如图 13-9 所示。

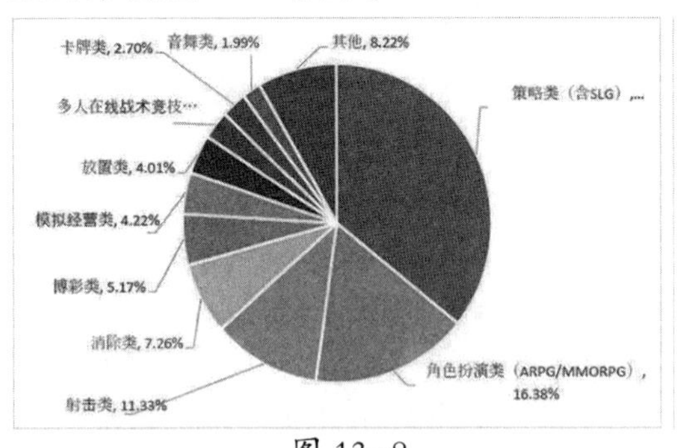

图 13-8

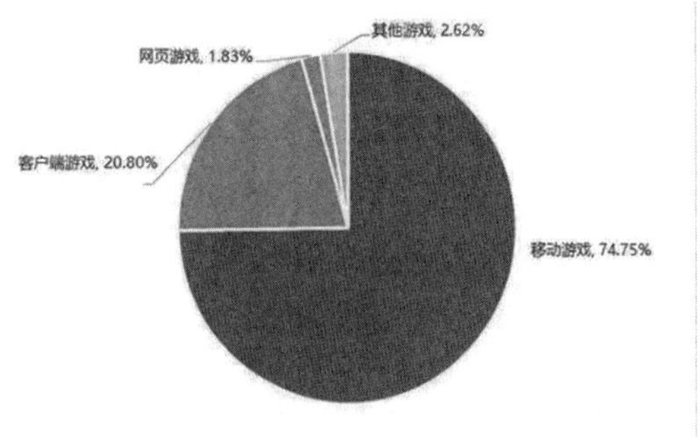

图 13-9

移动游戏方面，在收入排名前 100 的移动游戏产品中，角色扮演类游戏总收入最高，占比为 18.45%；多人在线战术竞技类游戏次之，占比为 14.25%；射击类游戏位居第三，占比为 13.87%，三者占总收入的 46.57%，如图 13-10 所示。其中，原创 IP 产品的表现相当强势，在收入排名前 100 的移动游戏产品中，数量占比最多的是原创 IP，占比为 54%，较上年同期占比有明显提升；原创 IP 类型的游戏收入占比也最高，达到 46.68%。

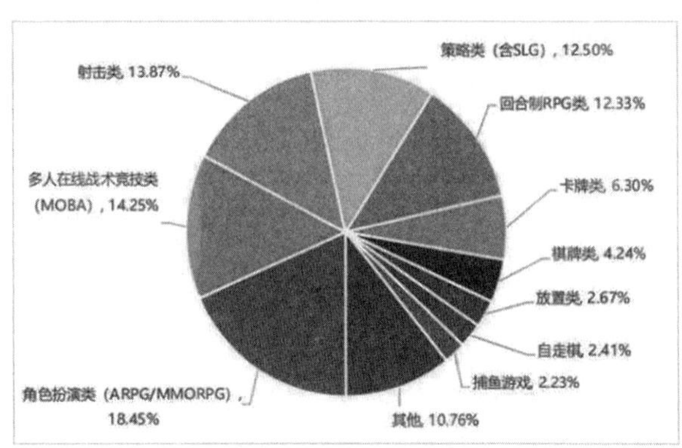

图 13-10

2022 年上半年，中国客户端游戏市场实际销售收入为 307.4 亿元，同比增长 2.85%。而中国网页游戏市场实际销售收入为 27.06 亿元，同比下降 10.4%，同时，由于新产品整体表现弱于上年同期，中国主机游戏市场也再次迎来下跌，实际销售收入为 8.81 亿元，同比降低 1.02%，如图 13-11 所示。

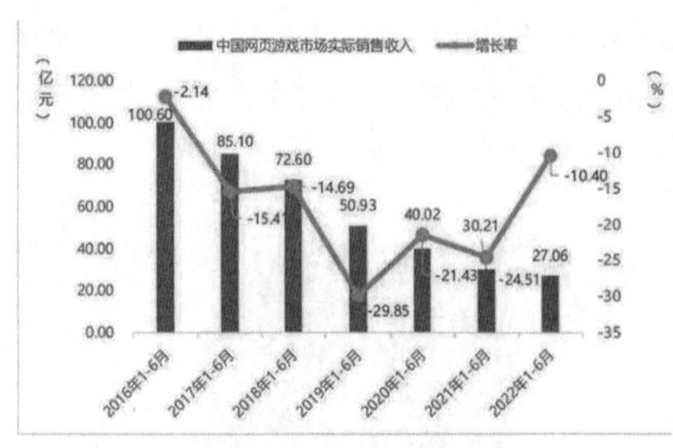

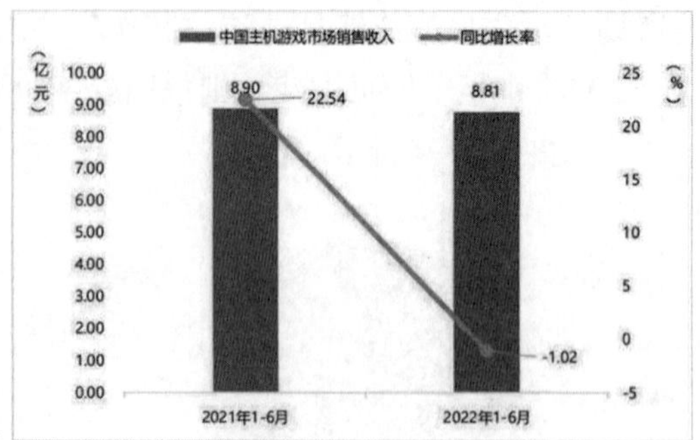

图 13-11

从游戏种类方面来看，由于游戏新品上线数量有限、市场上现有产品的流水难以保持高速增长，2022 年上半年中国电子竞技游戏市场的实际销售收入则为 637.12 亿元，同比降低 11.59%，中国二次元移动游戏市场实际销售收入达 134.97 亿元，同比降低 14.63%，如图 13-12 所示。而中国休闲移动游戏市场规模也同样陷入增长停滞，收入为 169.68 亿元，同比增长仅为 0.1%，其中内购产生的市场实际销售收入为 46.21 亿元，广告变现（间接付费不计入中国游戏市场实际销售收入数据）收入为 123.47 亿元，如图 13-13 所示。

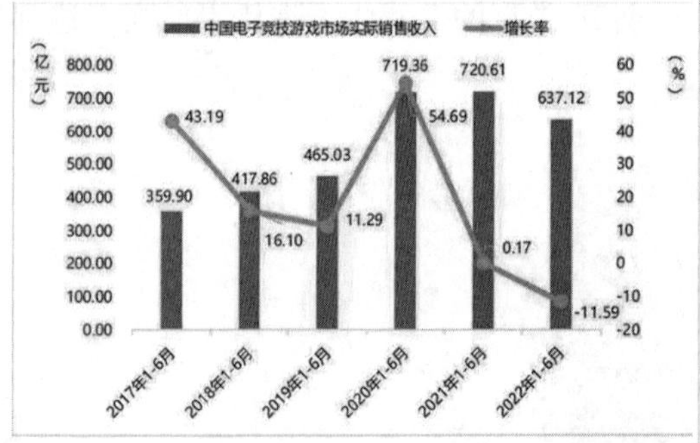

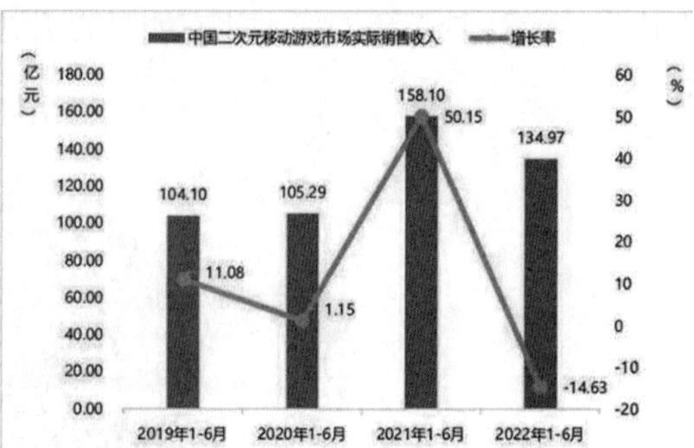

图 13-12

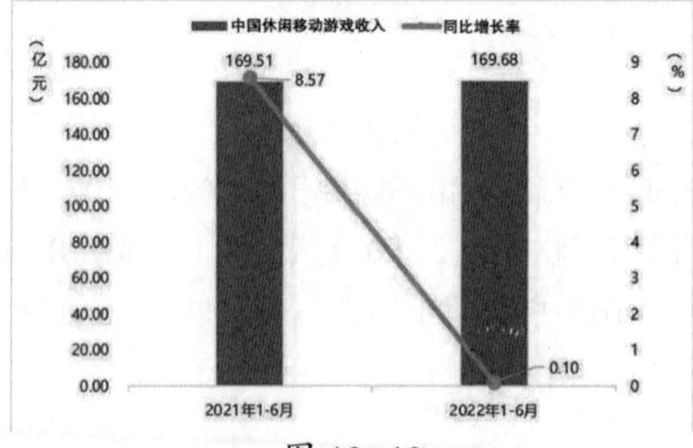

图 13-13

近年来，中国国产游戏走出国门，走向国外，并且受到国外玩家喜爱。2021 年我国游戏产业出海涉及的国家和地区明显增多，产品类型也更为多元化。数据显示，中国自主研发的游戏海外市场实际销售收入达 180.13 亿美元（1146 亿元人民币），比 2020 年增加了 25.63 亿美元（163 亿元人民币），同比增长 16.59%。2022 年，在中国自主研发的游戏海外市场实际销售收入增速呈放缓的态势下，中国游戏企业持续布局海外市场，中国自主研发的游戏在海外的实际销售收入达 89.89 亿美元，同比增长 6.16%，但增长率有所下降。

<国内主要手游发行商>

据 Sensor Tower 数据显示，2022 年 6 月，共 38 个中国厂商入围全球手游发行商收入榜 TOP100，合计吸金超过 20 亿美元（约 134 亿元人民币），占全球 TOP100 手游发行商收入近 40%。值得注意的是，该数据不包括中国地区第三方安卓渠道，为全球 App Store 和 Google Play 收入排名。

其中，榜单前 15 位的发行商分别为腾讯、网易、米哈游、趣加、三七互娱、灵犀互娱、莉莉丝、IM30、壳木游戏、雷霆游戏、江娱互动、乐元素、友塔游戏、IGG、沐瞳科技。

报告指出，尽管 2.7 版本上线时间略微延迟，却不影响《原神》迎来又一轮收入峰值。6 月该游戏移动端收入环比增长 56%，米哈游收入相应增长 42%，重回全球手游发行商收入 TOP5。

此外，哔哩哔哩于 6 月中旬推出《机动战姬》韩语和英语版本，加上日语和繁体中文版本，使该游戏成为本期发行商旗下收入最高的手游产品。国内市场方面，6 月底上市的 3D 横版格斗手游——《时空猎人 3》成功跻身中国 iOS 手游收入榜前十。在多款游戏的带动下，本期发行商收入环比激增 61%，重回中国手游发行商收入榜第 23 名。

中国 App Store 手游收入方面，《王者荣耀》《和平精英》《原神》《梦幻西游》《三国志战略版》《英雄联盟手游》位列前六。此外，在中国 iOS 市场增长较快的手游还有《金铲铲之战》和《光与夜之恋》。

腾讯游戏（Tencent Games）成立于 2003 年，是全球领先的游戏开发和运营机构（见图 13−14），也是国内最大的网络游戏社区。腾讯游戏采取自主研发和多元化的外部合作相结合的方式，打造覆盖全品类的产品阵营，为全球玩家提供休闲游戏平台、大型网游、中型休闲游戏、桌面游戏、对战平台五大类。另外，腾讯游戏与全球顶级游戏开发公司建立深度合作，致力于将世界范围内优质的前沿产品体验带到中国，也将中国游戏带向世界。旗下经典游戏包括《王者荣耀》《和平精英》《QQ 飞车手游》《穿越火线：枪战王者》《使命召唤手游》《乱世王者》《火影忍者》《王牌战士》等。

图 13–14

网易游戏是网易 2001 年正式成立的在线游戏事业部，网易的品牌价值已超过 13 亿美元，并跻身全球七大游戏公司之一（见图 13–15）。网易拥有强大游戏自主研发实力，已成功推出 27 款自主研发端游，包括《大话西游》《梦幻西游》《天下 3》《大唐无双零》《武魂 2》《倩女幽魂 2》等优质端游。随着手游市场的壮大，网易游戏研发出《乱斗西游》《天下 HD》《主公莫慌》等广受赞誉的手游，更将“梦幻”“大话”等经典端游发展为手游，有超过 6 款游戏位列 iOS 榜单前 50。此外，网易 2008 年获得《星际争霸Ⅱ》《魔兽争霸Ⅲ：混乱之治》《魔兽争霸Ⅲ：冰封王座》以及战网平台在中国大陆的独家运营权；2009 年，进一步获得暴雪旗下《魔兽世界》在中国大陆的独家运营权。

图 13–15

米哈游（全称上海米哈游网络科技股份有限公司，简称米哈游或 miHoYo）是一家成立于 2012 年 2 月 13 日，总部位于上海的电子游戏公司，以制作动作游戏《崩坏》系列及《原神》而闻名（见图 13–16）。米哈游于 2021 年被中华人民共和国商务部列为 2021—2022 年度国家文化出口重点企业。

图 13–16

趣加（FunPlus）创建于 2010 年（见图 13–17），其主要代表产品有《阿瓦隆之王》《火枪纪元》《State of survival》等，在世界范围内以精品游戏和艺术风格而闻名，在北京、上海、台北、旧金山、东京、斯德哥尔摩、莫斯科、巴塞罗那等地均设有办公室，团队中有来自超过 20 个国家和地区的近 1000 名员工，产品的本地化运营有着 23 种语言的支持。旗下电竞品牌 FPX 在上海创建不到两年，即夺得英雄联盟世界总决赛冠军，成为世界顶级电子竞技俱乐部。

图 13-17

三七互娱（游戏）最早创立于 2011 年，目前是全球 TOP20 上市游戏企业，公司业务涵盖全球游戏研发与发行、素质教育，旗下拥有游戏研发品牌三七游戏，游戏运营品牌 37 网游、37 手游、37GAMES 以及优质在线教育品牌妙小程（见图 13-18）。同时，公司还积极布局元宇宙产业、影视、动漫、音乐、社交、泛文娱媒体、文化健康、新消费等领域，在次世代 3D 引擎、AI、大数据分析平台等前沿技术加持下，三七游戏在 SLG、MMORPG、卡牌 3 个领域形成专业化布局，成功研发《斗罗大陆：魂师对决》《云端问仙》《荣耀大天使》等精品游戏。目前，自研游戏流水近 700 亿元，是业内创新型游戏研发标杆。

图 13-18

13.3 项目预算的写法

13.3.1 预算策划

以人力为中心的产业特点使投入费用很难预测。若是以机械化原材料和机械的运营费用为中心，可以用数字计算，也可以调整生产时间。但是，以人力为中心时，人不像机器，其工作量不是以时间单位固定的，开发时间越长，人员交替或损失的可能性越高，预测有很多变数。

但是，如果制作游戏的人清楚自己要做的是什么、需要的是什么，投入费用的预测也不是完全不可能的。

1. 制定预算时需要考虑的事项

（1）研发期限。

（2）服务期限。

（3）盈亏分界点。

（4）开发人员。

（5）开发组人工费用。

（6）管理组人工费用。

（7）运营组人工费用。

（8）设施费用（服务器、开发 PC）。

（9）办公室租赁费用。

（10）线路租赁费用。

（11）给外部的费用。

（12）营销 / 宣传费用。

（13）经常费用。

预测的项目粗略一算也超过 10 种，此外还有很多意想不到的经费投入。特别是像 3D 引擎，根据直接开发还是从外部购买，投入的费用或时间都不一样，有时还有可能要放弃 3D 游戏的制作。

即使是网络游戏开发人员饱和的韩国，3D 引擎开发人员也紧缺，找有实力的人并不容易。也有制作 3D 引擎后销售的企业。但是，从 3D 引擎的特性上看，开发和将买来的引擎重新解释后使用并没有多大区别。

很多经营管理层只计算游戏赚的钱，但对所需费用一无所知，在某种层面上（预算）起着提醒经营管理层的作用。对预算没有正确认识就进行开发，因开发费用的不足中途停止开发的例子也很多。

2. 各类型游戏的平均开发费用

开发费用没有固定数字。制作同一款游戏，是减少开发人员延长开发时间，还是使用足够的人以缩短开发时间，到底哪个方法更有利无法判断。因此，在这里预测的是新的公司在不同类型游戏中所要投入的平均开发费用。

（1）古典游戏。

制作过程容易、开发时间也短，因此可以以小规模人员以少的费用进行开发。其开发费用是逐渐减少的趋势。

开发时间：1～6 个月。

开发费用：1000 万 ~ 5000 万韩币。

（2）Retail Hybrid。

服务费用根据销售量而有所变化，因为变数很多，在这里只计算纯粹的开发费用。因为与销售有关，制作之后需加进 CD 制作费用。

开发时间： 1~ 3 年。

根据类型有很大的差别，RTS、RPG、Adventure 等的开发时间比 FPS 长。

开发费用：1 亿 ~ 5 亿韩币（因为还有大作游戏，开发费用根据开发时间有很大差别）。

（3）PWs。

所需时间和费用最多的类型。不仅是开发费用，营销费用也是巨大的。

开发时间：2~ 5 年（如果是大型游戏，开发时间更长。有时会利用原有的系统缩短开发时间，但是仍然是开发时间最长的类型）。

开发费用：5 亿元韩币 ~ 无限（已经有超过 100 亿元韩币的大型游戏，因此几乎无法估算出最高制作费用，而且不包括营销费用）。

大部分的开发者都说所有有关开发的都是不透明的,其中有关费用的问题最不透明。但是游戏在发展，随着开发的继续不透明的情况会逐渐得到改善，这些状况得到改善时开发者的决心就会提高。

13.3.2 盈亏平衡点

投资人最关心的是盈亏平衡点和纯利润。他们对商业成功可能性的关注高于对游戏质量的关注。例如，假设投资 1 亿可以赚 10 亿，收益高达 10 倍的项目没有人会拒绝。但是如果收益点在投资的 30 年后才出现，那不管工作计划书的内容怎样，投资人早就离席了。

应尽快在短期内达到盈亏平衡点。因此，需要有正确的预算和提出各种收益模式。投资者不会 100% 信任工作计划书。他们能积累这些资金比策划者更有生意经验，因此他们知道做生意并不容易。

但是，如果可以提出失败概率低以及有效的收益模式，那是有充分说服力的，投资者也知道投资会有多大风险，因此不会首先考虑否定此方案。

< 开发人员人工费用预算制定示例 >

游戏的开发人员可以是 3 名，也可以超过 100 名，根据游戏的规模和开发公司的财力而不同。如果人员的签约形式和外包价格低于人工费用时，有时以外包的形式代替。

游戏开发人员人工费用预算，如表 13-1 所示。

表 13–1

开发人员	人工费用/月	人员数量	参与开发的时间	工作形式	外包的可能性
开发总监					
策划组长					
原画					
Scenario 作家					
策划助理					
程序组长					
服务器					
客户端					
3D 引擎					
DB					
程序助理					
Graphic 组长					
模型师					
制图人					
动画					
图形助理					
Web 策划					
Web 设计					
Web 程序					
音响组长					
音响助理					
运营组长					
GM					
TM					
广告					

续表

开发人员	人工费用/月	人员数量	参与开发的时间	工作形式	外包的可能性
营销					
管理组长					
财务					

<设施、运营、经常费用预算制定例子>

如表 13-2 所示。

表 13-2

<table>
<tr><th colspan="3">项 目</th><th colspan="5">购买费用</th></tr>
<tr><td colspan="3">办公室租赁费用</td><td colspan="5"></td></tr>
<tr><td rowspan="7">设施费用</td><td colspan="2">分类</td><td>数量</td><td>配置</td><td>购买费用</td><td>使用时间</td><td>是否可以折旧</td></tr>
<tr><td colspan="2">管理用 PC</td><td></td><td></td><td></td><td></td><td></td></tr>
<tr><td rowspan="4">开发用 PC</td><td>策划</td><td></td><td></td><td></td><td></td><td></td></tr>
<tr><td>程序</td><td></td><td></td><td></td><td></td><td></td></tr>
<tr><td>图形</td><td></td><td></td><td></td><td></td><td></td></tr>
<tr><td>其他</td><td></td><td></td><td></td><td></td><td></td></tr>
<tr><td colspan="2">服务器</td><td></td><td></td><td></td><td></td><td></td></tr>
<tr><td colspan="3">线路租赁费用</td><td></td><td></td><td></td><td></td><td></td></tr>
<tr><td rowspan="4">广告宣传费用</td><td colspan="2">分类</td><td>数量</td><td>广告物区分</td><td colspan="3">费用</td></tr>
<tr><td colspan="2">在线</td><td></td><td></td><td></td><td></td><td></td></tr>
<tr><td colspan="2">印刷</td><td></td><td></td><td></td><td></td><td></td></tr>
<tr><td colspan="2">广告</td><td></td><td></td><td></td><td></td><td></td></tr>
<tr><td>经常费用</td><td colspan="7"></td></tr>
</table>

* 附加 PC 配置详细事项。

13.3.3 竞争对手分析

竞争对手分析不仅在游戏产业中，对其他所有产业也是必需的要素，这是市场经济的规律形成的。俗语说得好，“知己知彼，百战百胜”，这里也包含了应该“知得失、识进退”的含义。专业围棋选手是不用将棋下到最后才知道胜负的，往往是业余的爱好者更容易深陷局中，一叶障目，不肯认输。游戏开发也是同样道理，如果明知自己的游戏无法达到大公司的质量水准，就没必要故意与大制作游戏去竞争市场，而是要扬长避短、另辟蹊径，找准定位，才有在市场中制胜的机会。

此外，后来者的优势是因为前人在实施过程中犯过很多错误，走了很多弯路，那么可以在商业计划书中通过对这些失误的分析来避免错误。

游戏制作本身可能是冒险性的，但是从商业性质的角度看，它与现有的其他工作没有什么不同。IT 产业的核心优势不是资本或公司历史，而是技术力量，并不是历史久的公司就一定能开发出畅销的游戏。因此，对于新成立的公司来说，应在商业计划书中更好地体现自身的技术实力，扩大自己与竞争对手之间的竞争优势。例如，随着服务器技术的发展，用更少的服务器就能稳定地连接更多的用户。随着图形技术的发展，用更低的配置显示更多的面，这些就是技术竞争力。

另外，人才竞争力主要以人才的经历来体现。引进以前开发过大制作游戏或高质量游戏的开发者，以开发与这个人开发过的游戏差不多水平的游戏作为重点宣传内容。

此外，将开发者特有的专利、知识产权或核心技术等写进商业计划书中，以此来体现在同行业中的竞争力。

本章小结

本章分析了游戏策划书的重要性，列出了撰写游戏策划书所涉及的相关文档与内容，并用大量篇幅给出了游戏策划书的模板。当读者用前面章节所学习的知识完成自己游戏的设计后，就要考虑撰写一份合理、可行的游戏策划书了。

游戏开发工作是一个高风险、高回报的工作，应当是科学而严谨的。如果本章介绍的内容过于复杂，那么，你可以尝试撰写一个小体量的游戏策划书来熟悉和理解游戏策划书所需的相关内容，毕竟，游戏作为一种产品，其商业化的本质是无法忽略的。

本章习题

13-1　游戏策划书的主要功能是什么？

13-2　游戏策划书通常包括哪些内容？

13-3　根据游戏策划书的内容，分析你熟悉的某个现有游戏。

13-4　为你想设计的游戏撰写游戏策划书。